Jennifer C. Scheydt

Mechanismen der Korrosion bei ultrahochfestem Beton

Karlsruher Reihe

Massivbau
Baustofftechnologie
Materialprüfung

Heft 74

Institut für Massivbau und Baustofftechnologie
Materialprüfungs- und Forschungsanstalt, MPA Karlsruhe

Univ.-Prof. Dr.-Ing. Harald S. Müller
Univ.-Prof. Dr.-Ing. Lothar Stempniewski

Mechanismen der Korrosion bei ultrahochfestem Beton

von
Jennifer C. Scheydt

KIT Scientific Publishing

Dissertation

Karlsruher Institut für Technologie
Fakultät für Bauingenieur-, Geo- und Umweltwissenschaften
Tag der mündlichen Prüfung: 13. Mai 2013

Referent:	Univ.-Prof. Dr.-Ing. Harald S. Müller (KIT Karlsruhe)
Korreferent:	Univ.-Prof. dr. ir. Joost C. Walraven (TU Delft)
	Univ.-Prof. Dr.-Ing. Detlef Heinz (TU München)

Impressum

KIT Scientific Publishing

Karlsruher Institut für Technologie (KIT)
KIT Scientific Publishing
Straße am Forum 2
D-76131 Karlsruhe

KIT Scientific Publishing is a registered trademark of Karlsruhe Institute of Technology. Reprint using the book cover is not allowed.

www.ksp.kit.edu

Print on Demand 2013

ISSN 1869-912X
ISBN 978-3-7315-0113-8

meiner Familie

und meinen Freunden

„Success is getting what you want.
Happiness is wanting what you get."

Dale Carnegie

Kurzfassung

Das primäre Ziel der vorliegenden Dissertation war es, das Langzeitverhalten ultrahochfester Betone beim korrosiven Angriff umfassend zu charakterisieren und dem Verhalten konventioneller Betone gegenüberzustellen. Außerdem sollten diejenigen Mechanismen identifiziert werden, von denen der Korrosionswiderstand dieser Betone maßgebend abhängt.

Zunächst erfolgte eine umfassende Literaturstudie zum Aufbau und zur Struktur von Zementstein und zum reaktiven Transport in Beton. Ausgehend hiervon wurden die maßgebenden Faktoren identifiziert, die das Eindringen von Agenzien in den Beton beeinflussen, unter anderem die Konnektivität des Porensystems und die Tortuosität des Betons. Auf Basis theoretischer Überlegungen wurde ein Zusammenhang zwischen der Tortuosität von Beton und der Tortuosität von Zementstein hergeleitet.

Der Schwerpunkt des durchgeführten experimentellen Programms lag auf der Untersuchung des Betonverhaltens bei Chloridbeaufschlagung sowie beim Angriff mineralsaurer Wässer. Daneben erfolgte die Charakterisierung des Betonverhaltens bei Karbonatisierung und bei kombinierter Beanspruchung (Frost $\leftrightarrow$ Ermüdung, Ermüdung $\rightarrow$ Chlorideindringung). Soweit möglich wurden jeweils einfache, praxistaugliche Prognosemodelle zur Beschreibung des zeitabhängigen Korrosionsfortschritts bzw. der zeitabhängigen Entwicklung wesentlicher Materialkennwerte (z. B. Diffusionskoeffizient der Chloridionen) abgeleitet. Von Interesse war stets auch die spezifische Korrosion der Stahlfaserbewehrung.

Um ein weitreichendes Verständnis der ablaufenden Prozesse zu gewinnen, wurden außerdem die Gefügestruktur (chemisch-mineralogische Zusammensetzung, Hydratationsgrad, Mikrostruktur, Porenraum) sowie das Transportverhalten (Gaspermeabilität, Wasseraufnahme) der Betone untersucht.

Im Vergleich mit den ebenfalls untersuchten normal- und hochfesten Betonen bestätigte sich grundsätzlich die deutlich höhere Dichtigkeit und daraus resultierend die höhere Dauerhaftigkeit der ultrahochfesten Betone.

Allerdings zeigte sich, dass verschiedene Einflussfaktoren die Struktur der ansonsten sehr dichten ultrahochfesten Betone empfindlich schwächen können. Hierzu zählen insbesondere Mikrorisse, die vor allem in faserlosen ultrahochfesten Betonen aufgrund des ausgeprägten autogenen Schwindens sowie in thermisch behandelten Betonen aufgrund von Temperaturgradienten entstehen können.

Die Untersuchungen zeigten außerdem, dass die Anwesenheit einer Stahlfaserbewehrung – unabhängig von der Vermeidung von Mikrorissen – sowohl eine Steigerung als auch eine Reduktion des Korrosionswiderstands bewirken kann. Zum einen wurde aufgezeigt, dass die Kontaktzone zwischen Stahlfaserbewehrung und Zementstein in thermisch unbehandelten ultrahochfesten Betonen nicht die Dichtigkeit aufweist, von der man bisher ausgegangen ist. Durch die erhöhte Porosität in diesem Bereich können korrosive Medien verstärkt vordringen, das heißt die Anwesenheit der Fasern schwächt hier das Betongefüge. In den Versuchen zum Angriff mineralsaurer Wässer wurde hingegen beobachtet, dass sich die Korrosionsprodukte der Fasern in der ausgelaugten Randzone sowie auf der Angriffsfläche ablagerten und somit eine Verdichtung dieser geschwächten Zone bewirkten. Der Korrosionsfortschritt wurde hier durch die Stahlfasern verlangsamt.

Auf Basis der Ergebnisse der Literaturstudie sowie auf Grundlage des experimentellen Programms wurde schließlich ein Modell zur rechnerischen Abschätzung des Korrosionswiderstands von Betonen am Beispiel des Widerstands gegenüber dem Angriff mineralsaurer Wässer hergeleitet. Hierzu wurde der sogenannte Korrosionswiderstand $\omega_{\text{korr, chem}}$ eingeführt, der vom Gefügewiderstand $\omega_{\text{Gefüge}}$ abhängt.

Der Gefügewiderstand ist unabhängig von der vorliegenden Angriffsart. Er wird unter Berücksichtigung der als maßgebend identifizierten Gefügekennwerte (Kapillarporenvolumen, Konnektivität des Porensystems, Tortuosität des Betons, maximal erreichbarer Hydratationsgrad, Gelporen- und Zementsteingehalt) ermittelt.

Die Angriffsart – in diesem Fall der chemische Angriff – geht in die Berechnung des Korrosionswiderstands $\omega_{\text{korr, chem}}$ anhand verschiedener Einflussfaktoren ε ein. Diese berücksichtigen, welche spezifischen Umstände den Widerstand des Betons schwächen (Mikrorisse) oder erhöhen (Verwendung einer Stahlfaserbewehrung, chemisch hohe Beständigkeit des Bindemittels).

Der so ermittelte Korrosionswiderstand $\omega_{\text{korr, chem}}$ dient der Bewertung von Betonen hinsichtlich ihrer Eignung für den Einsatz in chemisch aggressiver Umgebung. Das hergeleitete, deterministische Modell zur Prognose der Dauerhaftigkeit wurde anhand der eigenen Versuchsergebnisse sowie anhand von Literaturdaten verifiziert. Es zeigte sich eine sehr gute Prognosegüte des Modells sowohl für ultrahochfeste als auch für normal- und hochfeste Betone.

Das Modell basiert auf physikalischen Zusammenhängen und zeichnet sich durch seine vergleichsweise einfache Handhabung aus. Die breite Datenbasis, die im Rahmen dieser Dissertation generiert wurde, ermöglicht die Modellprognose auch dann, wenn dem Anwender nur wenige, rudimentäre Angaben zum Beton vorliegen (Zusammensetzung und Druckfestigkeit des Betons, chemische Zusammensetzung des Bindemittels).

Abstract

The superior goal of this thesis was the long-term characterisation of ultra high performance concrete under corrosive attack in comparison to normal and high strength concrete. Besides, the decisive mechanisms leading to a high corrosion resistance had to be identified.

Initially, a literature study concerning the structure of hardened cement paste and the reactive transport within concrete was carried out. Starting from that, the decisive factors influencing the ingression of aggressive media into concrete were detected, e. g. the connectivity of the pores and the tortuosity of the concrete. Based on theoretical considerations, a correlation between the tortuosity of the concrete and hardened cement paste was derived.

The main focus of the experimental programme was laid on the investigation of the concrete behaviour under chloride attack and under the attack of aggressive water. In addition, the resistance against carbonation and against a coupled loading (fatigue loading → chloride attack, freeze thaw attack ↔ fatigue loading) was investigated. As far as possible, applicable models predicting the time-dependent development of the corrosion or related material parameters (e. g. chloride diffusion coefficient) were deduced. Besides, the specific corrosion mechanisms of the steel fibre reinforcement were examined.

For gaining a broad understanding of the corrosion processes, also the structural conditions (mineralogical composition, degree of hydration, microstructure, porosity) as well as the transport behaviour (gas permeability, water uptake) of the concretes were part of the experimental programme.

Compared to the normal and high strength concretes, the ultra high performance concretes generally showed a higher density and resulting from that a higher durability.

However, there are different factors significantly weakening this dense structure. First of all, these are microcracks in fibreless ultra high performance concretes (resulting from autogenous shrinkage) and in heat treated concretes (resulting from thermal gradients).

Furthermore, the experiments showed that the presence of a steel fibre reinforcement – apart from the prevention of microcracks – can lead to an increase or a decrease of the corrosion resistance. On the one hand, the interfacial transition zone between fibre and hardened cement paste is more porous than assumed so far. By this increased porosity, aggressive media can penetrate more easily within this area. Thus, the concrete resistance is reduced by the steel fibre reinforcement. On the other hand, the resistance against chemical attack increased by the steel fibres as their corrosion products built up a protection layer on the attacked concrete surface. Thus, the progress of the corrosion front was decelerated by the steel fibres.

Finally, a model to predict the corrosion resistance of concrete against the attack of aggressive waters was derived based on the results of the literature study and of the experimental programme. For this purpose, the so called „corrosion resistance" $\omega_{korr, chem}$ and the „resistance of the microstructure" $\omega_{Gefüge}$ were introduced.

The resistance of the microstructure $\omega_{Gefüge}$ does not depend on the type of attack. It is calculated considering the decisive parameters correlated to the resistance of the microstructure. These are the volume of the capillary pores, the connectivity of the pore system, the tortuosity of the concrete, the maximum degree of hydration, the amount of gel pores and the volume of the hardened cement paste.

The type of attack is considered by several influencing factors taking into account the specific parameters that are weakening (microcracks) or enhancing (use of a steel fibre reinforcement, high chemical resistance of the binder) the corrosion resistance of the concrete.

The calculated corrosion resistance $\omega_{korr, chem}$ allows an estimation of the concrete performance under chemical attack. The derived deterministic model was verified on the basis of the experimental results gained within this thesis and on the basis of literature. By doing so, a very good precision of the calculated results could be demonstrated not only for ultra high performance concretes but also for normal and high strength concretes.

The model is based on physical relations and is characterised by its comprehensible application. The broad amount of data gained within this thesis allows the use of the model even if there is only few information on the considered concrete (composition and compressive strength of the concrete, chemical composition of the binder).

Vorwort

Viele Jahre lang habe ich mich darauf gefreut, dieses Vorwort zu verfassen, da ich wusste, es würde den Abschluss meiner Dissertation bedeuten. Die Tatsache, dass der Tag nun gekommen ist, erfüllt mich mit Stolz, aber auch mit großer Dankbarkeit, und ich möchte die Gelegenheit nutzen, all denjenigen zu danken, die mich bei diesem Vorhaben unterstützt haben.

Zunächst gilt mein Dank meinem Doktorvater Herrn Professor Harald S. Müller, der mir die Möglichkeit gegeben hat, diese Dissertation anzufertigen. In all den Jahren, die ich für ihn tätig war, hat er mir stets freie Hand gelassen und mir somit großes Vertrauen entgegen gebracht, was ich stets zu schätzen wusste. Auch danke ich ihm für die große fachliche Bandbreite, die ich mir während meiner Tätigkeit am Institut für Massivbau und Baustofftechnologie (IMB) sowie an der Materialprüfungs- und Forschungsanstalt Karlsruhe (MPA Karlsruhe) aneignen konnte.

Mein weiterer Dank gilt Herrn Professor Detlef Heinz sowie Herrn Professor Joost Walraven für die Übernahme der Korreferate. Wesentliche Teile dieser Arbeit wurden in einem gemeinsamen Projekt mit der Technischen Universität Delft erarbeitet. Für diese hervorragende, unkomplizierte Kooperation möchte ich Herrn Walraven und Frau Dr. Lena Lappa besonders herzlich danken.

Aufgrund monetärer oder apparativer Einschränkungen sind dem Forscher meist die Hände gebunden, so dass er von manchem Versuch absehen muss. Ich war in der glücklichen Lage, dass mir von externer Seite die Durchführung verschiedener Versuche ermöglicht wurde, für die am IMB keine geeignete Messapparatur zur Verfügung stand. In diesem Zusammenhang möchte ich mich zum einen bei Herrn Dr. Utz Kramar vom Institut für Mineralogie und Geochemie des KIT bedanken, der die Untersuchungen unter Anwendung der µ-RFA-Methode durchgeführt hat. Daneben danke ich Herrn Dr. Peter Weidler vom Institut für Funktionelle Grenzflächen des KIT für die Untersuchungen unter Anwendung der BET-Methode. Außerdem ermöglichte mir Herr Dr. Thomas Wilsnack von der Ingenieurgesellschaft für Bergbau, Wasser- und Deponietechnik (IBeWa), Freiberg, die Messungen zur Permeabilität unter instationären Bedingungen, weshalb ich auch ihm herzlich danken möchte.

Ebenfalls bedanken möchte ich mich bei Herrn Dr. Gunther Herold, der mich besonders in der Anfangszeit meiner Tätigkeit am IMB angeleitet hat. Bei Herrn Dr. Ulf Guse möchte ich mich für seine wertvollen Anregungen zu meiner Dissertation bedanken. Herrn Jens Glowacky danke ich für seine unermüdliche Bereitwilligkeit zur Diskussion baustoffchemischer Fragen und für seine Unterstützung bei der Mikroskopie und Röntgendiffraktometrie. Bei Herrn Volker Zibat bedanke ich mich für die Unterstützung bei der rasterelektronenmikroskopischen Untersuchung meiner Proben und für die Debatten zum politischen Kabarett.

Ein sehr herzlicher Dank gilt vor allem auch meinen ehemaligen wissenschaftlichen Hilfskräften Cyrus Schumpa, Janna Krummenacker, Jeanne Ewers, Nikolas Früh, Sebastian Heer, Sebastian Quast und Svenja Paulus für ihre wertvolle Unterstützung bei der Bearbeitung meiner Projekte sowie auch bei der Erstellung dieser Dissertation.

Nicht zuletzt danke ich dem Personal der MPA Karlsruhe, das mich bei der Durchführung des Versuchsprogramms stets unterstützt hat und das immer auch großes Interesse an meiner Forschung gezeigt hat. Entschuldigen möchte ich mich an dieser Stelle ausdrücklich für die Stahlfasern, die das Arbeiten mit dem ultrahochfesten Beton manchmal etwas schmerzhaft gestaltet haben. Ein besonders herzliches Dankeschön gilt Herrn Langner dafür, dass er mich – um es mit seinen Worten zu sagen – aufs „richtige Leben“ vorbereitet hat.

Das Vorhaben Promotion gleicht einer Berg- und Talfahrt – ständig befindet man sich in einem Zustand zwischen himmelhoch jauchzend und zu Tode betrübt. Es ist dabei sehr hilfreich, „Leidensgenossen“ um sich zu haben, die den jeweiligen Gemütszustand einzuordnen wissen und ertragen. Daher danke ich meinen ehemaligen Kollegen am IMB sehr herzlich für die moralische Unterstützung, die mir immer zuteil wurde. Besonders bedanken möchte ich mich hierfür bei meinen ehemaligen „Mitbewohnerinnen“ Astrid Hirsch und Dr. Viktória Malárics.

Die schriftliche Abfassung dieser Dissertation entstand ausschließlich während meiner Freizeit. Dies ist nur dann möglich, wenn man gute Freunde und eine Familie hat, die einem die häufige Abwesenheit verzeihen und die uneingeschränkt hinter einem stehen. Daher bedanke ich mich in ganz besonderem Maße bei meinen Freunden und bei meiner Familie für ihr Verständnis, für ihre offenen Ohren und dafür, dass sie immer an mich geglaubt haben.

Mein innigster Dank aber gilt meinem Mann Markus Schmerbeck, der mir stets ungefragt und bedingungslos den Rücken freigehalten hat und mich unterstützt hat, wann immer und wie immer es ihm möglich war.

Karlsruhe, im Juni 2013

Inhaltsverzeichnis

Notation

Lateinische Großbuchstaben

A	Angriffsfläche [μm^2], Parameter zur Beschreibung des Angriffs mineralsaurer Wässer [$\mu m/\sqrt{d}$]
B	im Beton gebundener Anteil an Ionen [mol/kg], Parameter zur Beschreibung des Angriffs mineralsaurer Wässer [μm/d]
C	Calcium-Konzentration
D	Diffusionskoeffizient [m^2/s]
E	Elastizitätsmodul (E-Modul) [N/mm^2]
F	Indikatorfunktion
I	Integral der „absoluten Abweichung“ zur Beurteilung der Prognosegüte von Modellen zur Chlorideindringung [$g/kg \cdot mm$]
J	Ionenstrom [$mol/(m^2 \cdot s)$]
K	spezifischer Permeabilitätskoeffizient [m^2], Korrosionswiderstandswert [-]
L	Chlorideindringtiefe [mm]
P	Porosität [Vol.-%]
Q	Wärmemenge [J]
V	Volumen [m^3]
W	Wasseraufnahmegrad [M.-%]

Lateinische Kleinbuchstaben

b	Breite [mm]
c	Konzentration [mol/m^3], Betondeckung [mm]
d	Durchmesser [mm]
h	Höhe [mm]
j	elektrische Stromstärke [A/m^2]
l	Länge [mm], [m]
k	Koeffizient zur Berücksichtigung der Porenstruktur [-]
m	Masse [g], [kg]
n	Exponent [-]
p	Porosität [Vol.-%]
q	Abdichtungsfaktor [-]
r	Porenradius [nm]
s	Standardschätzfehler (Maß für die Güte einer nichtlinearen Regression), Erläuterung siehe Anhang 4, Kapitel A4.3
t	Alter, Beaufschlagungsdauer, Zeit [s], [h], [a]

v	Zahl der Valenzelektronen [-]
w	aufgenommene Wassermasse [kg/m²], Wassermenge [kg], Wasseraufnahmekoeffizient [kg/(m^2 · $\sqrt{s}$)]
x	Abstand von der Angriffsfläche [mm], [m]
z	Zementmenge [kg]

Griechische Buchstaben

α	Hydratationsgrad [%]
Δ	Differenz
ε	Einflussfaktor [-]
ϕ	Porosität des karbonatisierten Zementsteins [-]
η	Dicke der ITZ im Verhältnis zum Radius der Gesteinskörnung [-]
κ	Konnektivität [-]
ρ	Dichte [kg/dm³]
τ	Tortuosität [-]
φ	relative Feuchte [%]
ω	Widerstand [-]

Indizes

90 °C	bei 90 °C wärmebehandelter ultrahochfester Beton
AS	autogenes Schwinden
app	scheinbar (engl. apparent)
ber	berechnet
BL	Bindemittelleim
BM	Bindemittel
c	die Karbonatisierung betreffend
CEM	Zement
chem	den chemischen Angriff betreffend
Chlorid	den Chloridangriff betreffend
Cl	Chlorid
CSH	Calciumsilikathydrat
korr	Korrosion
dev	Abweichung (engl. deviation)
dis	zur Erzielung der Diskontinuität erforderlich
dur	Dauerhaftigkeit (engl. durability)
eff	effektiv
erw	erweitert
exp	experimentell ermittelt
FA	Flugasche
Faser	Stahlfaserbewehrung

gel	auf den Gelporenraum bezogen
GK	Gesteinskörnung
Hg	Quecksilber
hyd	Hydratation
H_2O	Wasser
i	i-te Ionenart
j	j-te Ionenart
instat	unter instationären Bedingungen ermittelt
ITZ	Kontaktzone (engl. Interfacial Transition Zone)
kap	auf den Kapillarporenraum bezogen
karbo	Karbonatisierung
korr	Korrosion
krit	kritisch
L	Porenlösung
Lura	bestimmt nach Lura
m	massebezogen
max	maximal
Mills	bestimmt nach Mills
min	minimal
MS	Mikrosilika
nom	nominell
o. F.	ultrahochfester Beton ohne Faserbewehrung
organ	organisch
P	Porosität
prog	prognostiziert
Puzz	Puzzolan
Q	bei der Hydratation freigesetzte Wärmemenge
QXRD	bestimmt mithilfe der quantitativen Röntgendiffraktometrie
RCM	bestimmt mithilfe der beschleunigten Chlorideindringung
rel	relativ
Riss	infolge von Rissen
stat	unter stationären Bedingungen ermittelt
t	zum Zeitpunkt t
tats	tatsächlich
u	Unterschätzung
UW	Untergrundwert
w	Wasser
WB	Wärmebehandlung
y,x	Variablen des Standardschätzfehlers
z	Zement
ZS	Zementstein

Abkürzungen

AAS	Atomabsorptionsspektrometrie
AKR	Alkali-Kieselsäure-Reaktion
atm.	atmosphärisch
BAW	Bundesanstalt für Wasserbau
BET	BET-Methode (benannt nach Brunauer, Emmett, Teller)
BL	Bindemittelleim
BM	Bindemittel
BSE	Rückstreuelektronen (engl. Backscattered Electrons)
CEM	Zement
CH	Calciumhydroxid (Portlandit)
Cl	Gesamtchloridgehalt
CSH	Calciumsilikathydrat
DAfStb	Deutscher Ausschuss für Stahlbeton
DFG	Deutsche Forschungsgemeinschaft
DTA	Differenz-Thermo-Analyse
dyn.	dynamisch
EDS	energiedispersive Röntgenmikroanalyse
erf	Fehlerfunktion
erfc	komplementäre Fehlerfunktion
FA	Flugasche
FTW	Frost-Tauwechsel
GK	Gesteinskörnung, Menge der Gesteinskörnung
Hg	Quecksilber
HPC	hochfester Beton (engl. High Performance Concrete)
IMB	Institut für Massivbau und Baustofftechnologie des Karlsruher Instituts für Technologie (KIT)
ITZ	Kontaktzone (engl. Interfacial Transition Zone)
k. A.	keine Angaben vorhanden
KIT	Karlsruher Institut für Technologie (KIT), ehemals Universität Karlsruhe (TH)
kum.	kumulativ
LP	Luftporengehalt
MC	Model Code 2010
MS	Mikrosilika
MW	Mittelwert
μ-RFA	Mikro-Röntgenfluoreszenzanalyse
NMR	Kernresonanzspektroskopie
NPC	normalfester Beton (engl. Normal Performance Concrete)
QM	Quarzmehl
QS	Quarzsand
QXRD	quantitative Röntgendiffraktometrie

RCM	Rapid Chloride Movement (beschleunigte Chlorideindringung)
REM	Rasterelektronenmikroskop
r. F.	relative Feuchte
RPC	ultrahochfester Feinkornbeton (engl. Reactive Powder Concrete)
SE	Sekundärelektronen (engl. Secondary Electrons)
STABW	Standardabweichung
TG	Thermogravimetrie
UHPC	ultrahochfester Grobkornbeton (engl. Ultra High Performance Concrete)
UHSFRC	ultrahochfester, faserbewehrter Beton (engl. Ultra High Strength Fibre Reinforced Concrete)
v. BM	bezogen auf das Bindemittelgewicht
v. CEM	bezogen auf das Zementgewicht
XRD	qualitative Röntgendiffraktometrie
ZS	Zementstein

Kapitel 1
Einführung

1.1 Problemstellung und Zielsetzung

Bei ultrahochfesten Betonen handelt es sich nach dem Sachstandsbericht Ultrahochfester Beton [118] um Betone „mit einer charakteristischen Druckfestigkeit über der in DIN EN 206-1 [N11] definierten höchsten Druckfestigkeitsklasse (...) C100/115".

Mit der hohen Druckfestigkeit ultrahochfester Betone geht auch eine im Vergleich zu normal- und hochfesten Betonen sehr geringe Porosität einher, weshalb derartigen Betonen eine sehr hohe Dauerhaftigkeit zugeschrieben wird.

Zum Verhalten von ultrahochfestem Beton unter korrosiver Langzeitbeanspruchung existierten bislang allerdings nur sehr wenige systematische Untersuchungen. Wie eine aktuelle Studie [116] zeigte hat dies zur Folge, dass potentielle Anwender zwar großes Interesse an dem vergleichsweise neuartigen Baustoff zeigen, der eine deutlich verlängerte Lebensdauer von Betonbauteilen bzw. Betonbauwerken verspricht. Die mangelnde Quantifizierung von dessen Dauerhaftigkeit hält sie allerdings von einem Einsatz des Materials zurück.

Um die Kenntnislücken zur Dauerhaftigkeit von ultrahochfestem Beton zu schließen, wurde am Institut für Massivbau und Baustofftechnologie (IMB) des Karlsruher Instituts für Technologie (KIT) das Forschungsvorhaben „Durability of Ultra High Strength Fibre Reinforced Concrete (UHSFRC) B 150 - B 200" bearbeitet, das in den Jahren 2004 bis 2009 durch die Deutsche Forschungsgemeinschaft (DFG) gefördert wurde.

Bei diesem Forschungsprojekt handelt es sich somit um eines der ersten Projekte auf nationaler Ebene, die sich mit der Thematik des ultrahochfesten Betons beschäftigten. Es war unabhängig vom Schwerpunktprogramm SPP 1182 „Nachhaltiges Bauen mit Ultra-Hochfestem Beton (UHPC)", das im Jahr 2005 von der DFG eingerichtet wurde.

Die am IMB im Rahmen des Projekts „Durability of Ultra High Strength Fibre Reinforced Concrete (UHSFRC) B 150 - B 200" durchgeführten Arbeiten hatten zum Ziel, das Langzeitverhalten von ultrahochfestem Beton unter korrosiver Beanspruchung zu erfassen und demjenigen konventioneller Betone gegenüberzustellen. Unter Korrosion wird in diesem Zusammenhang in Anlehnung an Müller [87] die „Zerstörung eines Werkstoffs durch äußeren, nichtmechanischen Angriff" verstanden.

Um ein weitreichendes Verständnis der im ultrahochfesten Beton ablaufenden, spezifischen Korrosionsmechanismen zu gewinnen, erfolgte – begleitend zu den Versuchen zur Dauerhaftigkeit der Betone – die umfassende Untersuchung des Betongefüges sowie stattfindender Transportprozesse.

Ausgehend von den Ergebnissen, die im Rahmen des beschriebenen Forschungsvorhabens am IMB erzielt wurden, war es möglich, die wesentlichen Einflussparameter des Korrosionswiderstands nicht nur von ultrahochfestem, sondern auch von normal- und hochfestem Beton zu identifizieren und zu quantifizieren und innerhalb dieser Dissertation darzulegen.

Die vorliegende Arbeit soll dazu beitragen, wesentliche Wissenslücken zu schließen und eine Grundlage für den verstärkten Praxiseinsatz ultrahochfester Betone zu schaffen.

1.2 Gliederung der Arbeit

Im Anschluss an diese Einführung werden in Kapitel 2 zunächst die Grundlagen zu den Mechanismen des Korrosionswiderstands dargelegt. Der Schwerpunkt liegt dabei auf ultrahochfesten Betonen, die – ebenso wie die im Rahmen der vorliegenden Arbeit untersuchten Betone – unter Einsatz von Portlandzement hergestellt wurden und denen als Betonzusatzstoff neben Quarzmehlen ausschließlich Mikrosilika beigesetzt wurde.

Das experimentelle Programm zur Untersuchung der Gefügebeschaffenheit der Betone, deren Transportkenngrößen sowie deren Dauerhaftigkeit ist in Kapitel 3 dargelegt. In Kapitel 4 erfolgt die Herleitung eines Modells zur rechnerischen Abschätzung des Korrosionswiderstands, das auf den Ausführungen in Kapitel 2 und Kapitel 3 basiert.

Eine Zusammenfassung der wesentlichen Ergebnisse, die innerhalb dieser Dissertation erzielt wurden, sowie verbleibende offene Fragen zur Thematik sind abschließend in Kapitel 5 gegeben.

Kapitel 2
Grundlagen

2.1 Aufbau und Struktur des Zementsteins

Die Kenntnis der Beschaffenheit des Zementsteins ist eine wesentliche Voraussetzung für das Verständnis der Prozesse, die in Anwesenheit reaktiver Agenzien zur Strukturänderung und gegebenenfalls Deterioration des erhärteten Betons führen können. Nachfolgend sind daher die wesentlichen Merkmale des Aufbaus und der Struktur des Zementsteins zusammengefasst.

2.1.1 Phasenanteile im Zementstein

Pfeifer et al. [100] sowie Korpa et al. [70] untersuchten ultrahochfesten Zementstein nach Wasserlagerung und nach Wärmebeaufschlagung mithilfe der quantitativen Röntgendiffraktometrie (QXRD). Die Ergebnisse sind Tabelle 2-1 zu entnehmen. Wie zu erkennen ist, liegen im ultrahochfesten Beton generell große Mengen an unhydratisiertem Zement vor. Dies liegt im sehr geringen Wasserzementwert ultrahochfester Betone ($w/z \leq 0{,}30$) begründet. Eine vollständige Hydratation des Zementklinkers ist somit nicht möglich.

Tab. 2-1: Phasenanteile in ultrahochfestem Beton nach [70, 100]

Phase	Phasenanteile nach x-tägiger Hydratation [M.-%]					
	nach Wasserlagerung			nach Wärmebeaufschlagung 1)		
	x = 7 d	x = 28 d	x = 56 d	x = 7 d	x = 28 d	x = 56 d
unhyd. Zement	45 2) 30 3)	44 2) 29 3)	37 2)	40 2)	40 2)	44 2)
Portlandit	8 2) 4 3)	7 2) 3 3)	7 2)	4 2)	3 2)	3 2)
Ettringit	2 3)	2 3)	-	-	-	-
röntgenamorph (CSH)	46 2) 63 3)	48 2) 65 3)	56 2)	54 2)	55 2)	51 2)

1) 90 °C, Haltezeit 48 Stunden
2) untersuchter ZS [100]: w/z = 0,22 (CEM I 52,5 R-HS/NA), MS = 16 M.-% v. CEM
3) untersuchter ZS [70]: w/z < 0,30 (CEM I 52,5 R-HS/NA), MS = 25 M.-% v. CEM, FA = 17 M.-% v. CEM

Durch eine zweitägige Wärmebeaufschlagung bei 90 °C ließ sich der Anteil an unhydratisiertem Zement um maximal 10 % reduzieren, siehe Tabelle 2-1. Das Mengenverhältnis zwischen Portlandit und röntgenamorphen Phasen, denen die CSH-Phasen zuzuordnen sind, betrug im wassergelagerten Zementstein etwa 1:7 und konnte infolge der thermischen Beaufschlagung auf ca. 1:16 reduziert werden, vgl. Tabelle 2-1. Dies ist auf die Zunahme der puzzolanischen Aktivität des Mikrosilikas bzw. des Quarzmehls infolge der Wärmebehandlung und einer damit verbundenen Abnahme des Portlandits bzw. einer Zunahme der CSH-Phasen zurückzuführen. Aufgrund des mangelnden Wasserangebots ist ein vollständiger Umsatz von Mikrosilika und Portlandit allerdings auch in den wärmebehandelten Proben nicht möglich [100].

Der höhere Anteil an röntgenamorphen Phasen in den von Korpa et al. [70] untersuchten Zementsteinen ist auf den höheren Gehalt an puzzolanischen Zusatzstoffen im Vergleich zu den von Pfeifer et al. [100] untersuchten Zementsteinen zurückzuführen (zur Zusammensetzung der Zementsteine siehe Tabelle 2-1). Darüber hinaus detektierten Korpa et al. [70] 2 M.-% Ettringit. Im zu Vergleichszwecken herangezogenen, normalfesten Zementstein (w/z = 0,45) konnten sie dieselben Phasen identifizieren, allerdings in abweichender Konzentration. So betrug der Anteil an unhydratisiertem Zement im Betonalter von 28 Tagen lediglich ca. 10 M.-%.

2.1.2 Hydratationsgrad

Der Hydratationsgrad von Beton steht in unmittelbarem Zusammenhang mit der Entwicklung des Phasenbestands. Die Bestimmung des Hydratationsgrads erfolgt meist anhand der freigesetzten Wärmemenge (α_Q), der gebundenen Wassermenge (α_{H_2O}) oder mithilfe der QXRD (α_{QXRD}), d. h. über den Anteil an unhydratisiertem Zementklinker.

Mehrere Autoren [18, 65, 75, 76, 100] untersuchten den Hydratationsgrad ultrahochfester Betone in Abhängigkeit vom Betonalter unter Anwendung der zuvor genannten Methoden. Budelmann et al. [18] bestimmten den Hydratationsgrad mithilfe kalorimetrischer Untersuchungen, der Hydratationsgrad nach Pfeifer et al. [100] wurde anhand der in der Probe vorliegenden Menge an unhydratisiertem Zement mittels QXRD ermittelt. Der Hydratationsgrad nach Kamen et al. [65] ergab sich aus dem Gewichtsverlust der Probe nach Erhitzung auf 1000 °C, derjenige nach Loukili et al. [75, 76] aus der thermogravimetrischen Analyse unter Berücksichtigung des Karbonatanteils. Die Ergebnisse sind in Abbildung 2-1 zusammengefasst. Abbildung 2-1 zeigt somit auf, in welchem Bereich sich der Hydratationsgrad von ultrahochfestem Beton in Abhängigkeit von der Zusammensetzung sowie von den Untersuchungsmethoden bewegen kann. Eine analoge Zusammenstellung für normal- und hochfeste Betone ist dem Anhang 1 zu entnehmen (Abbildung A1-1).

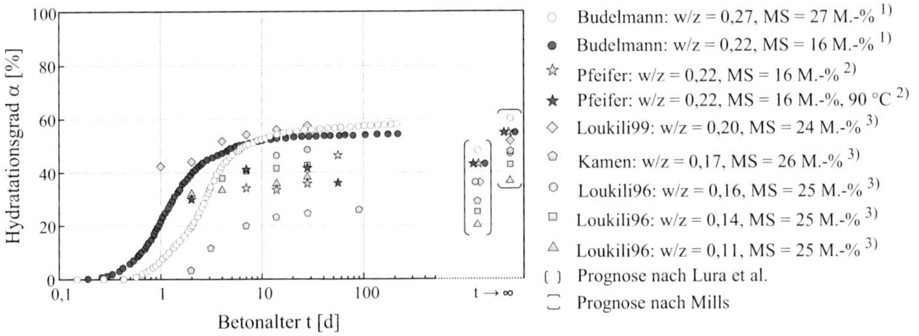

Abb. 2-1: Hydratationsgrad $\alpha(t)$ für verschiedene ultrahochfeste Betone in Abhängigkeit vom Betonalter t und Prognose des maximal erreichbaren Hydratationsgrads α_{max} (zum Diagramm:[1)] α_Q, [2)] α_{H_2O}, [3)] α_{QXRD}, Mikrosilikagehalt (MS) bezogen auf das Zementgewicht) [18, 65, 75, 76, 100]

Zusätzlich zu den experimentell ermittelten Hydratationsgraden ist für die jeweiligen Betone der nach Lura et al. [78] bzw. Mills [81] prognostizierte, maximal erreichbare Hydratationsgrad α_{max} für $t \rightarrow \infty$ in den Abbildungen 2-1 und A1-1 dargestellt, siehe hierzu die Gleichungen (2-1) bis (2-3):

$$\alpha_{max,\ Lura} = \frac{p}{k \cdot (1{,}4+1{,}6 \cdot MS/z) \cdot (1-p)}$$

$$\text{wobei } p = \frac{w/z}{w/z + \rho_w/\rho_z + \rho_w/\rho_{MS} \cdot MS/z} \quad \textbf{(2-1)}$$

$$\text{und } k = \frac{1}{1+1{,}4 \cdot MS/z} \quad \textbf{(2-2)}$$

$$\alpha_{max,\ Mills} = \frac{1{,}031 \cdot w/z}{0{,}194+w/z} \quad \textbf{(2-3)}$$

Während die Prognose nach Mills lediglich den Wasserzementwert berücksichtigt, beziehen Lura et al. neben dem Wasserzementwert auch den Mikrosilikagehalt und somit die puzzolanische Reaktion in die Bestimmung des Hydratationsgrads ein.

Wie aus Abbildung 2-1 ersichtlich ist, führt das Modell nach Mills in den meisten Fällen zu einer Überschätzung und das Modell nach Lura et al. zu einer Unterschätzung von α_{max}.

Ein weiteres Modell, das die Puzzolane in die Abschätzung des maximal erreichbaren Hydratationsgrads einbezieht, wurde von Waller vorgeschlagen, siehe hierzu [26, 146]. Die hiermit erzielten Ergebnisse weichen um maximal 10 % und somit nur geringfügig von den Ergebnissen des Modells nach Lura et al. ab und sind hier nicht wiedergegeben.

Für wärmebehandelte Betone, in denen die puzzolanische Reaktion beschleunigt wird, existiert bisher keine Methode zur Prognose von α_{max}.

Zusammenfassend kann festgehalten werden, dass ultrahochfeste Betone – in Abhängigkeit vom Wasserzementwert, vom MS-Anteil sowie von der zugrunde gelegten Untersuchungsmethode – Hydratationsgrade von mindestens 30 % und maximal 60 % erreichen. Demzufolge liegen mindestens 40 % des Zementklinkers im unhydratisierten Zustand vor.

2.1.3 Porosität des Zementsteins

2.1.3.1 Porenklassifikation

Die Klassifikation der Poren erfolgt hauptsächlich in Abhängigkeit von der Porengröße. Grundsätzlich wird zwischen Kapillar- und Gelporenraum unterschieden [101]. Neben den festen Phasen wird dem Zementgel der Gelporenraum, dem Zementstein zusätzlich der Kapillarporenraum zugeordnet.

Unterteilung und Nomenklatur der Poren werden in der Literatur nicht einheitlich gehandhabt und hängen von der Definition des jeweiligen Autors ab. Die gängigsten Definitionen sind in Abbildung 2-2 zusammengefasst.

Wie ebenfalls aus Abbildung 2-2 hervorgeht, beeinflusst die Porengröße in entscheidendem Maße die physikalischen Eigenschaften des Wassers und damit den Wassertransport. Ein besonders intensiver Flüssigkeitstransport findet nach Setzer [121] im Porenradienbereich zwischen 50 nm und 2 mm statt. Schwind- und Quellvorgänge beschränken sich nach Mindess und Young [82] auf den Porenradienbereich bis ca. 25 nm.

Einen Sonderfall stellen die sogenannten „Hollow-Shell"-Poren dar, die dadurch entstehen, dass die Hydratationsprodukte nicht den ursprünglich vom Zementkorn belegten Raum ausfüllen, sondern sich außerhalb anlagern. Zurück bleibt ein Hohlraum von der Geometrie des Zementkorns. „Hollow-Shell"-Poren mit einem Durchmesser von maximal 2 µm wurden in ultrahochfestem Beton verstärkt festgestellt, da hier aufgrund des geringen Wassergehalts ein nachträgliches Zuwachsen dieser Hohlräume nicht stattfinden kann [99]. Sie beteiligen sich nicht unmittelbar an Transportprozessen.

Da Risse eine deutliche Schwachstelle im Betongefüge darstellen, über die Agenzien bevorzugt eindringen können, ist in Abbildung 2-2 zudem der Vorschlag einer Rissklassifikation nach Voggenreiter et al. aufgeführt [143].

Ebenfalls aus Abbildung 2-2 zu entnehmen sind die Messbereiche gängiger Methoden zur Erfassung des entsprechenden Porenraums.

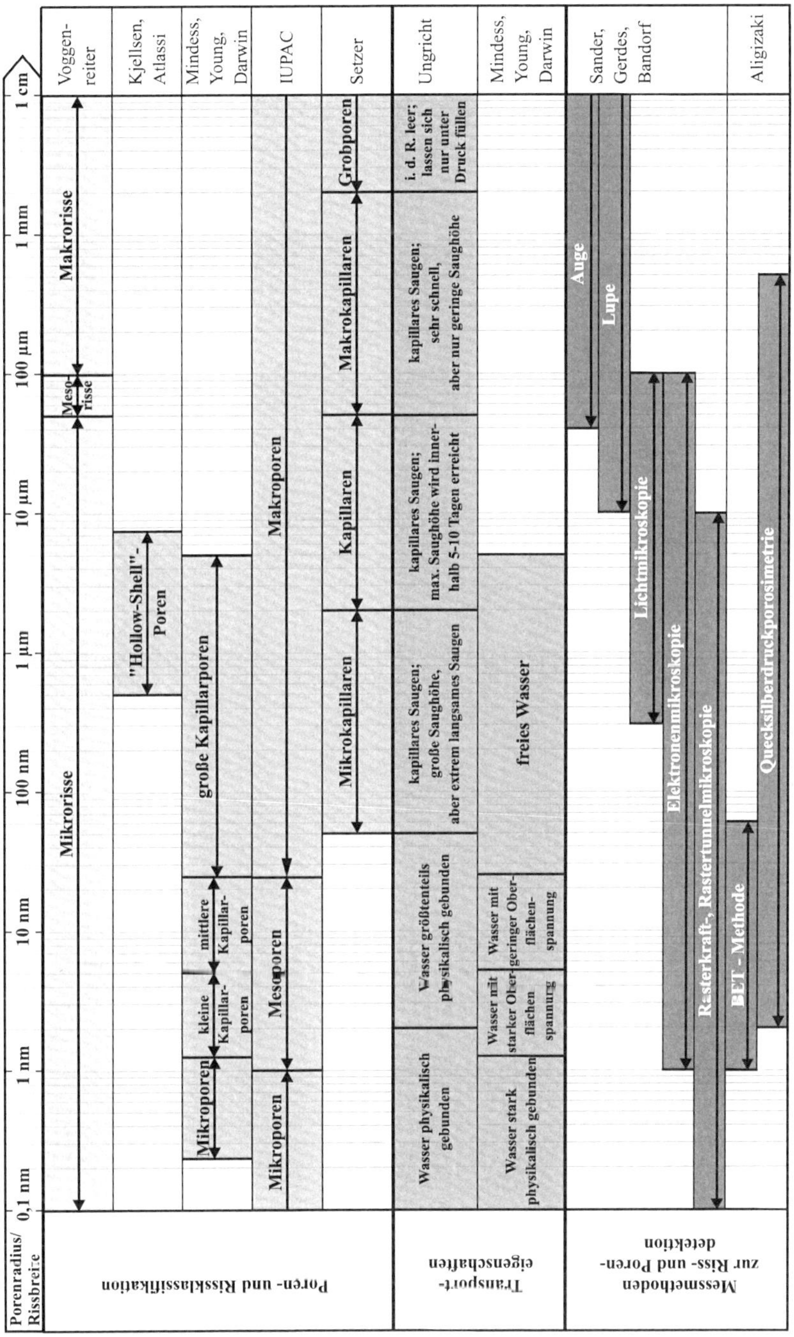

Abb. 2-2: Poren- und Rissklassifikation, Transporteigenschaften der Poren sowie geeignete Messmethoden zur Porendetektion nach verschiedenen Autoren [4, 67, 82, 108, 113, 121, 138, 143]

2.1.3.2 Porosität und Beschaffenheit der Kontaktzonen in ultrahochfestem Beton

Mit abnehmendem Größtkorndurchmesser und Wasserzementwert sowie mit zunehmendem Mikrosilikagehalt und Hydratationsgrad geht die Porosität der Kontaktzone (engl. Interfacial Transition Zone, ITZ) zwischen Faser bzw. Gesteinskörnung und Zementsteinmatrix zurück [28, 93]. In konventionellem Beton liegt die Porosität der ITZ um 50 bis 100 % höher als diejenige der ungestörten Zementsteinmatrix [14, 28]. Die Ausdehnung der ITZ wird maßgeblich von der Korngröße der Zementpartikel bestimmt und liegt im Bereich zwischen ca. 15 und 60 μm [93, 152].

Ultrahochfestem Beton wird aufgrund seiner Zusammensetzung meist eine sehr dichte ITZ zugeschrieben. Auch Möser und Pfeifer [84] konnten für ultrahochfesten Beton keine Schwächung der ITZ zwischen Gesteinskörnung und Matrix identifizieren. Sorelli et al. [125] stellten in Untersuchungen an wärmebehandelten ultrahochfesten Feinkornbetonen zur Beschaffenheit der unmittelbaren Faserumgebung ebenfalls keine Unterschiede hinsichtlich der Zusammensetzung des Zementsteins oder des Eindringwiderstands fest.

Reda et al. [105] kamen zu dem Ergebnis, dass die ITZ in wärmebehandeltem ultrahochfestem Grobkornbeton im Vergleich zu konventionellen Betonen eine deutlich geringere, nicht näher quantifizierte Ausdehnung besitzt. Während in der Umgebung der eingesetzten, vergleichsweise rauhen Carbonfasern keine Unregelmäßigkeiten festgestellt wurden, waren im Bereich der groben Gesteinskörnung allerdings Mikrorisse erkennbar. Diese führten Reda et al. auf die Probenpräparation zurück.

Eine ähnliche Beobachtung machten Cwirzen et al. [24]. Sie berichten von einer vereinzelt erhöhten Porosität der ITZ in ultrahochfestem Beton im Bereich der groben Gesteinskörnung. Hierfür machen sie ein lokal verstärktes Bluten des Betons im Kornbereich verantwortlich.

Hinweise zu einer möglichen Schwächung der ITZ in ultrahochfesten Betonen liegen somit zwar vor. Systematische Untersuchungen zu den Einflussfaktoren wurden allerdings nicht durchgeführt. Die in der Literatur beschriebenen Untersuchungen zur ITZ von ultrahochfestem Beton beziehen sich zudem überwiegend auf wärmebehandelten Beton.

2.1.3.3 Mikrorissbildung

Zwar weist ultrahochfester Beton ein sehr dichtes Gefüge auf, das die Aufnahme aggressiver Agenzien erheblich erschwert und somit einen hohen Korrosionswiderstand sicherstellt. Risse können diesen Widerstand jedoch erheblich schwächen. Verschiedene Studien zur Wasserpermeabilität von Beton mit gezielt eingebrachten Rissen konnten dies belegen, wie auch aus Abbildung 2-3 hervorgeht.

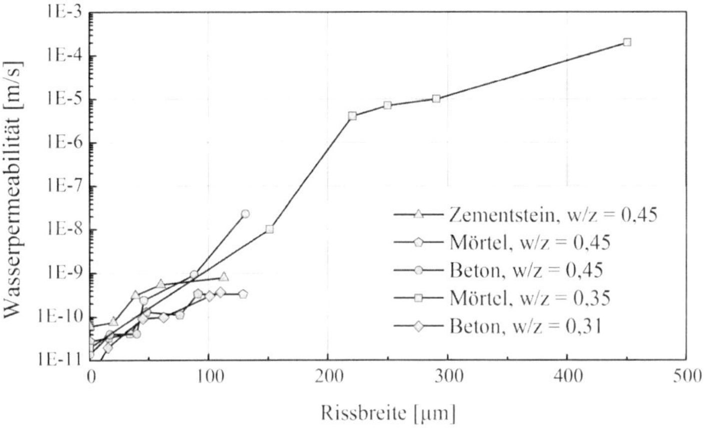

Abb. 2-3: Wasserpermeabilität von gerissenem Beton in Abhängigkeit von der Rissbreite [3, 73]

Nach Wang et al. [147] führen insbesondere Risse mit Rissbreiten im Bereich zwischen 50 und 200 µm zu einer Schwächung des Gefüges gegenüber eindringenden Agenzien.

Aufgrund seiner Zusammensetzung sowie der zur Festigkeitssteigerung häufig eingesetzten Wärmebehandlung ist ultrahochfester Beton einer erhöhten Gefahr der Rissbildung ausgesetzt. Die betonspezifischen Ursachen der Rissentstehung bei Betonen ohne mechanische Einwirkung sind nachfolgend kurz dargelegt.

Rissbildung infolge des autogenen Schwindens

In sehr dichten Betonen kommt es infolge des Verbrauchs des freien Wassers im Betongefüge bei der Hydratation zur sogenannten Selbstaustrocknung und damit verbunden zur Volumenabnahme (autogenes Schwinden). Hierdurch entstehen vor allem im jungen Betonalter bis zu 24 Stunden kapillare Zugspannungen, die umso größer sind, je feiner das Porensystem des Zementsteins ausgebildet ist, siehe hierzu z. B. [31, 149]. Wird die Zugfestigkeit des Zementsteins überschritten, entstehen Risse. Durch die hohen Zugabemengen an Mikrosilika in ultrahochfestem Beton wird die Selbstaustrocknung verstärkt [31, 149].

Die Verformungen infolge autogenen Schwindens liegen in Abhängigkeit von Messmethode und Messbeginn für normalfeste Betone maximal im Bereich von -0,1 mm/m, für hochfeste Betone zwischen ca. -0,15 und -0,25 mm/m [141]. Aufgrund ihrer geringen Porosität sowie des hohen Zementstein- und Mikrosilikagehalts zeigen ultrahochfeste Betone eine sehr ausgeprägte Selbstaustrocknung. Budelmann et al. [18] ermittelten im Betonalter von 28 Tagen Verformungen infolge autogenen Schwindens im Bereich von -0,5 mm/m (UHPC) bzw. -0,6 mm/m (RPC). In Untersuchungen von Eppers und Müller [29] ergaben sich im gleichen Betonalter Verformungen zwischen -0,6 mm/m und

-0,9 mm/m (RPC). Durch den Zusatz von Stahlfasern (1 Vol.-%) ließ sich das autogene Schwinden um bis zu 15 % reduzieren.

Rissbildung infolge von Temperaturgradienten

Ultrahochfeste Betone sind durch den Einsatz vergleichsweise hoher Bindemittelmengen gekennzeichnet. Diese können zur Entwicklung einer hohen Hydratationswärme führen. Ist das Abführen dieser Wärme aus dem Betonbauteil nicht gewährleistet, können im jungen Betonalter hohe Temperaturgradienten entstehen, die Eigen- und Zwangsspannungen und eine damit verbundenen Rissbildung zur Folge haben [126].

Ulm und Coussy [137] führten aus diesem Grund den Parameter l_Q (Diffusionslänge der Hydratationswärme) ein. Dieser gibt an, wie weit der Abstand eines beliebigen Punktes innerhalb eines Bauteils maximal bis zur Bauteiloberfläche sein darf, damit die Hydratationswärme ohne schädigende Auswirkungen abgeführt werden kann. Je höher die Betonfestigkeit ist, desto kleiner ist l_Q. Für ultrahochfesten Beton liegt l_Q zwischen 0,20 und 0,40 m [126].

Auch bei der thermischen Nachbehandlung des Festbetons, die meist im Temperaturbereich von 90 °C erfolgt, können Mikrorisse entstehen. Der thermische Ausdehnungskoeffizient der ultrahochfesten Mörtelmatrix liegt bei $1{,}0 \cdot 10^{-5}\ K^{-1}$ [18], derjenige des häufig eingesetzten Basalts zwischen etwa 0,6 und $0{,}9 \cdot 10^{-5}\ K^{-1}$ [49] und derjenige der Stahlfasern im Bereich von 1,0 bis $1{,}6 \cdot 10^{-5}\ K^{-1}$ [87]. Eine Mikrorissbildung infolge eines unterschiedlichen Ausdehnungsverhaltens der Ausgangsmaterialien ist demnach nicht ausgeschlossen. Ferner kann ein zu schnelles Aufheizen oder Abkühlen des Betons eine Rissbildung verursachen. Empfohlen werden daher Aufheizraten von maximal 0,2 K/Minute und Abkühlraten von maximal 0,1 K/Minute [115].

2.1.4 Durchlässigkeit des Porengefüges

Die Durchlässigkeit eines Porengefüges wird maßgebend durch dessen Konnektivität und Tortuosität beeinflusst, die in unmittelbarem Zusammenhang mit der Porosität des Betons stehen. Die Kenntnis dieser drei Größen bildet daher den „Schlüssel" zum Verständnis von Transportprozessen und der hieraus gegebenenfalls resultierenden Strukturänderungen im Beton.

2.1.4.1 Konnektivität

Die Konnektivität eines Porensystems beschreibt den Vernetzungsgrad der Poren untereinander. Um die Durchlässigkeit bzw. Kontinuität eines Porenraums zu unterbinden, ist es notwendig, den Vernetzungsgrad insbesondere der Kapillarporen zu minimieren.

Bentz und Garboczi [10] untersuchten auf Grundlage eines computerbasierten, dreidimensionalen Zementsteinmodells auf Basis der C_3S-Hydratation, ab welcher Kapillarporosität die Kontinuität des Kapillarporensystems unterbrochen ist. Hierbei berücksichtigten sie unterschiedliche w/z-Werte sowie Mikrosilikagehalte. Es zeigte sich für alle Zementstein-Variationen eine sogenannte „Durchlässigkeitsgrenze" von $V_{kap, dis}$ = 18 Vol.-%, bei der keine Vernetzung der Kapillarporen mehr vorlag, siehe Abbildung 2-4. Später geben Bentz et al. [12] eine Durchlässigkeitsgrenze von 17 Vol.-% an.

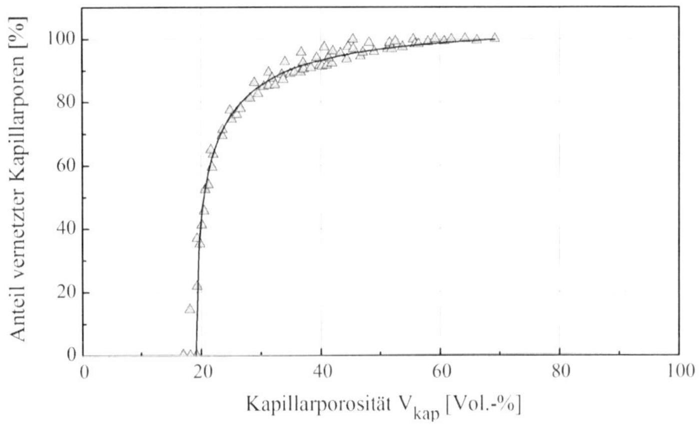

Abb. 2-4: Anteil vernetzter Kapillarporen in Abhängigkeit von der Kapillarporosität V_{kap} von Zementstein [10]

Das Erreichen dieser Durchlässigkeitsgrenze $V_{kap, dis}$ ist von den betontechnologischen Randbedingungen abhängig. Daher geben Bentz und Garboczi [10] für verschiedene Mikrosilikagehalte bei gegebenem w/z-Wert den mindestens erforderlichen Hydratationsgrad α_{dis} an, der zum Erreichen der Diskontinuität von Zementstein erforderlich ist, siehe Abbildung 2-5.

Für ultrahochfeste Betone mit einem w/z-Wert von maximal 0,30 und Mikrosilikagehalten von 15 bis 30 M.-% v. CEM ist demzufolge ein Hydratationsgrad von maximal etwa 30 % notwendig, um die Kontinuität des Kapillarporensystems zu unterbrechen. Dieser Hydratationsgrad wird meist bereits nach wenigen Tagen erreicht (vgl. Abbildung 2-1). Ist die Diskontinuität des Kapillarporenraums erreicht, erfolgen Transportprozesse nach Bentz et al. [12] über den Gelporenraum.

Die Ergebnisse von Bentz und Garboczi wurden von Vernet et al. [142] für RPC in Versuchen zur Konduktivität (also zur elektrischen Leitfähigkeit) bestätigt.

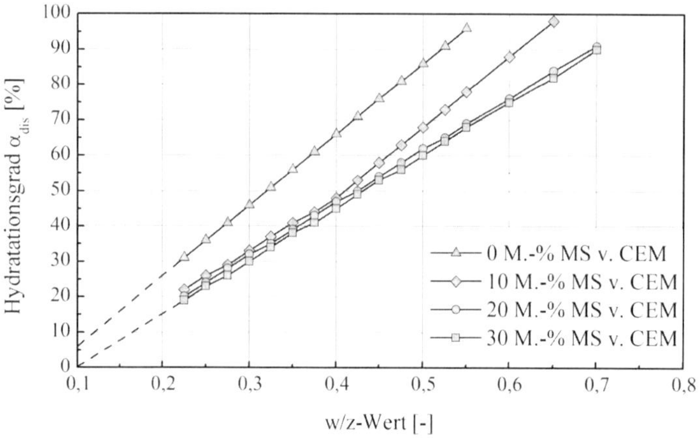

Abb. 2-5: Hydratationsgrad α_{dis}, der zum Erreichen der Diskontinuität des Porenraums von Zementstein erforderlich ist, in Abhängigkeit vom w/z-Wert und vom Mikrosilikagehalt [10] (Darstellung in Anlehnung an [142])

Es ist folglich davon auszugehen, dass ultrahochfeste Betone kein vernetztes Kapillarporensystem aufweisen. Für einen Transport von Flüssigkeiten und Gasen steht somit hauptsächlich der Gelporenraum zur Verfügung.

2.1.4.2 Tortuosität

Die Tortuosität τ – häufig auch als Umwegfaktor bezeichnet – beschreibt das Verhältnis zwischen der Strecke l eines Ions auf seinem Weg von Punkt A zu Punkt B im Porensystem des Zementsteins und der direkten Verbindung l_0 der Punkte. Dieser Zusammenhang ist in Abbildung 2-6 veranschaulicht.

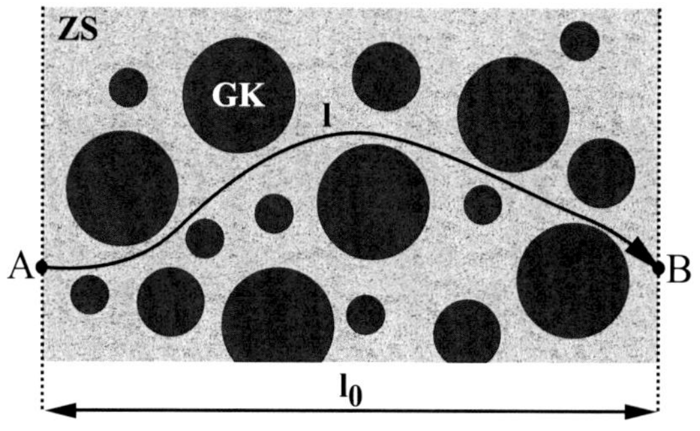

Abb. 2-6: Weg eines Ions durch den Beton (GK: Gesteinskörnung, ZS: Zementstein)

Hieraus wird auch ersichtlich, dass die Tortuosität von Beton u. a. vom Volumenanteil und der Korngrößenverteilung der Gesteinskörnung abhängt. Es gilt Gleichung (2-4) nach Shen et al. [122]:

$$\tau = \frac{l}{l_0} \qquad \textbf{(2-4)}$$

Vor allem bei der Beschreibung diffusionsabhängiger Prozesse ist die Berücksichtigung der Tortuosität notwendig. Da die Ermittlung des tatsächlich vom Ion zurückgelegten Wegs l enorm aufwendig ist, wird häufig das Verhältnis der entsprechenden, experimentell ermittelten Diffusionskoeffizienten zur Abschätzung der Tortuosität herangezogen, siehe z. B. [38, 92, 102], woraus sich Gleichung (2-5) ergibt. Die auf diese Weise ermittelte Tortuosität wird dann auch als Diffusivität bezeichnet.

$$\tau = \frac{D_0}{D_M} \qquad \textbf{(2-5)}$$

wobei D_0 Diffusionskoeffizient des Ions in freier Lösung [m^2/s]

D_M Diffusionskoeffizient des Ions im betrachteten Material [m^2/s]

Die Tortuosität eines Materials ist vor allem abhängig von dessen durchlässiger Porosität, also insbesondere von der Kapillarporosität V_{kap}. Im Falle der Abwesenheit einer impermeablen Phase (V_{kap} = 100 Vol.-%) gilt nach [122] allgemein der Grenzwert nach Gleichung (2-6), bei Abwesenheit eines permeablen Porensystems (V_{kap} = 0 Vol.-%) der Grenzwert nach Gleichung (2-7):

$$\lim_{V_{kap} \to 100\,\%} \tau(V_{kap}) = 1 \qquad \textbf{(2-6)}$$

$$\lim_{V_{kap} \to 0\,\%} \tau(V_{kap}) \to \infty \qquad \textbf{(2-7)}$$

Garboczi und Bentz [10, 38] stellten auf Grundlage computerbasierter Untersuchungen zur Tortuosität allerdings heraus, dass der Grenzwert nach Gleichung (2-7) für zementgebundene Materialien unzutreffend ist. Dies begründen sie damit, dass ab der Durchlässigkeitsgrenze von $V_{kap,\,dis}$ = 18 Vol.-% die Konnektivität des durchlässigen Kapillarporensystems zwar nicht mehr gegeben ist, der Ionentransport dann aber durch den Gelporenraum erfolgt (vgl. Kapitel 2.1.4.1). Somit ist der Transport bei einer Kapillarporosität von V_{kap} = 0 Vol.-% stark verlangsamt, jedoch nicht unterbunden. Der Grenzwert für τ bei $V_{kap} \to 0$ hängt v. a. vom Mikrosilikagehalt des Zementsteins ab (vgl. auch Abbildung 2-7)

Zur Beschreibung des Zusammenhangs zwischen Tortuosität und dem Porenraum eines Materials existieren zahlreiche Modelle auf Basis theoretischer, experimenteller oder empirischer Grundlagen, siehe hierzu z. B. [122]. Die Besonderheiten, die sich bei der

Betrachtung zementgebundener Materialien ergeben, wurden allerdings nur von wenigen Autoren berücksichtigt. Die entsprechenden Modelle sind nachfolgend dargelegt.

Tortuosität von Zementstein – Modell nach Promentilla et al.

Das Modell nach Promentilla et al. [102] basiert auf der Visualisierung des Porenraums von Zementstein ohne Mikrosilikazusatz mithilfe der Synchroton-Mikrotomographie und der anschließenden Simulation eines diffusionsbasierten „Random Walk" von Ionen in diesem Porenraum. Anhand der Ergebnisse ermittelten sie Gleichung (2-8) in Analogie zu *Archies Gesetz* zur Vorhersage der Tortuosität:

$$\tau_{ZS}(V_{kap}) = (V_{kap})^{-2} \tag{2-8}$$

Archies Gesetz geht auf petrophysikalische Untersuchungen von Gus E. Archie aus den 1940er Jahren zurück [5]. Es beschreibt den empirischen Zusammenhang zwischen Konduktivität, Porenraum und Sättigung des Porenraums und aufgrund der Gültigkeit der *Nernst-Einstein Gleichung* somit auch den Zusammenhang zwischen Diffusivität (also Tortuosität) und Porenraum, siehe hierzu [38].

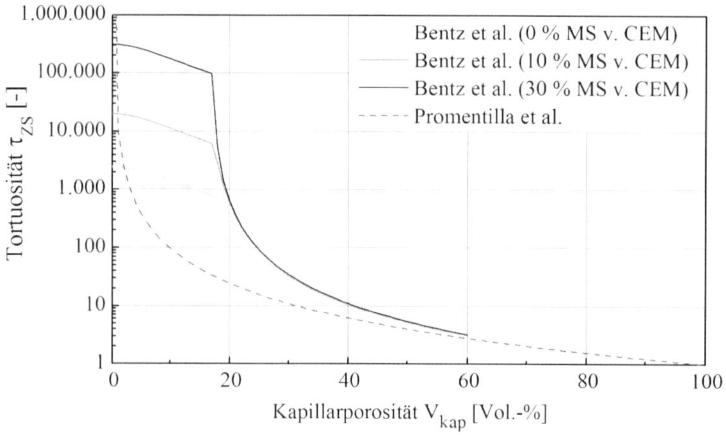

Abb. 2-7: Tortuosität von Zementstein τ_{ZS} für verschiedene Mikrosilikagehalte in Abhängigkeit von der Kapillarporosität V_{kap} nach verschiedenen Prognosemodellen [12, 102]

Die Durchlässigkeit des Gelporenraums bleibt bei Promentilla et al. unberücksichtigt, weshalb für $V_{kap} \rightarrow 0$ der Grenzwert nach Gleichung (2-7) gilt, siehe auch Abbildung 2-7.

Tortuosität von Zementstein – Modell nach Bentz et al.

Das von Bentz et al. [12] entwickelte, auf der Computersimulation der Zementhydratation basierende Modell bezieht neben der Kapillarporosität den Mikrosilikagehalt ein.

Mikrosilika beeinflusst maßgeblich die Tortuosität des Zementsteins, indem es infolge der puzzolanischen Reaktion die Bildung des im Vergleich zum Portlandit dichteren CSH-Gels begünstigt.

Untersucht wurden Zementsteine mit Mikrosilikagehalten bis maximal 10 M.-% bezogen auf das Zementgewicht. Die Prognose der Tortuosität erfolgt nach den Gleichungen (2-9) und (2-10). Zu beachten ist, dass Gleichung (2-10) keine korrekte Prognose des Grenzwerts nach Gleichung (2-6) liefert und daher nur bis zu einer Kapillarporosität V_{kap} von 60 Vol.-% gültig ist [38].

$$\frac{1}{\tau_{ZS}(V_{kap};V_{kap} \le 0{,}17)} = 10^{-4} \cdot K_1 + 10^{-2} \cdot K_2 \cdot V_{kap}^{\;2} \tag{2-9}$$

$$\frac{1}{\tau_{ZS}(V_{kap};0{,}17 < V_{kap} \le 0{,}60)} = 10^{-4} \cdot K_1 + 10^{-2} \cdot K_2 \cdot V_{kap}^{\;2} + 1{,}7 \cdot (V_{kap} - 0{,}17)^2 \tag{2-10}$$

Die Abhängigkeit der Tortuosität vom Mikrosilikagehalt ist durch die Parameter K_1 [-] und K_2 [-] gegeben. Die zugehörigen Diagramme können Abbildung A1-2 (siehe Anhang 1) entnommen werden. Ausgehend von den Werten nach Bentz et al. wurde im Rahmen der vorliegenden Arbeit eine Regressionsanalyse vorgenommen, so dass die Gleichungen (2-9) und (2-10) auch für Mikrosilikagehalte von mehr als 10 M.-% bezogen auf das Zementgewicht angewendet werden können.

Für Mikrosilikagehalte von 0, 10 und 30 % vom Zementgewicht ist der Zusammenhang nach den Gleichungen (2-9) und (2-10) in Abbildung 2-7 dargestellt.

Tortuosität von Mörtel und Beton – Modell nach Bentz et al.

Mit zunehmendem Volumenanteil an Gesteinskörnung nehmen die „Umwege“ zu, die ein Ion bei seinem Weg durch den Porenraum eines Mörtels oder Betons nehmen muss. Gleichzeitig nimmt der Anteil der im Vergleich zur ungestörten Zementsteinmatrix durchlässigeren Kontaktzone zu. Die Anwesenheit einer (diffusionsdichten) Gesteinskörnung beeinflusst daher zwangsläufig die Tortuosität des Zementsteins.

Da bislang keine quantitativen Angaben zum Einfluss des Volumenanteils der Gesteinskörnung auf die Tortuosität von Zementstein existierten, sollte im Rahmen der vorliegenden Arbeit eine Abschätzung hierzu vorgenommen werden.

Im diesem Zusammenhang wurden Prognosemodelle zum Diffusionskoeffizienten von Beton herangezogen. Bentz et al. [11] entwickelten – wiederum auf Grundlage von Computersimulationen zur Zementhydratation – ein empirisches Modell zur Vorhersage des Diffusionskoeffizienten von Beton, das neben dem Volumenanteil der Gesteinskörnung V_{GK} den w/z-Wert sowie den Hydratationsgrad α einbezieht, siehe Gleichung (2-11). Der Einfluss der ITZ wird in Gleichung (2-11) vernachlässigt.

$$D_{Beton}\left[\frac{m^2}{s}\right] = 10^{(-10{,}22 + 8{,}58\,(w/z) - 4{,}99\,\alpha - 3{,}04\,V_{GK} + 5{,}09\,\alpha\,(w/z) - 0{,}91\,(w/z)\,V_{GK} + 1{,}60\,\alpha\,V_{GK} - 6{,}58\,(w/z)^2 - 0{,}92\,\alpha^2 + 0{,}53\,V_{GK}^2)} \qquad \textbf{(2-11)}$$

Ein Vergleich mit Literaturdaten zeigte eine hinreichende Übereinstimmung der anhand von Gleichung (2-11) prognostizierten Diffusionskoeffizienten mit denjenigen aus experimentellen Untersuchungen [11].

Ausgehend von Gleichung (2-11) wurde im Rahmen der vorliegenden Arbeit das Verhältnis zwischen der Tortuosität eines Betons τ_{Beton} und der Tortuosität des zugehörigen, ungestörten Zementsteins τ_{ZS} in Abhängigkeit vom Volumenanteil der Gesteinskörnung bei abgeschlossener Hydratation abgeschätzt.

Hierbei wurde zugrundegelegt, dass bei gegebenem w/z-Wert maximal der Hydratationsgrads α_{max} nach Mills [81] erreicht wird (siehe hierzu auch Kapitel 2.1.2). Außerdem wurde angenommen, dass Gleichung (2-11) für V_{GK} = 0 Vol.-% den Diffusionskoeffizienten für Zementstein D_{ZS} liefert. Es gelten dann für diffusionsdichte Gesteinskörnungen folgende Zusammenhänge (Gleichungen (2-12) bis (2-14)):

$$\frac{\tau_{Beton}}{\tau_{ZS}} = \frac{D_{ZS}}{D_{Beton}} \qquad \textbf{(2-12)}$$

$$\lim_{V_{GK} \to 100\,\%} D_{Beton} \to 0 \text{ und somit} \qquad \textbf{(2-13)}$$

$$\lim_{V_{GK} \to 100\,\%} \frac{\tau_{Beton}}{\tau_{ZS}} \to \infty \qquad \textbf{(2-14)}$$

Der Grenzwert nach (2-13) wird von Gleichung (2-11) allerdings nicht erfüllt, weshalb auch der Grenzwert nach (2-14) nicht erfüllt werden kann. Gegenstand der hier ausgeführten Betrachtungen waren daher nur Mörtel bzw. Betone mit einem praxisrelevanten Gesteinskörnungsvolumen von maximal 80 Vol.-%.

In Abbildung 2-8 sind die Zusammenhänge dargestellt, die sich für das Verhältnis τ_{Beton}/τ_{ZS} bei konstantem Volumenanteil der Gesteinskörnung (V_{GK}) und variablem Wasserzementwert (w/z) bei der hier beschriebenden Anwendung des Modells nach Bentz et al. ergeben.

Zu erkennen ist zunächst, dass das Verhältnis τ_{Beton}/τ_{ZS} umso größer ist, je höher der Volumenanteil der Gesteinskörnung ist, d. h. die Tortuosität eines Betons nimmt mit zunehmendem Gehalt an Gesteinskörnung zu. Dieser Zusammenhang ist – wie zuvor schon erläutert – plausibel.

Darüber hinaus zeigen die Kurven ein Minimum bei w/z = 0,40 und einen Anstieg des Verhältnisses τ_{Beton}/τ_{ZS} sowohl für w/z > 0,40 als auch für w/z < 0,40. Plausibel ist jedoch nur eine Zunahme des Verhältnisses mit abnehmenden w/z-Wert.

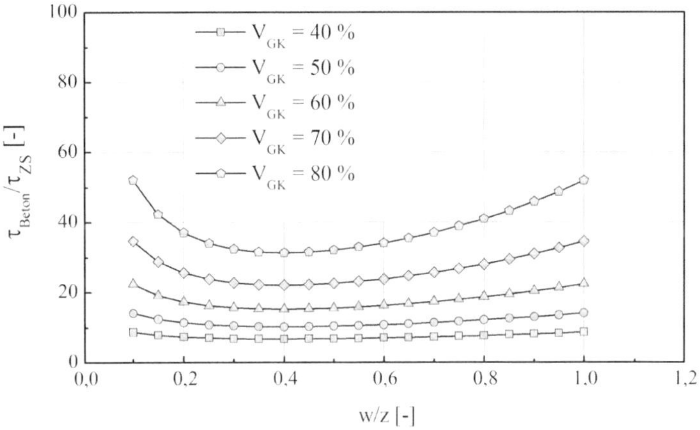

Abb. 2-8: Verhältnis zwischen der Tortuosität von Beton τ_{Beton} und der Tortuosität des zugehörigen, ungestörten Zementsteins τ_{ZS} in Abhängigkeit vom Wasserzementwert w/z bei V_{GK} = konst. nach Gleichung (2-12) auf Basis des Modells nach Bentz et al. [11]

Die Begründung hierfür ergibt sich aus der Tatsache, dass sich die Tortuosität des Betons und diejenige des Zementsteins lediglich durch den „Umweg", der beim Umgehen der Gesteinskörnung ensteht, sowie durch die Durchlässigkeit der ITZ unterscheiden. Während der „Umweg" bei gleichem Gesteinsgehalt und gleicher Korngrößenverteilung unabhängig vom w/z-Wert ist, nimmt die Kapillarporosität und damit auch die Durchlässigkeit der ITZ im Beton mit steigendem w/z-Wert zu, siehe hierzu auch Kapitel 2.1.3.2. Somit muss die Tortuosität des Betons mit zunehmendem w/z-Wert abnehmen.

Eine mögliche Ursache für die Unzulänglichkeit des Modells besteht darin, dass Bentz et al. die Anwesenheit und die Beschaffenheit der ITZ bei Einsatz einer Gesteinskörnung in Gleichung (2-11) nicht berücksichtigen.

Tortuosität von Mörtel und Beton – Modell nach Oh und Jang

Auch Oh und Jang [92] leiteten ein Modell zur Prognose des Diffusionskoeffizienten von Beton her. Neben dem Volumen der verwendeten Gesteinskörnung gehen auch die Kapillarporosität, die Durchlässigkeit und die Schichtdicke der ITZ sowie die Durchlässigkeit des CSH-Gels in das Prognosemodell ein, vgl. Gleichungen (2-15) bis (2-17):

$$D_{Beton}\left[\frac{m^2}{s}\right] = D_0 \cdot F \cdot G \qquad \textbf{(2-15)}$$

wobei

$$F = [0{,}5[(D_{CSH}/D_0)^{1/n} + 1{,}22V_{kap}[1-(D_{CSH}/D_0)^{1/n}]-0{,}22] + [0{,}25[(D_{CSH}/D_0)^{1/n}+1{,}22V_{kap}[1-(D_{CSH}/D_0)^{1/n}]-0{,}22]^2 + 0{,}22(D_{CSH}/D_0)^{1/n}]^{0{,}5}]^n \quad \textbf{(2-16)}$$

und

$$G = 1 + \frac{V_{GK}}{\frac{1}{2(D_{ITZ}/D_{ZS})\eta-1} + \frac{1-V_{GK}}{3}} \quad \textbf{(2-17)}$$

mit F — Term zur Berücksichtigung der Kapillarporosität und der Durchlässigkeit des CSH-Gels

G — Term zur Berücksichtigung des Einflusses der Gesteinskörnung auf die Durchlässigkeit des Gefüges

D_{CSH}/D_0 — Verhältnis zwischen Diffusionskoeffizient des CSH-Gels und Diffusionskoeffizient des betrachteten Ions in freier Lösung [-]

(nach [11] gilt für Chloridionen: $D_0 = 2 \cdot 10^{-9}$ m²/s)

D_{ITZ}/D_{ZS} — Verhältnis zwischen Diffusionskoeffizient der ITZ und Diffusionskoeffizient des Zementsteins [-]

V_{kap} — Kapillarporosität [Vol.-%]

η — Dicke der ITZ im Verhältnis zum Radius der Gesteinskörnung [-]

n — Exponent
(n = 2,7 für ZS ohne Zusatzstoffe, n = 4,5 für ZS mit MS) [-]

Oh und Jang [92] geben für D_{CSH}/D_0 Werte zwischen $5 \cdot 10^{-5}$ und $1 \cdot 10^{-3}$ für Zementstein ohne Zusatzstoffe und zwischen $2 \cdot 10^{-6}$ und $2 \cdot 10^{-4}$ für Zementstein mit Mikrosilika an. Je dichter der Zementstein ist, umso kleiner ist D_{CSH}/D_0.

Der Diffusionskoeffizient D_{ZS} für Zementstein ergibt sich – wie bereits beim Modell nach Bentz et al. – für V_{GK} = 0 Vol.-% aus Gleichung (2-15). Somit kann folgender Zusammenhang abgeleitet werden:

$$\frac{\tau_{Beton}}{\tau_{ZS}} = \frac{D_{ZS}}{D_{Beton}} = \frac{1}{G} \quad \textbf{(2-18)}$$

Auf Grundlage von Gleichung (2-18) wurde wiederum das Verhältnis τ_{Beton}/τ_{ZS} in Abhängigkeit vom Volumenanteil der Gesteinskörnung abgeschätzt. Hierbei wurde für den NPC ausgehend von Literaturdaten (siehe hierzu Kapitel 2.1.3.2) angenommen, dass die Durchlässigkeit der ITZ etwa doppelt so hoch ist, wie diejenige der ungestörten Matrix (D_{ITZ}/D_{ZS} = 2,0), und dass die Ausdehnung der ITZ maßgeblich von der

Korngröße der Zementpartikel abhängt. Bei einem mittleren Radius der Gesteinskörnung von 3 mm – wie er auch bei den in der vorliegenden Arbeit untersuchten Betonen Verwendung fand – und einem mittleren Zementkorndurchmesser von etwa 60 µm ergibt sich demnach η = 0,02.

Für den UHPC wurde auf Basis von Literaturdaten (vgl. Kapitel 2.1.3.2) angenommen, dass die Kontaktzone zwischen Gesteinskörnung und Zementstein im UHPC keine Schwächung aufweist und die ITZ den gleichen Diffusionswiderstand besitzt, wie die ungestörte Zementsteinmatrix (D_{ITZ}/D_{ZS} = 1,0). Somit ergibt sich η = 0.

Das Ergebnis der Abschätzung ist für die Betone UHPC und NPC in Abbildung 2-9 dargestellt. Für UHPC wird für $V_{GK} \rightarrow 100$ % der nach Gleichung (2-14) geforderte Grenzwert aufgrund von η = 0 angenähert. Für NPC wird dieser Grenzwert nicht erreicht.

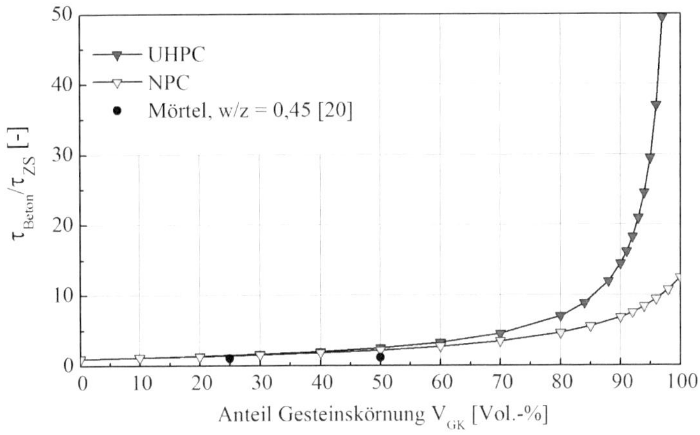

Abb. 2-9: Abgeschätztes Verhältnis zwischen der Tortuosität von Beton τ_{Beton} und der Tortuosität des zugehörigen, ungestörten Zementsteins τ_{ZS} in Abhängigkeit vom Volumenanteil der Gesteinskörnung (exemplarisch für einen UHPC und einen NPC) im Vergleich zu Literaturdaten

Die Verifikation des in Abbildung 2-9 dargestellten Zusammenhangs anhand von Literaturdaten ist schwierig, da nur sehr wenige Experimente existieren, in denen der Diffusionskoeffizient von Mörtel oder Beton unter Variation des Anteils der Gesteinskörnung sowie außerdem der Diffussionskoeffizient des zugehörigen Zementsteins bestimmt wurden, so dass eine Darstellung in Analogie zu Abbildung 2-9 erfolgen kann. Die einzigen Versuchsergebnisse hierzu, die ermittelt werden konnten, stammen von Caré [20] und sind ebenfalls Abbildung 2-9 zu entnehmen. Sie zeigen eine gute Übereinstimmung mit dem abgeleiteten Zusammenhang.

Fazit

Zur Beschreibung der Tortuosität von Zementstein eignet sich vor allem das Modell nach Bentz et al., da dieses – anders als das Modell nach Promentilla et al. – die Durchlässigkeitsgrenze des Zementsteins berücksichtigt und außerdem das CSH-Gel nicht als dicht ansieht, sondern ihm eine gewisse Durchlässigkeit zuschreibt, die mit zunehmendem Mikrosilikagehalt abnimmt.

Der Einsatz einer Gesteinskörnung beeinflusst die Tortuosität erheblich, indem der „Umweg" erhöht wird, den ein Ion im Porensystem des Mörtels bzw. Betons zurücklegt. Ausgehend von Prognosemodellen für den Diffusionskoeffizienten von Beton wurde im Rahmen der vorliegenden Arbeit der Einfluss der Gesteinskörnung auf die Tortuosität von Beton abgeschätzt, indem das Verhältnis der Diffusionskoeffizienten von Zementstein und Beton auf Grundlage zweier Modelle (Bentz et al., Oh und Jang) betrachtet wurde.

Hierbei führt das Modell nach Bentz et al. für Betone mit w/z $\geq$ 0,40 aufgrund der Vernachlässigung des Einflusses der ITZ zu einer falschen Prognose des Verhältnisses τ_{Beton}/τ_{ZS}, weshalb das Modell im Rahmen dieser Arbeit nicht weiterverfolgt wird.

Beim Modell nach Oh und Jang kann sowohl die Korngrößenverteilung der eingesetzten Gesteinskörnung sowie die Ausprägung der ITZ berücksichtigt werden. Das Modell führt zu einer schlüssigen Abschätzung des Verhältnisses zwischen τ_{Beton} und τ_{ZS}. Es zeigt lediglich Schwächen für Gesteinsgehalte von mehr als ca. 80 Vol.-%, da der nach Gleichung (2-14) geforderte Grenzwert für Betone mit ausgeprägter ITZ (z. B. im normalfesten Beton) nicht erreicht wird. Dieser Bereich ist jedoch weniger praxisrelevant. Für praxisübliche Gesteinsvolumina resultiert auf Basis des Modells nach Oh und Jang eine um maximal 10-fach höhere Tortuosität für Beton als für Zementstein. Ein Vergleich mit experimentell bestimmten Werten aus Literaturdaten zeigte eine vergleichsweise gute Übereinstimmung mit dem theoretisch abgeleiteten Zusammenhang, der jedoch anhand weiterer Experimente verifiziert werden sollte.

2.2 Reaktiver Transport

Der Porenraum von Beton ist zugänglich für Gase (z. B. Wasserdampf, CO_2) und Flüssigkeiten (z. B. Wasser), welche die Struktur des Betons stark beeinflussen können. Über Flüssigkeit können zudem Ionen eingetragen werden, die mit dem Beton und/oder dem Bewehrungsstahl interagieren (z. B. Cl^-, SO_4^{2-}).

Grundsätzlich sind alle Phasen des Zementsteins in der Lage, in bestimmtem Maße mit den eindringenden Medien zu reagieren. Hinzu kommt, dass auch die Gesteinskörnung reaktiv sein kann. Das Betongefüge ist daher – sofern es nicht hermetisch gegen Einflüsse aus der Umgebung abgedichtet ist – einem permanenten Wandel unterworfen, der sich signifikant auf die Transporteigenschaften und damit auch auf die Dauerhaftigkeit auswirken kann. Die maßgebenden Wechselwirkungen reaktiver Agenzien mit der Zementsteinmatrix sind in Abbildung 2-10 zusammengefasst.

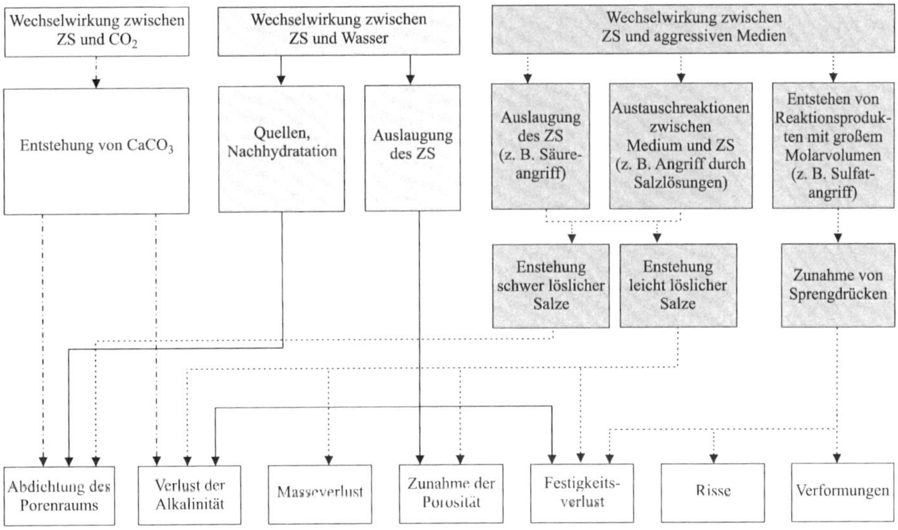

Abb. 2-10: Wechselwirkungen der Zementsteinmatrix (ZS) mit eindringenden Agenzien (Darstellung in Anlehnung an [21])

Nachfolgend sind die Wechselwirkungen des Betongefüges mit denjenigen Agenzien dargelegt, die im Rahmen der vorliegenden Arbeit von Relevanz sind. Eine ausführliche Beschreibung der zugrunde liegenden Transportmechanismen (Effusion und Diffusion, kapillares Saugen, Permeation) kann z. B. [21, 110, 138] entnommen werden.

2.2.1 Wechselwirkung zwischen Wasser und Zementstein

Zwischen Wasser und Zementstein finden gegenläufige Wechselwirkungen statt, die maßgebenden Einfluss auf die Transporteigenschaften des Zementsteins nehmen. Dies ist zum einen die Auslaugung des Portlandit (CH) und der CSH-Phasen, was zumindest eine lokale Erhöhung der Porosität bedeutet. Zum anderen kann der Wasserzutritt eine reversible oder irreversible Abdichtung des Porengefüges oder gegebenenfalls vorliegender Mikrorissen zur Folge haben.

2.2.1.1 Auslaugung des Zementsteins

Vor allem weiche Wässer (z. B. Regenwasser, destilliertes Wasser) sind in der Lage, Calcium (Ca^{2+}) aus dem Zementstein auszulaugen. Hierbei ist insbesondere das CH im Vergleich zu den übrigen ZS-Phasen leicht löslich (0,16 g CH in 100 g Wasser bei 20 °C und Atmosphärendruck) [21].

Sugiyama et al. [131, 132] sowie Buil et al. [19] beschreiben den Mechanismus der Ca^{2+}-Auslaugung. Demnach liegt die Ca^{2+}-Konzentration in der Porenlösung zunächst bei 0,0200 mol/l (Punkt A, Abbildung 2-11). Nimmt die Ca^{2+}-Konzentration z. B. infolge einer Verdünnung der Porenlösung bei Wasserzutritt ab, wird Ca^{2+} zunächst aus dem CH gelöst, um die Ausgangskonzentration wiederherzustellen ($A \rightarrow B$, Abbildung 2-11). Ist das CH vollständig ausgelaugt (Punkt B, Abbildung 2-11), wird Ca^{2+} aus den CSH-Phasen herausgelöst ($B \rightarrow C$, Abbildung 2-11). Da das Ca^{2+} schwerer aus den CSH-Phasen gelöst wird, als aus dem CH, stellt sich eine nichtlineare Konzentrationsabnahme ein. Sobald eine Ca^{2+}-Konzentration von 0,0015 mol/l in der Porenlösung unterschritten wird (Punkt C, Abbildung 2-11), kommt es zur schlagartigen Decalcifizierung der CSH-Phasen ($C \rightarrow D$, Abbildung 2-11).

Die Zerstörung des CH bzw. der CSH-Phasen ist verbunden mit einer lokalen Erhöhung der Porosität des Zementsteins [19, 131].

Verglichen mit dem Angriff weicher Wässer verstärken gelöste Salze die Auslaugung von Calciumionen aus den festigkeitsbildenden Phasen des Zementsteins.

Glasser et al. [40] führten Untersuchungen zur Auslaugung von Calcium und Silicium aus dem CH und den CSH-Phasen in NaCl-Lösungen verschiedener Konzentrationen durch. Ihre Ergebnisse lassen sich folgendermaßen zusammenfassen, wie auch aus Tabelle 2-2 hervorgeht:

- Es wird mehr Calcium aus dem CH gelöst als aus den CSH-Phasen.
- Die Löslichkeit von Calcium nimmt mit zunehmender NaCl-Konzentration des Angriffsmediums zu. Am deutlichsten ist die Zunahme im Bereich geringer Konzentration bis 3 %.

- Die Löslichkeit von Calcium steigt mit zunehmendem C/S Verhältnis der CSH-Phasen.
- Die Silizium-Auslaugung ist vernachlässigbar, nimmt aber tendenziell mit zunehmendem C/S-Verhältnis der CSH-Phasen ab.

Der pH-Wert des Angriffsmediums wird durch den Auslaugprozess nicht signifikant verändert.

In vergleichbaren Versuchen von Hill et al. [57] wurden die Ergebnisse von Glasser et al. [40] umfassend bestätigt.

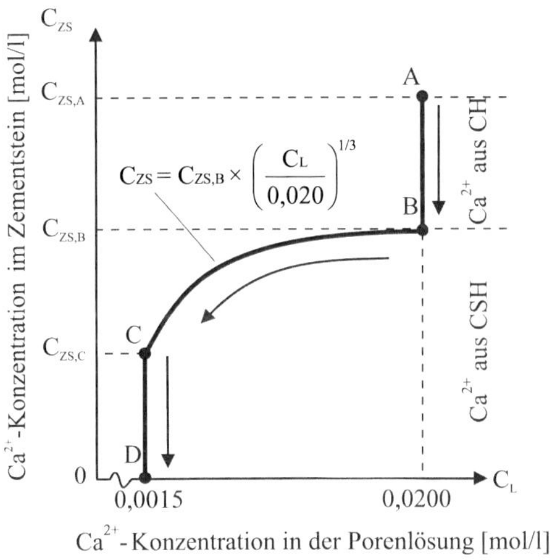

Abb. 2-11: Beziehung zwischen der Ca^{2+}-Konzentration im Zementstein C_{ZS} und in der Porenlösung C_L (nach [19, 131, 132])

Tab. 2-2: Löslichkeiten von Calcium (Ca^{2+}) und Silizium (Si^{4+}) aus dem CH und den CSH-Phasen für verschiedene Angriffsmedien (ermittelt bei 25 °C, Atmosphärendruck) [40]

Angriffs-medium	Löslichkeit [g/l] von Ca bzw. Si aus CH				
	CH	CSH (C/S = 0,85)		CSH (C/S = 1,8)	
	Ca^{2+}	Ca^{2+}	Si^{4+}	Ca^{2+}	Si^{4+}
reines Wasser	0,81	0,05	0,008	0,65	0,0003
3,0 % NaCl	1,09	0,46	0,004	0,91	0,0006

2.2.1.2 Abdichtung von Porenraum und Mikrorissen

Die Abdichtung des Betons infolge der Interaktion zwischen Wasser und Zementstein kann auf unterschiedliche Ursachen zurückgeführt werden. Häufig wird hierbei zwischen den Begriffen „Selbstabdichtung“ und „Selbstheilung“ unterschieden, siehe z. B. [53].

Hearn [53] bezeichnet die Fähigkeit des Betons, Risse zu heilen oder sich mit der Zeit selbstständig abzudichten als „Immunsystem“ des Betons. Sie erachtet es als notwendig, diese Eigenschaften des Betons in Lebensdauerprognosen einzubeziehen, da nur bei deren Berücksichtigung eine zuverlässige Langzeitprognose des Betonverhaltens möglich ist.

Selbstheilung

Unter „Selbstheilung“ versteht man die Abdichtung von Rissen im Beton, z. B. [27, 53]. Der Vorgang der Selbstheilung kann physikalische (z. B. Quellen des Zementsteins) oder chemische Ursachen (z. B. Nachhydratisieren des Zementsteins) haben oder mechanischen Ursprungs sein (z. B. Reduktion der Rissbreite durch Feinststoffe) [27].

Jacobsen et al. [62, 63] konnten bei nach einer Frostschädigung wassergelagerten hochfesten Betonen (w/z = 0,3 bis 0,4) die Entstehung von Hydratationsprodukten in den Rissflanken und somit die nachträgliche Hydratation von unreagiertem Zementklinker nachweisen. Infolge der Selbstheilung stellten sie einen Rückgang des Schädigungsgrads der befrosteten Proben um bis zu 46 % gemessen an der Ultraschalllaufzeit fest.

In Versuchen an gerissenen Proben aus dem wärmebehandelten (90 °C, 48 h) ultrahochfesten Feinkornbeton Ductal® (w/z = 0,20) stellten Granger et al. [44, 45] eine vollständige Wiederherstellung der Steifigkeit des ungerissenen Betons infolge Wasserlagerung fest. Dies führten sie auf die hohen Mengen an unhydratisiertem Zement zurück, der in ultrahochfesten Betonen aufgrund des sehr geringen w/z-Werts vorliegt, und die damit verbundene Entstehung von CSH-Phasen insbesondere in der Rissöffnung.

Die Selbstheilung hochfester bzw. ultrahochfester Betone wird demnach maßgeblich auf die nachträgliche Hydratation des unreagierten Zements zurückgeführt, der in diesen Betonen in vergleichsweise großen Mengen vorliegt.

Nicht einheitlich sind die Angaben zur Rissbreite, die maximal durch Selbstheilung infolge Nachhydratation überbrückt werden kann. Die Angaben liegen zwischen 50 µm und 200 µm [27, 106, 151]. Auch die damit einhergehende erforderliche Dauer der Wasserlagerung ist nicht einheitlich wiedergegeben und variiert zwischen wenigen Tagen bis zu 20 Wochen, z. B. [27, 151]. Dies ist darauf zurückzuführen, dass sich die jeweiligen Versuchsdurchführungen stark voneinander unterscheiden.

Selbstabdichtung

Rucker-Gramm [110] definiert die Selbstabdichtung als Mechanismus, der dazu führt, dass die Wasseraufnahme zementgebundener Baustoffe vom Wurzel-t-Gesetz abweicht bzw. dazu, dass die Durchlässigkeit gegenüber Wasser für diese Baustoffe nicht konstant ist, sondern mit der Zeit abnimmt. Dieser Effekt kann durch unterschiedliche Mechanismen verursacht werden.

Zum einen findet mit fortschreitender Hydratation des Betons grundsätzlich eine zunehmende Verdichtung des Porenraums statt und zwar so lange, wie unhydratisierter Zement und Wasser zur Verfügung stehen. Hearn [53] bezeichnet diesen Vorgang als „kontinuierliche Hydratation“. Der Einfluss dieses Effekts nimmt mit zunehmender Festigkeitsklasse des Betons ab, da mit zunehmender Betonfestigkeit der w/z-Wert abnimmt und somit der maximal erzielbare Hydratationsgrad früher erreicht wird, vgl. auch Abbildungen 2-1 und A1-1 (Anhang 1). Für ultrahochfeste Betone spielt die kontinuierliche Hydratation somit nur bis zu einem Betonalter von etwa 100 Tagen eine Rolle.

Zudem ist bei Wasserzutritt von außen auch die nachträgliche Hydratation von unreagiertem Zement möglich, der in Betonen mit niedrigen Wasserzementwerten ($w/z < 0{,}40$) auch im fortgeschrittenen Betonalter vorliegt. In ungerissenen Bauteilen aus hochfestem bzw. ultrahochfestem Beton ist eine derartige Nachhydratation aufgrund der hohen Dichtigkeit dieser Betone jedoch nur im Bereich der äußersten Randzone denkbar.

Ebenfalls zu einer Abdichtung des Porenraums kann nach Rucker-Gramm [110] bzw. Hearn und Morley [54] der Ausfall von Kristallen bei einer Übersättigung der Porenlösung mit den vorhandenen Ionen (v. a. Magnesium, Kalium, Natrium, Calcium) führen. Das Blockieren von Transporträumen durch lose Fremdkörper ist nach [54, 110] vernachlässigbar.

Den maßgebenden Mechanismus der Selbstabdichtung stellen nach Rucker-Gramm [110] Quellvorgänge im Zementgel dar. Die Überlegungen von Rucker-Gramm basieren auf dem „Münchner Modell“ zur Zementsteinstruktur nach Wittmann [150].

Nach dem „Münchner Modell“ bilden die Hydratationsprodukte ein dreidimensionales Netzwerk amorpher Gelpartikel kolloidaler Größe, ein sogenanntes Xerogel, siehe auch Abbildung 2-12. Die Gelpartikel sind durch ionisch-kovalente Bindungen und Van der Waals-Bindungen miteinander verbunden. Nach Badmann et al. [6] macht sich der Einfluss der Van-der-Waals-Kräfte besonders im Gelporenbereich mit Porendurchmessern bis ca. 2 nm bemerkbar.

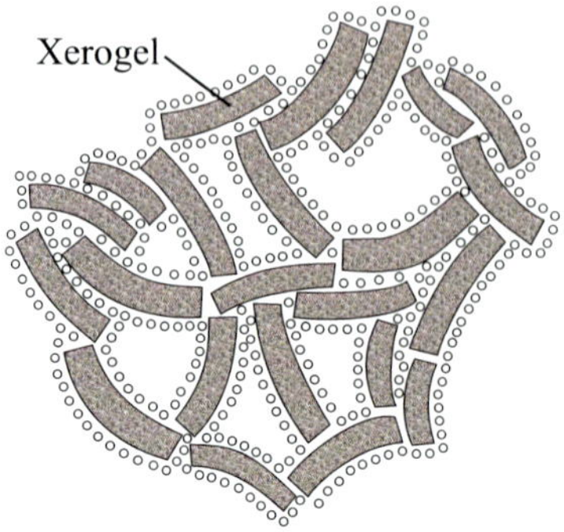

Abb. 2-12: Münchner Modell zur Zementsteinstruktur nach Wittmann [150]

Sind die Gelpartikel trocken, werden sie durch die wirkende Oberflächenspannung komprimiert (Abbildung 2-13, a.1). Diese Oberflächenspannung ist umso stärker, je kleiner die Partikel sind.

Nimmt die Umgebungsfeuchte zu, lagern sich Wassermoleküle an den Partikeloberflächen an [150]. Die Oberflächenspannung nimmt ab, und infolge dessen dehnen sich die Partikel aus (Abbildung 2-13, a.2). Dieser Effekt ist umso ausgeprägter, je größer die innere Oberfläche des Zementgels ist und je kleiner der E-Modul des Betons ist [150].

Aus der Zunahme der Schichtdicke der angelagerten Wassermoleküle resultiert zudem ein Spaltdruck. Dieser bewirkt, dass die van der Waals-Bindungen zwischen den Gelpartikeln zunehmend geschwächt und gegebenenfalls gelöst werden (Abbildung 2-13, b.1) und die Teilchen sich voneinander entfernen (Abbildung 2-13, b.2). Die ionisch-kovalenten Bindungen innerhalb der Gelpartikel werden durch die Wasseranlagerung zwar schwächer, bleiben aber erhalten.

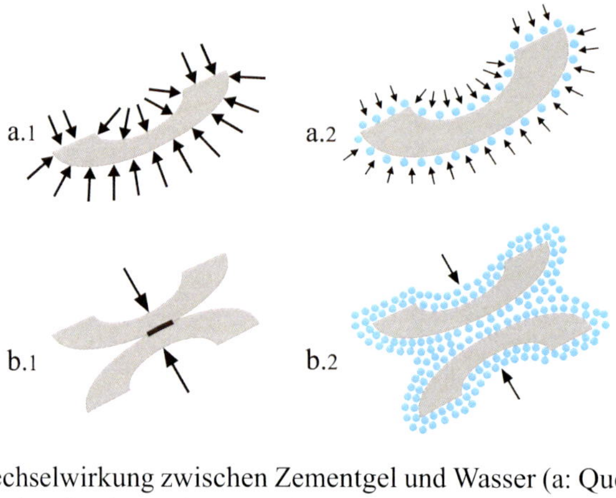

Abb. 2-13: Wechselwirkung zwischen Zementgel und Wasser (a: Quellen der Partikel durch Abnahme der Oberflächenspannung, b: Lösen der Bindungen infolge des Spaltdrucks des Wassers), Darstellung in Anlehnung an [110]

Rucker-Gramm [110] konnte experimentell nachweisen, dass das über Kapillartransport aufgenommene Wasser aufgrund des in den Gelporen herrschenden Unterdrucks in den Gelporenraum umverteilt wird. Das in den Gelporenraum transportierte Wasser wird aufgrund der hohen Oberflächenkräfte, die dort wirken, nicht weitertransportiert. Vielmehr verursacht es das Quellen der Gelpartikel aufgrund der zuvor erläuterten Mechanismen (Ausdehnung der Gelpartikel, Erhöhung des Spaltdrucks). Hiermit verbunden ist eine Reduktion der Konnektivität der Poren und die sukzessive Abdichtung des Gelporenraums sowie die Reduktion des kapillaraktiven Porenraums.

Die Quantifizierung der Selbstabdichtung kann nach Rucker-Gramm [110] mithilfe der Kernresonanzspektroskopie (NMR) erfolgen. In die von Rucker-Gramm hergeleitete Gleichung zur Abschätzung des Rückgangs des kapillaraktiven Wassers (siehe hierzu [110]) geht der so bezeichnete Abdichtungsfaktor q [-] ein. Je größer der Abdichtungsfaktor ist, umso ausgeprägter ist die Selbstabdichtung. Für einen Mörtel mit w/z = 0,60 liegt der Abdichtungsfaktor beim Eindringen von reinem Wasser bei 1,2 [110]. Sind Salze im Wasser gelöst, beeinflussen diese deutlich den Spaltdruck und somit auch die Abdichtungstendenzen des Zementgels. Rucker-Gramm [110] stellte einen linearen Zusammenhang zwischen der Selbstabdichtung des Porenraums und der NaCl-Konzentration fest, wie anhand von Abbildung 2-14 erkennbar ist.

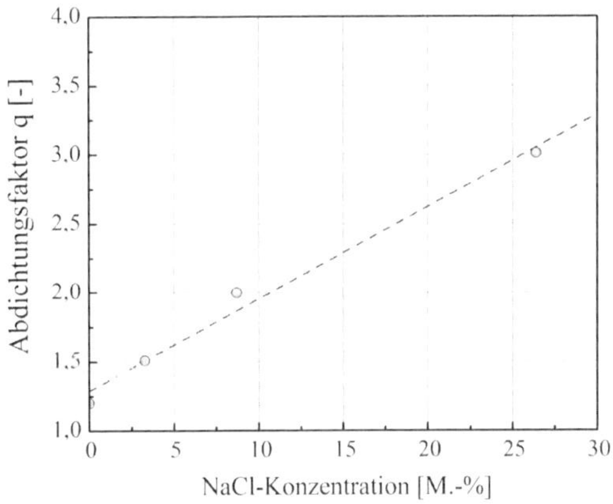

Abb. 2-14: Abdichtungsfaktor q eines Mörtels (w/z = 0,60) nach Rucker-Gramm [110] in Abhängigkeit von der NaCl-Konzentration der eindringenden Flüssigkeit

2.2.1.3 Frost-Tau- und Frost-Taumittelbeanspruchung

Die Beständigkeit ultrahochfester Betone gegenüber einer Frost-Taubeanspruchung (CIF-Test nach TC 176-IDC [N28]) bzw. einer Frost-Taumittelbeanspruchung (CDF-Test nach TC 117-FDC [N29]) ist inzwischen gut in der einschlägigen Literatur dokumentiert, siehe hierzu [23, 30, 94, 95]. In keinem der dort vorgestellten Versuchsprogramme wurde der Grenzwert einer maximalen Abwitterung von 1.500 g/m² nach dem CDF-Verfahren auch nach einer Ausweitung der Versuchsdauer auf bis zu 200 Frost-Tauwechsel (FTW) erreicht, siehe auch Abbildung 2-15 (oben). Allerdings zeigten die faserbewehrten ultrahochfesten Betone eine Rostentwicklung und Abplatzungen im Bereich oberflächennaher Stahlfasern [30].

Der relative dynamische Elastizitätsmodul (E-Modul) fiel nur durch eine starke Vorschädigung – z. B. durch eine scharfe Abkühlung von 90 °C auf 8 °C [95] – unter das Schädigungskriterium von 80 % ab, vgl. Abbildung 2-15 (unten).

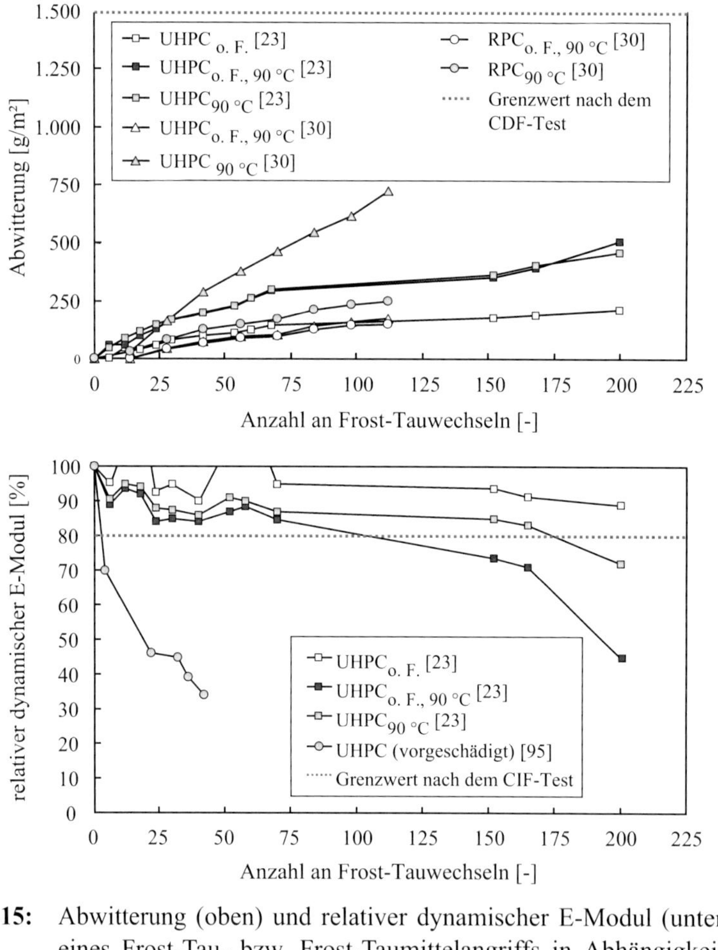

Abb. 2-15: Abwitterung (oben) und relativer dynamischer E-Modul (unten) infolge eines Frost-Tau- bzw. Frost-Taumittelangriffs in Abhängigkeit von der Anzahl an Frost-Tauwechseln für verschiedene ultrahochfeste Betone (o. F.: ohne Fasern, 90 °C: wärmebehandelt bei 90 °C)

Somit weisen ultrahochfeste Betone generell einen ausgeprägt hohen Frostwiderstand auf. Laut Palecki und Bevanda [94] liegt die Ursache hierfür darin begründet, dass es bei der Frostbeanspruchung von ultrahochfestem Beton aufgrund der sehr geringen Wasseraufnahme nicht zu einer kritischen Sättigung durch die sogenannten Mikroeislinsenpumpe und somit auch nicht zu einer Gefügeschädigung kommt. Außerdem kann die während der Tauphasen stattfindende Wasserbeaufschlagung der Probekörper zu einer Selbstheilung etwaiger Risse und somit zu einer Abnahme des Schädigungsgrads führen [63] (siehe hierzu auch Kapitel 2.2.1.2).

2.2.2 Wechselwirkung zwischen CO_2 und Zementstein

Dringt CO_2 in den Porenraum des Betons ein, reagiert dieses mit dem dort vorhandenen Wasser zu Kohlensäure (H_2CO_3). Diese führt zur Neutralisation insbesondere des CH und es bildet sich $CaCO_3$. Neben dem CH, das am reaktionsfreudigsten ist, sind insbesondere die CSH-Phasen betroffen. Aber auch die übrigen Phasen des Zementsteins werden durch die Karbonatisierung modifiziert [130].

Während die Karbonatisierung für den unbewehrten Beton in der Regel nicht schädlich ist, führt sie bekanntermaßen zum Absinken des pH-Werts der Porenlösung auf ca. pH 8,5. Hierdurch wird die Passivierung der Stahlbewehrung aufgehoben, die den Stahl im ungestörten Beton vor Korrosion schützt.

Da es sich beim Eindringen von CO_2 um einen diffusionskontrollierten Prozess handelt, kann der Karbonatisierungsfortschritt (bei stationären Bedingungen) grundsätzlich durch das *Erste Fick'sche Gesetz* beschrieben werden. Für die Tiefe der Karbonatisierungsfront x_c [m] zum Zeitpunkt t [s] ergibt sich dann Gleichung (2-19). Hierbei ist D_c [m²/s] der Diffusionskoeffizient des karbonatisierten Betons.

$$x_c = \sqrt{D_c \cdot t} \qquad \textbf{(2-19)}$$

Voraussetzung für die Anwendung dieses sogenannten *Wurzel-t-Gesetzes* ist die Kenntnis des Diffusionskoeffizienten D_c, der sich z. B. aus der bekannten Karbonatisierungstiefe x_c zum Zeitpunkt t ermitteln lässt, die durch Bauwerksuntersuchungen erfasst werden kann.

Zudem kann D_c mithilfe geeigneter Prognosemodelle abgeschätzt werden. Nach Papadakis et al. [96] ergibt sich der Diffusionskoeffizient D_c [m²/s] von CO_2 in karbonatisiertem Beton in Abhängigkeit von der Umgebungsfeuchte φ [%] aus nachfolgender Gleichung (2-20). ϕ [-] ist hierbei die Porosität des vollständig hydratisierten und karbonatisierten Zementsteins.

$$D_c = 1{,}64 \cdot 10^{-6} \cdot \phi^{1,8} \cdot [1 - \varphi/100]^{2,2} \ [\mathrm{m^2/s}] \qquad \textbf{(2-20)}$$

$$\text{mit} \qquad \phi \approx \rho_z/\rho_w \cdot \frac{w/z - 0,3}{1 + \rho_z/\rho_w \cdot w/z} \ [-] \qquad \textbf{(2-21)}$$

Die Gültigkeit von Gleichung (2-21) ist auf Betone mit einem w/z-Wert von mindestens 0,30 beschränkt. Dies impliziert, dass der Porenraum für Betone mit w/z < 0,30 so dicht ist, dass keine CO_2-Diffusion erfolgt. In der Tat ist davon auszugehen, dass infolge des sehr geringen mittleren Porendurchmessers ultrahochfester Betone, der meist im Bereich von weniger als 100 nm liegt (vgl. Abbildung A3-3, Anhang 3), die langsamere Effusion und nicht die Diffusion den maßgebenden Mechanismus des CO_2-Transports darstellt.

Experimentelle Untersuchungen zum Karbonatisierungsfortschritt von ultrahochfestem Beton existieren nur in sehr beschränktem Maße. Ludwig und Thiel [77] untersuchten die Karbonatisierung von ultrahochfestem Beton ohne Faserbewehrung anhand von Dünnschliffen nach 28-tägiger Lagerung des Betons unter erhöhtem CO_2-Gehalt (2 Vol.-%). Die ermittelte Karbonatisierungstiefe betrug im Betonalter von 56 Tagen zwischen 10 und 15 μm.

Langzeitversuche zum Karbonatisierungsfortschritt von bei 90 °C wärmebehandelten ultrahochfesten Betonen wurden an der Universität Kassel durchgeführt [30]. Die ermittelte Karbonatisierungstiefe nach einer Lagerung bei 20 °C und 65 % r. F. ist in Abhängigkeit vom Betonalter in Abbildung 2-16 dargestellt.

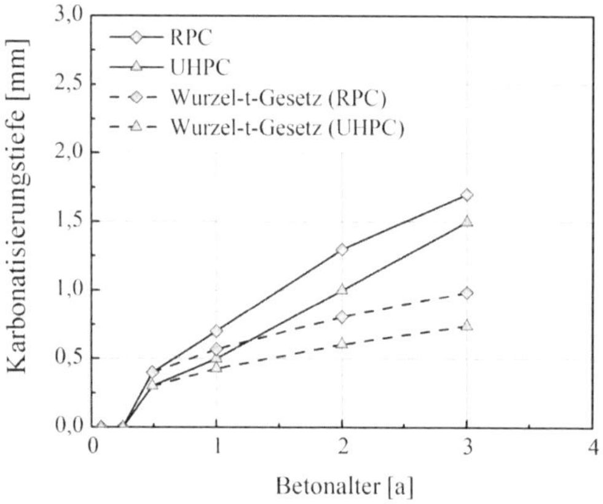

Abb. 2-16: Karbonatisierungstiefe eines wärmebehandelten ultrahochfesten Feinkornbetons (RPC) bzw. Grobkornbetons (UHPC) in Abhängigkeit vom Betonalter im Vergleich zum vorhergesagten Verlauf nach dem *Wurzel-t-Gesetz* (Daten aus [30])

Erst ab einem Betonalter von 180 Tagen konnte mithilfe von Phenolphthalein eine Karbonatisierung nachgewiesen werden. Nach dreijähriger Lagerung betrug die Karbonatisierungstiefe maximal 1,7 mm, wobei der Feinkornbeton (RPC) eine geringfügig stärkere Karbonatisierung aufwies als der Grobkornbeton (UHPC). Es ist erkennbar, dass der detektierte Karbonatisierungsfortschritt hier nicht dem *Wurzel-t-Gesetz* gehorcht, sondern überproportional zunimmt. Eine mögliche Ursache für dieses Phänomen ist die Entstehung von Mikrorissen infolge der Wärmebeaufschlagung, durch die ein verstärkter Eintritt von CO_2 erfolgt, wie er für hochfeste Betone auch von Guse und Hilsdorf beobachtet wurde [50].

2.2.3 Wechselwirkung zwischen Chloridionen und Zementstein bzw. Bewehrungsstahl

Im Rahmen der vorliegenden Arbeit wurde das Betonverhalten infolge ständiger Einwirkung einer NaCl-Lösung untersucht, weshalb sich die nachfolgenden Ausführungen auf die Wechselwirkungen von NaCl-Lösungen und dem Zementstein bzw. dem Bewehrungsstahl – und hierbei insbesondere der Stahlfaserbewehrung – beschränken.

Die intermittierende Beaufschlagung, wie sie u. a. für Verkehrsbauwerke relevant ist (z. B. tausalzbeaufschlagtes Spritzwasser), wird nicht betrachtet (siehe hierzu z. B. [72, 138]).

2.2.3.1 Eindringung und Bindung von Chloridionen

Steht ungesättigter Beton mit einer Salzlösung in Kontakt, erfolgt die Lösungsaufnahme zunächst durch kapillares Saugen, und darin enthaltenene Ionen werden mitgeschleppt (sogenannter „Huckepack"-Transport).

In den wassergesättigten Bereichen des Betons findet ein Weitertransport der Ionen durch Diffusion statt. Hierbei ist die elektrische Ladung und die daraus resultierende Interaktion der Ionen sowohl des gelösten Salzes als auch der Porenlösung zu berücksichtigen [136, 145]. Nach der *Debye-Hückel-Theorie* wird jedes Ion von einer Wolke aus entgegengesetzt geladenen Ionen umgeben, die jeweils wiederum das Zentrum einer weiteren Ionenwolke darstellen. Aufgrund der Wahrung der elektrischen Neutralität, wird der Ionentransport von den langsameren Ionen bestimmt. Im Falle der Natrium- und Chloriddiffusion stellt das Natriumion (Na^+) das im Vergleich zum Chloridion (Cl^-) langsamere Ion dar [136, 145]. Zwar eilt das beweglichere Chloridion dem Natrium voraus, es wird aber durch das elektrische Feld der Kationenwolke des Natriums abgebremst. Gleichzeitig werden die Natriumionen durch das Chloridion beschleunigt [72, 136, 145].

Ein Teil der eingetragenen Chloridionen wird von der Zementsteinmatrix physikalisch und chemisch gebunden. Die physikalische Bindung durch Adsorption der Chloridionen im Zementgel mittels Van-der Waals-Kräfte dominiert die chemische Bindung und kann durch Langmuir-, Freundlich- oder BET-Isothermen beschrieben werden [56, 91]. Bei der chemischen Bindung findet ein Ionenaustausch im Monosulfat statt, wodurch das sogenannte „Friedel´sche Salz" ($C_3A \cdot CaCl_2 \cdot 10H_2O$) entsteht [56, 91].

Die maßgebenden Einflussfaktoren der Chloridbindekapazität, wie z. B. der C_3A-Gehalt des Zements oder der Zementsteingehalt des Betons, sind in [91] ausführlich dargelegt und in Tabelle A1-1, Anhang 1, zusammengefasst.

2.2.3.2 Kritischer korrosionsauslösender Chloridgehalt

Ungebundene, also freie Chloridionen können zu einer Korrosion des im Beton eingebrachten Bewehrungsstahls führen, indem sie dessen schützende Passivschicht lokal zerstören (sogenannte „Lochfraßkorrosion").

Um abschätzen zu können, ob es infolge des Chlorideintrags zur Stahlkorrosion kommt, ist die Kenntnis des kritischen korrosionsauslösenden Chloridgehalts unabdingbar. In [16] geben Breit et al. die maßgebenden Einflussfaktoren des kritischen korrosionsauslösenden Chloridgehalts an (z. B. pH-Wert des Betons, Kaltverformungsgrad des Bewehrungsstahls), die in Tabelle A1-2 (Anhang 1) wiedergegeben sind. Zu beachten sind außerdem Einflüsse aus der Exposition wie z. B. die Sauerstoffzufuhr oder der Feuchtegehalt in der Umgebung des Stahls. Auf Grundlage von Laborversuchen und Untersuchungsergebnissen an Bauwerken untermauern sie die Annahme des kritischen korrosionsauslösenden Chloridgehalts von 0,5 M.-% v. CEM nach der Instandsetzungs-Richtlinie des DAfStb (DAfStb-Richtlinie SIB [N24]) für Beton mit Stabstahlbewehrung ohne Fehlstellen und mit einer ausreichenden Betondeckung. Bei diesem Grenzwert kommt es nur mit einer sehr geringen Wahrscheinlichkeit zur Korrosion des Bewehrungsstahls [16].

Die Korrosionsneigung von Stahlfasern im Beton ist nach Dauberschmidt [25] wesentlich geringer als diejenige von Stabstahl. In Versuchen stellte er deutlich höhere kritische korrosionsauslösende Chloridgehalte zwischen 2,1 und 3,4 M.-% v. CEM im randnahen, ausgelaugten Betonbereich und von bis zu 5,6 M.-% v. CEM im Betoninnern fest. Den erhöhten Widerstand der Stahlfasern führt er darauf zurück, dass die Stahlfasern aufgrund des Herstellungsprozesses (Drahtziehverfahren) von einer homogeneren Passivschicht umgeben sind. Zudem wird durch die beim Herstellungsprozess aufgebrachte Kaltverformung der Korrosionswiderstand der Fasern erhöht (vgl. Tabelle A1-2, Anhang 1), und es bildet sich eine dichtere Kontaktzone zwischen Stahl und Beton aus, als es beim Einsatz einer Stabstahlbewehrung der Fall ist.

2.2.3.3 Modelle zur Beschreibung der Chlorideindringung

Infolge der Chloridbeaufschlagung des Betons ergibt sich ein sogenanntes Chloridprofil, das den zur Beaufschlagungsdauer t_i vorliegenden, tiefenabhängigen Chloridgehalt des Betons wiedergibt. In Abbildung 2-17 sind schematisch die verschiedenen Chloridprofile dargestellt, wie sie in der Literatur zu finden sind, und wie sie sich aus Echtzeit-Diffusionsversuchen ergeben. Die Ordinatenbeschriftung kann von derjenigen in

Abbildung 2-17 abweichen. Häufig werden Chloridgehalte auch in „M.-% vom Beton" oder in „g/kg Beton" angegeben.

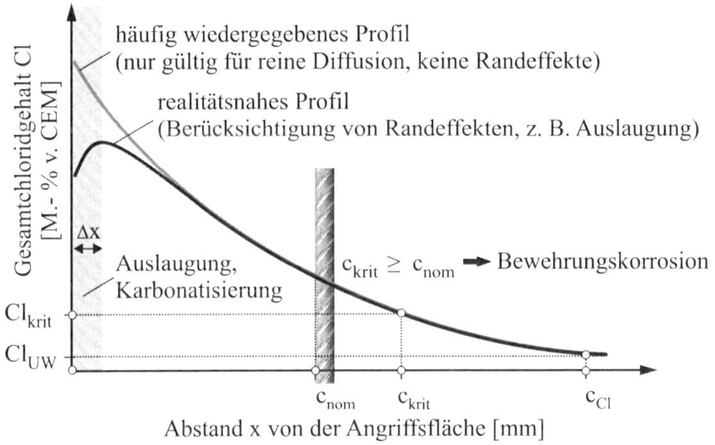

Abb. 2-17: Gängige Chloridprofile (schematisch) mit zugehörigem Chloriduntergrundwert (Cl_{UW}) und kritischem Chloridgehalt (Cl_{krit}); c_{nom}: Betondeckung, c_{krit}: Tiefe, bis zu der Cl_{krit} überschritten wird, c_{Cl}: Chlorideindringtiefe, Δx: gestörter Randbereich

Der in Abbildung 2-17 aufgeführte Chloriduntergrundwert (Cl_{UW}) gibt denjenigen Ausgangschloridgehalt wieder, der unabhängig von einer Chloridbeaufschlagung durch die Betonausgangsstoffe in den Beton eingebracht wurde. Der kritische korrosionsauslösende Chloridgehalt (Cl_{krit}) wurde in Kapitel 2.2.3.2 erläutert.

Auch bei ständiger Lösungsbeaufschlagung können Chloridprofile mit innen liegendem Maximalchloridgehalt entstehen, wie sie sich bei intermittierender Beaufschlagung ergeben. Ursachen hierfür sind die randnahe Auslaugung des Zementsteins oder die Karbonatisierung des Betons [91, 97, 112]. In den meisten veröffentlichten Chloridprofilen werden diese Randeffekte vernachlässigt (vgl. Abbildung 2-17). Dies liegt u. a. darin begründet, dass sich die betroffene Randzone (Δx) meist nur über wenige Millimeter erstreckt. Die tiefenabhängige Untersuchung des Betons erfolgt jedoch häufig anhand von z. B. Scheiben mit Schichtdicken größerer Abmessung, die ausgelaugte Randzone wird somit nicht separat erfasst.

Aus dem Chloridprofil lässt sich die Chlorideindringtiefe c_{Cl} ablesen. Wird der kritische korrosionsauslösende Chloridgehalt Cl_{krit} im Bereich der Bewehrungslage erreicht oder überschritten, kommt es zur Bewehrungskorrosion (vgl. Abbildung 2-17).

Anhand der experimentell ermittelten Chloridprofile lässt sich – unter Zugrundelegung eines geeigneten Modells – durch Rückrechnung der zugehörige Diffusionskoeffizient des Betons ermitteln (scheinbarer Diffusionskoeffizient D_{app}) und so die Entwicklung der Chlorideindringtiefe prognostizieren.

In den letzten Jahren wurden zahlreiche Modelle zur Beschreibung der Chlorideindringung in Beton entwickelt, siehe hierzu [90, 138]. Die meisten Modelle basieren auf den *Fick'schen Diffusionsgesetzen* und der alleinigen Betrachtung der Diffusion des Chloridions. Neuere Modelle beziehen die Interaktion aller in der Porenlösung vorliegenden Ionen mit in die Diffusionsbetrachtung ein und beanspruchen so eine realitätsnähere Modellierung. Nachfolgend sind die wichtigsten Modelle kurz erläutert. Im Anschluss erfolgt eine Bewertung der Prognosegüte dieser Modelle im Vergleich zum gängigsten, vergleichsweise einfach nachvollziehbaren Modell, dem *Zweiten Fick'schen Gesetz.*

Modelle auf Basis beschleunigter Messverfahren zur Chlorideindringung, also der RCM-Methode (Rapid Chloride Movement), werden im Rahmen der vorliegenden Arbeit nur am Rande betrachtet (vgl. Kapitel 3.5.1).

Zweites Fick'sches Gesetz

Das *Zweite Fick'sche Gesetz* (siehe Gleichung (2-22)) beschreibt die Diffusion für den praxisrelevanten Fall eines zeitlich und örtlich variablen Konzentrationsgefälles:

$$\frac{\partial c(x,t)}{\partial t} = D \cdot \frac{\partial^2 c(x,t)}{\partial x^2} \qquad \textbf{(2-22)}$$

mit D Diffusionskoeffizient [m^2/s]

c Konzentration [mol/m^3]

x Weg [m]

t Zeit [s]

In [22] sind die Ansätze zur Lösung dieser Differentialgleichung zweiter Ordnung hergeleitet und ausführlich erläutert. Die analytischen Lösungen des *Zweiten Fick'schen Gesetzes* basieren meist auf der *Gauss'schen Fehlerfunktion* („Error Function", erf(z)). Für die meisten im Bauwesen relevanten Fälle können die folgende Anfangs- und Randbedingung nach [22] zur Lösung herangezogen werden:

$Cl = 0$ für $x > 0$ und $t = 0$ (Anfangsbedingung)

$Cl = Cl_0$ für $x = 0$ und $t > 0$ (Randbedingung)

Unter Zugrundelegung dieser Bedingungen ergibt sich folgende analytische Lösung des *Zweiten Fick'schen Gesetzes* zur Prognose der orts- und zeitabhängigen Chloridkonzentration Cl(x,t):

$$Cl(x,t) = Cl_0 \cdot \operatorname{erfc}\left(\frac{x}{2\sqrt{D_{Cl} \cdot t}}\right) \qquad \textbf{(2-23)}$$

mit Cl_0 Oberflächenkonzentration [M.-%]

D_{Cl} Diffusionskoeffizient [m^2/s]

x Abstand von der beaufschlagten Oberfläche [m]

t Beaufschlagungsdauer [s]

erfc komplementäre Fehlerfunktion ($erfc(z) = 1 - erf(z)$)

Die Lösung der Fehlerfunktion und der komplementären Fehlerfunktion ist für den positiven Wertebereich im Anhang 1 dargestellt (Abbildung A1-3).

Gehlen [39] erweiterte die in Gleichung (2-23) genannte Lösung der Differentialgleichung im Hinblick auf die Randzone, in der keine reine Diffusion stattfindet (Δx, vgl. Abbildung 2-17) . Sein Prognosemodell für die orts- und zeitabhängige Chloridkonzentration $Cl(x,t)$ ist in Gleichung (2-24) wiedergegeben. Es besitzt Gültigkeit für den Bereich, der sich an die gestörte Randzone anschließt. Anstatt der Oberflächenkonzentration der anstehenden Lösung bezieht er die sogenannte Ersatzoberflächenkonzentration $Cl_{\Delta x}$ in der Tiefe Δx ein. Die Vorgänge in der Randzone werden nicht modelliert.

$$Cl(x,t) = Cl_{\Delta x} \cdot erfc\left(\frac{x - \Delta x}{2\sqrt{D_{eff}(t) \cdot t}}\right) \tag{2-24}$$

mit $Cl_{\Delta x}$ Ersatzoberflächenkonzentration [M.-%]

Δx Randzone, in der keine reine Diffusion stattfindet [m]

$D_{eff}(t)$ effektiver Diffusionskoeffizient zum Zeitpunkt t [m^2/s]

Der unter Echtzeitbedingungen im Labor ermittelte Diffusionskoeffizient $D_{eff}(t)$, den Gehlen in seine Betrachtungen einbezieht, wird anhand des im beschleunigten Versuch nach Tang [134] ermittelten Diffusionskoeffizienten D_{RCM} abgeschätzt. Hierzu wird der Diffusionskoeffizient D_{RCM} mit Parametern zur Berücksichtigung der Alters- und Temperaturabhängigkeit des Diffusionskoeffizienten sowie mit einem Parameter zur Umrechnung des beschleunigt ermittelten Diffusionskoeffizienten auf den unter Echtzeitbedingungen ermittelten Diffusionskoeffizienten multipliziert. Näheres hierzu ist [39] zu entnehmen.

Zum Gehlen-Modell ist anzumerken, dass die unmittelbare Substitution des in Gleichung (2-23) als konstant angenommenen Diffusionskoeffizienten D_{Cl} durch den zeitabhängigen Diffusionskoeffizienten $D_{eff}(t)$ mathematisch nicht korrekt ist. Die korrekte Lösung des *Zweiten Fick'schen Gesetzes* bei Annahme eines zeitabhängigen Diffusionskoeffizienten wurde z. B. von Tang und Gulikers [135] hergeleitet. Ein Vergleich der Prognosegüte der korrekten Lösung mit dem Gehlen-Model zeigte, dass es infolge der dort eingeführten mathematischen Vereinfachung zu einer deutlichen Überschätzung der prognostizierten Lebensdauer kommen kann [135].

Darüber hinaus konnte Kapteina [66] zeigen, dass das von Gehlen vorgenommene „Abschneiden" der Randzone Δx dazu führen kann, dass der mithilfe eines Kurvenfittings auf Grundlage von Gleichung (2-24) rechnerisch ermittelte Diffusionskoeffizient stark von der Ausbildung dieser Randzone abhängt. Bei einer in wesentlichem Maße vom Zufall abhängenden Ausdehnung der Randzone – wie sie sich zumindest bei spritzwasserbeaufschlagten Bauwerken einstellt (von Kapteina vornehmlich untersucht) – ist dies physikalisch nicht plausibel.

Multi-Ionen-Ansatz nach Truc

Die maßgebende Neuerung im sogenannten „Multi-Ionen-Ansatz" nach Truc [136] stellt die Betrachtung aller in der Porenlösung vorhandenen Ionen und deren Wechselwirkung untereinander und mit dem Beton dar. Das Modell nach Truc berücksichtigt die aus dieser Wechselwirkung entstehenden Ionenströme und -verteilungen sowie außerdem ein gegebenenfalls vorhandenes elektrisches Feld. Zudem geht auch die Gefügebeschaffenheit des Betons (Rohdichte, Porosität) in das Modell ein.

Zur Vorhersage der Chloridprofile ist nach Truc [136] für die vier maßgebenden Ionenarten in der Porenlösung (Na^+, K^+, OH^-, Cl^-) die numerische Lösung der Gleichungen (2-25) bis (2-27) erforderlich:

- Berechnung des elektrischen Felds E(x,t):

$$E(x,t) = -\frac{j_{eff} + \sum_{i=1}^{4} v_i \cdot D_{eff,i}\left(\frac{\partial c_i(x,t)}{\partial x}\right)}{\sum_{i=1}^{4} v_i^2 \cdot D_{eff,i} \cdot c_i(x,t)} \qquad \textbf{(2-25)}$$

- Berechnung der Ionenströme $J_{eff,i}(x,t)$ (*Nernst-Planck-Gleichung*, i = 1 bis 4):

$$J_{eff,i}(x,t) = -\left[D_{eff,i} \cdot \frac{\partial c_i(x,t)}{\partial x} + v_i \cdot D_{eff,i} \cdot c_i(x,t) \cdot E(x,t)\right] \qquad \textbf{(2-26)}$$

- Berechnung der Eindringprofile (Kontinuitätsgleichung, i = 1 bis 4):

$$-\frac{\partial J_{eff,i}(x,t)}{\partial x} = p \cdot \frac{\partial c_i(x,t)}{\partial t} + (1-p) \cdot \rho \cdot \frac{\partial B_i(c_i(x,t))}{\partial t} \qquad \textbf{(2-27)}$$

mit
- E elektrisches Feld [V/m]
- x Abstand von der beaufschlagten Oberfläche [m]
- t Beaufschlagungsdauer [s]
- j_{eff} effektive elektrische Stromstärke [A/m²]
- v_i Zahl der Valenzelektronen der i-ten Ionenart [-]
- $D_{eff,i}$ effektiver Diffusionskoeffizient der i-ten Ionenart in der Porenlösung [m²/s]
- c_i Konzentration der i-ten Ionenart in der Porenlösung [mol/m³]

$J_{eff,i}$	effektiver Ionenstrom der i-ten Ionenart [mol/(m² · s)]
B_i	im Beton gebundener Anteil der i-ten Ionenart [mol/kg]
p	Porosität des Betons [Vol.-%]
ρ	Rohdichte des Betons [kg/m³]

Der zur Lösung der Gleichungen (2-25) bis (2-27) benötigte effektive Diffusionskoeffizient $D_{eff,i}$ wird anhand eines von Truc entwickelten Schnelltests in Anlehnung an das RCM-Verfahren nach Tang [134] ermittelt.

Zur Lösung der Gleichungen (2-25) bis (2-27) stellt Truc [136] das Programm „MsDiff" zur Verfügung, das eine Vielzahl an Ergebnissen ausgibt (zeitabhängige Entwicklung der Porosität und der Rohdichte, Konzentrationsprofile und Ionenstrom der einzelnen Ionen sowie Verteilung des elektrischen Potenzials).

Wie Truc selbst herausstellt, berücksichtigt das Modell allerdings nicht die Auslaugung der Randzone Δx, die die Chlorideindringung stark beeinflussen kann, weshalb er diesbezüglich eine Weiterentwicklung des Modells empfiehlt. Ein Nachteil des Modells ist zudem seine geringere Anwenderfreundlichkeit im Vergleich zum *Zweiten Fick'schen Gesetz*.

Ionenaustausch-Modell nach Samson und Marchand

Samson und Marchand [111] schlagen ein Modell zur Beschreibung der Chlorideindringung vor, dessen Schwerpunkt auf der Betrachtung von Ionenaustauschprozessen liegt. Der Austausch von Sulfat- und Chloridionen beim Einbau des Chlorids in das Monosulfat wird dabei als maßgebend erachtet.

Wie bereits Truc [136] betrachten Samson und Marchand nicht nur den Chloridtransport, sondern den Transport aller in der Porenlösung vorhandenen Ionenarten. Anders als Truc beziehen Samson und Marchand auch Lösungs- und Ausfällungsprozesse in die Modellierung ein.

Bei der mathematischen Umsetzung des Modells werden abwechselnd mehrere Transportgleichungen und chemische Gleichgewichtsbeziehungen gelöst. Die entsprechenden, komplexen Gleichungen können der Literatur [111] entnommen werden. Grundsätzlich liegt ihnen das Massenerhaltungsprinzip und die Wahrung der Elektroneutralität zugrunde. Die Modellierung der Transportvorgänge erfolgt in Abhängigkeit von sechs maßgebenden Einflussparametern:

- der Konzentration der jeweiligen Ionenart in der Porenlösung,
- dem Diffusionskoeffizienten der jeweiligen Ionenart,
- dem Wassergehalt des Betons,
- der Anzahl an Valenzelektronen der jeweiligen Ionenart,

- dem elektrischen Feld [= f(Permittivität, Anzahl der Ionenarten)] und
- der chemischen Aktivität [= f(Ionenkonzentration, Ionenradius, Temperatur)].

In die Abschätzung des Diffusionskoeffizienten der jeweiligen Ionenart beziehen Samson und Marchand neben dem Zementsteingehalt auch die Tortuosität und den Sättigungsgrad des Betons sowie die Änderung der Porosität infolge von Auslaugungs- und Ablagerungsprozessen ein.

Auch zur Prognose des Chlorideintrags nach Samson und Marchand ist die numerische Lösung komplexer mathematischer Gleichungssysteme notwendig, was verglichen mit der Lösung des *Zweiten Fick'schen Gesetzes* einen deutlich erhöhten Aufwand darstellt.

Modell zum simultanen Ionentransport nach Sugiyama et al.

Das von Sugiyama et al. [131, 132] als „Simultaneous Ion Transport Model" (SiTraM) bezeichnete Modell berücksichtigt ebenfalls die Wechselwirkung aller in der Porenlösung vorhandenen Ionen. Wie aus Gleichung (2-28) ersichtlich ist, beruht es auf dem *Zweiten Fick'schen Gesetz*, d. h. die mögliche Einwirkung eines äußeren elektrischen Felds wird nicht berücksichtigt:

$$\frac{\partial c_i}{\partial t} = \left(\sum_j k_{x,t} \cdot D_{ij} \cdot \frac{\partial^2 c_j}{\partial x^2} \right) \qquad \textbf{(2-28)}$$

mit	c_i, c_j	Konzentration der i-ten (j-ten) Ionenart in der Porenlösung [mol/l]
	x	Abstand von der beaufschlagten Oberfläche [m]
	t	Beaufschlagungsdauer [s]
	D_{ij}	Diffusionskoeffizient der i-ten Ionenart, beeinflusst durch den Diffusionskoeffizienten der j-ten Ionenart [m²/s]
	$k_{x,t}$	Koeffizient zur Berücksichtigung der Porenstruktur [-]

Grundsätzlich bezieht das Modell die drei folgenden, wesentlichen Aspekte in die Modellbetrachtung ein:

- die elektrochemische Interaktion aller vorhandenen Ionenarten,
- die Änderung der Porenstruktur des Betons infolge von Auslaugungs- und Ablagerungsprozessen,
- die Interaktion der Ionen mit dem Beton (Auslaugung des Zementsteins, Chloridbindung).

Die elektrochemische Interaktion der Ionen wird durch den Diffusionskoeffizienten D_{ij} in Gleichung (2-28) berücksichtigt, der in Abhängigkeit von der Ionenkonzentration und -größe, der Anzahl der vorhandenen Ionenarten und der zugehörigen Valenzelektronen sowie des Diffusionskoeffizienten der Ionen in wässriger Lösung ermittelt werden kann (siehe hierzu [131, 132]).

Die Porenstruktur wird durch den Koeffizienten $k_{x,t}$ im Modell berücksichtigt, der von der Porosität und der Tortuosität des Betons abhängt. In die Berechnung von $k_{x,t}$ geht außerdem der mithilfe beschleunigter Verfahren ermittelte effektive Diffusionskoeffizient ein.

Die Lösung der entsprechenden Gleichungen des SiTraM zur Berechnung der Chloridprofile erfolgt unter Anwendung der Finite-Differenzen-Methode mithilfe von Computerprogrammen. Aufgrund der Vielzahl an numerisch zu lösender Gleichungen sowie an erforderlichen Input-Parametern erweist sich auch das Modell nach Sugiyama et al. als weniger anwenderfreundlich als das *Zweite Fick'sche Gesetz.*

Bewertung der Prognosegüte der Modelle

Innerhalb der vorliegenden Arbeit wurde im Rahmen von [103] die Prognosegüte dieser zuvor dargelegten neueren Modelle [111, 131, 136] untersucht und der Prognosegüte des *Zweiten Fick'schen Gesetzes* gegenübergestellt, da eine derartige Bewertung der Modelle nicht durch die Autoren selbst vorgenommen wurde.

Hierzu wurden für die von den jeweiligen Autoren experimentell ermittelten Chloridprofile unter Anwendung des am Lehrstuhl für Baustofftechnologie der ehemaligen Universität Karlsruhe (TH) in [69] entwickelten Programms *Chloridprofil.xls* eine Prognose für die Chlorideindringung unter Zugrundelegung des *Zweiten Fick'schen Gesetzes* durchgeführt. Das Programm *Chloridprofil.xls* basiert auf der Anwendung des Marquard-Levenberg Algorithmus, weitere Details sind [69] zu entnehmen.

Die Prognosewerte nach Fick wurden dann den prognostizierten Werten der Autoren gegenübergestellt, siehe nachfolgende Abbildung 2-18 sowie Anhang 1, Abbildungen A1-4 bis A1-7.

Die Beurteilung der Prognosegüte der Modelle erfolgte anhand der Abweichung der jeweiligen Prognosewerte von den experimentell ermittelten Werten. Als „absolute Abweichung“ wurde dabei die tiefenabhängige Differenz zwischen Prognose und experimentell ermitteltem Wert bezeichnet (siehe Abbildung 2-19 und Anhang 1, Abbildungen A1-8 bis A1-11). Ein positiver Wert zeigt eine Überschätzung des tatsächlichen Chloridgehalts, ein negativer Wert eine Unterschätzung des Chloridgehalts an. Zur Gewährleistung der Vergleichbarkeit der verschiedenen Modelle wurden die Integrale der sich hieraus ergebenden Kurven betrachtet.

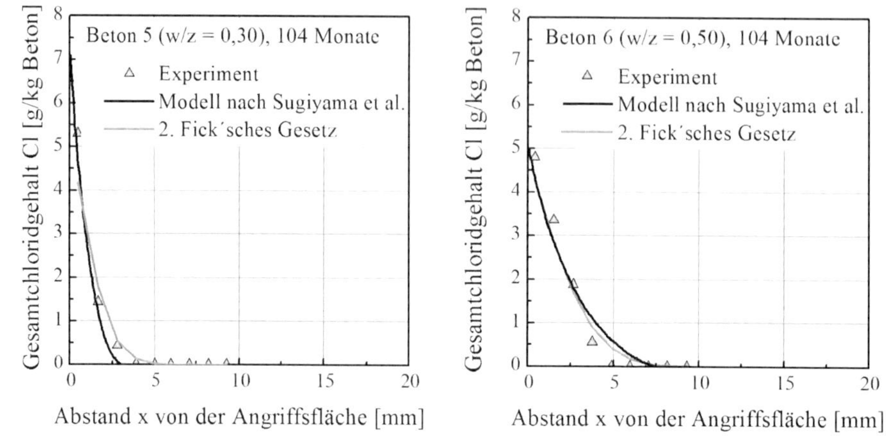

Abb. 2-18: Gegenüberstellung der von Sugiyama et al. [131] experimentell ermittelten Werte (Beton 5, w/z = 0,30, Beton 6, w/z = 0,50) mit den prognostizierten Werten (Modell nach Sugiyama et al., *Zweites Fick´sches Gesetz)*

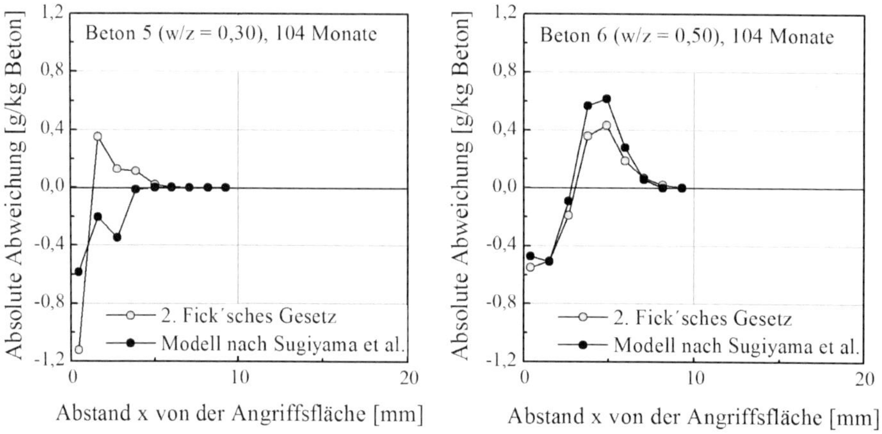

Abb. 2-19: Absolute Abweichungen zwischen Prognose und experimentell ermittelten Werten (Beton 5, w/z = 0,30, Beton 6, w/z = 0,50) in Abhängigkeit vom Abstand von der Angriffsfläche

Für baupraktische Betrachtungen ist es in erster Linie entscheidend, in welchem Maß ein Modell die tatsächlich eintretenden Chloridgehalte unterschätzt, da hierbei die Gefahr besteht, dass die geplante Lebensdauer für das betreffende Bauteil nicht erreicht wird. Aus diesem Grund wurden neben der allgemeinen Zuverlässigkeit der Modelle (Gesamtintegral I_{gesamt}) insbesondere die Bereiche berücksichtigt, in denen der Prognosewert unterhalb des tatsächlichen Chloridgehalts lag (Integral der Unterschätzung I_u). Die aus verschiedenen Beaufschlagungsdauern oder Betonzusammensetzungen resultierenden unterschiedlichen Chlorideindringtiefen wurden durch eine Normierung anhand der Eindringtiefe L bzw. im Falle der Betrachtung der Unterschätzung anhand der betreffenden Probenbereiche L_u durchgeführt, siehe Gleichungen (2-29) und (2-30):

$$I_{gesamt} = \frac{1}{L} \cdot \int_0^L \left| Cl_{prog}(x) - Cl_{exp}(x) \right| dx \qquad \textbf{(2-29)}$$

$$I_u = \frac{1}{L_u} \cdot \int_0^L \left| Cl_{prog}(x) - Cl_{exp}(x) \right| dx \cdot F_{[Cl_{prog}(x) < Cl_{exp}(x)]} \qquad \textbf{(2-30)}$$

mit

I_{gesamt}	Gesamtintegral [g/kg · mm]
I_u	Integral der Unterschätzung [g/kg · mm]
L	Chlorideindringtiefe [mm]
L_u	Bereich, in dem eine Unterschätzung des Chloridgehalts vorliegt [mm]
Cl_{exp}	experimentell ermittelter Chloridgehalt [g/kg Beton]
Cl_{prog}	prognostizierter Chloridgehalt [g/kg Beton]
F	Indikatorfunktion

Die in Gleichung (2-30) verwendete Indikatorfunktion F nimmt den Wert Eins an für den Fall, dass eine Unterschätzung der experimentell ermittelten Werte vorliegt ($C_{prog}(x) < C_{exp}(x)$), ansonsten den Wert Null. Die Ergebnisse dieser Auswertung sind in den Tabellen A1-3 bis A1-5 (Anhang 1) dargestellt.

Zur Beurteilung des Modells nach Truc [136] wurden insgesamt vier Chloridprofile untersucht (Betone 1 und 2, Angriffsdauer 10 bzw. 23 Monate, siehe Tabelle A1-3). Die allgemeine Zuverlässigkeit des Modells nach Truc gemessen am Gesamtintegral ($I_{gesamt, Truc}$) liegt für Beton 1 um maximal 63 % höher verglichen mit der Prognose nach dem *Zweiten Fick'schen Gesetz* ($I_{gesamt, Fick}$). Dem gegenüber steht allerdings eine Verschlechterung der allgemeinen Zuverlässigkeit $I_{gesamt, Truc}$ um bis zu 214 % bei Beton 2, vgl. Tabelle A1-3.

Ähnlich verhält es sich mit der allgemeinen Zuverlässigkeit $I_{gesamt, Sam/March}$ des Modells nach Samson und Marchand [111], die ebenfalls anhand von vier Chloridprofilen beurteilt wurde (Betone 3 und 4, Angriffsdauer 1 bzw. 8 Monate, siehe hierzu Tabelle A1-4). Diese liegt um maximal 45 % höher im Vergleich zur Prognose nach Fick, während gleichzeitig eine maximale Verschlechterung um 175 % zu verzeichnen war.

Die allgemeine Zuverlässigkeit $I_{gesamt, Sugiyama}$ des Modells nach Sugiyama et al. [131, 132] ist mit derjenigen, die durch die Anwendung des *Zweiten Fick'schen Gesetzes* erzielt werden konnte, vergleichbar. Allerdings wurden zu letztgenanntem Modell nur zwei Chloridprofile betrachtet (Betone 5 und 6, Angriffsdauer 104 Monate, siehe Tabelle A1-5).

Bei Betrachtung der Integrale der Unterschätzung des Chloridgehalts I_u zeigte sich ein ähnliches Bild. Hier steht einer Verbesserung um maximal 74 % (Modell nach Truc) eine Verschlechterung um bis zu 200 % (Modell nach Truc) entgegen. Das Modell nach Sugiyama et al. erzielt eine Verbesserung von 5 % bzw. 79 % verglichen mit dem *Zweiten Fick'schen Gesetz*, vgl. Tabellen A1-3 bis A1-5.

Zusammenfassend kann festgehalten werden, dass die Modelle teilweise zu einer Verbesserung und teilweise zu einer ausgeprägten Verschlechterung der Prognosegüte führen verglichen mit dem *Zweiten Fick'schen Gesetz*. Eine eindeutige Tendenz ist nicht erkennbar. Betrachtet man vor diesem Hintergrund die Komplexität der Modelle nach Truc, Sugiyama et al. sowie Samson und Marchand, so lässt sich daraus schließen, dass diese Modelle eher von wissenschaftlichem als von praktischem Interesse sind und sich bei Anwendung des *Zweiten Fick'schen Gesetzes* – zumindest bei Entfallen eines äußeren elektrischen Felds – meist vergleichbare oder nur unwesentlich schlechtere Prognosegüten erzielen lassen. Der Beitrag bzw. Nutzen der untersuchten Ansätze liegt demnach weniger in einer praxisrelevanten Verbesserung der Prognose der Chlorideindringung, sondern vielmehr in der Berücksichtigung chemisch-physikalischer Einflussfaktoren im Hinblick auf eine möglichst wirklichkeitsnahe Abbildung der ablaufenden Prozesse.

2.2.4 Wechselwirkung zwischen Säuren und Zementstein

2.2.4.1 Auftreten von Säuren in der Praxis

Säuren liegen entweder in konzentrierter Form vor, z. B. in der chemischen Industrie (Säurewerke, Sprengstoff- und Düngemittelfabriken), verdünnt in Wässern, Abwässern und Böden oder als Säuregas bzw. -dampf [49].

Besonders praxisrelevant ist hierbei der Angriff durch schwefelsaure Wässer. So verursacht z. B. die Abführung von Abgasen durch Kühltürme im Kraftwerksbau die Bildung eines schwefelsauren Kondensats, das an der Innenseite der Kühlturmschale mit einem pH-Wert zwischen 6,5 und 3,0 ausfällt [59, 74, 86].

Die Bearbeitung pyrithaltiger Moor- und Marschböden, wie sie verstärkt in Norddeutschland vorzufinden sind, kann außerdem zur Belüftung der Böden und hiermit verbunden zur Oxidation des Pyrits (Eisensulfid) unter Freisetzung von Schwefelsäure führen [17, 47]. Die dabei entstehenden Schwefelsäuren weisen meist pH-Werte im Bereich zwischen 4,0 und 3,0 und im Extremfall bis zu 1,0 auf [47].

Darüber hinaus bewirken sulfatbildende Thiobazillen die Entstehung von Schwefelsäure in Abwässern [85, 133]. In Kläranlagen kann es dadurch zu einem pH-Wert-Milieu von 2,5 bis 1,0 und somit zu einem intensiven Betonangriff infolge der sogenannten biogenen Schwefelsäurekorrosion kommen [41].

Während es sich beim Angriff salzsaurer Wässer um einen rein lösenden Angriff handelt, bewirken schwefelsaure Wässer einen lösenden und – infolge der Anwesenheit der Sulfationen – gleichzeitig einen treibenden Angriff (vgl. auch Abbildung 2-10).

Im Rahmen der vorliegenden Arbeit wurde schwerpunktmäßig der Angriff durch schwefelsaure Wässer (H_2SO_4) sowie – exemplarisch für einen rein lösenden Angriff – der Angriff durch salzsaure Wässer (HCl) untersucht (siehe hierzu Kapitel 3.5.2). Die nachfolgenden Ausführungen beschränken sich daher auf die Wechselwirkung des Zementsteins mit diesen beiden Säurearten.

2.2.4.2 Mechanismen des Säureangriffs

Bei Einwirkung mineralsaurer Wässer sind alle Phasen des Zementsteins thermodynamisch instabil und werden durch die Hydrolyse aufgelöst. Zunächst erfolgt die Auflösung des Portlandits, die völlige Zerstörung des Betongefüges wird durch den Abbau der festigkeitsbildenden CSH- und AFt-Phasen bewirkt [55, 119].

Grundsätzlich handelt es sich beim Säureangriff von Zementstein um eine Säure-Base-Reaktion, deren Reaktionsprodukte Salze und Wasser sind. Exemplarisch sind nachfolgend die Reaktionsgleichungen für die Interaktion des CH und der CSH-Phasen mit Salz- und Schwefelsäure bzw. der Calciumaluminatphase mit dem im Falle des schwefelsauren Angriffs entstehenden Gips angegeben, siehe Gleichungen (2-31) bis (2-35).

- Salzsäureangriff (nach [56]):

$$Ca(OH)_2 + 2HCl \rightarrow CaCl_2 + 2H_2O \qquad \textbf{(2-31)}$$

$$3CaO \cdot 2SiO_2 \cdot 4H_2O + 6HCl \rightarrow 3CaCl_2 + 2Si(OH)_4 + 3H_2O \qquad \textbf{(2-32)}$$

- Schwefelsäureangriff (nach [85]):

$$Ca(OH)_2 + H_2SO_4 \rightarrow CaSO_4 \cdot 2H_2O \text{ (Gips)} \qquad \textbf{(2-33)}$$

$$3CaO \cdot Al_2O_3 \cdot 12H_2O + 3(CaSO_4 \cdot 2H_2O) + 14H_2O$$
$$\rightarrow 3CaO \cdot Al_2O_3 \cdot 3CaSO_4 \cdot 32H_2O \text{ (Ettringit)} \qquad \textbf{(2-34)}$$

$$3CaO \cdot 2SiO_2 \cdot 4H_2O + 3H_2SO_4 \rightarrow 3CaSO_4 + 2Si(OH)_4 + 3H_2O \qquad \textbf{(2-35)}$$

Außer Gips sind alle Salze, die sich bei der Salzsäure- bzw. Schwefelsäure-Base-Reaktion bilden, leicht löslich [56]. Die entstehenden Eisen-, Aluminium- und Siliziumverbindungen hingegen sind schwer löslich und lagern sich auf der Angriffsfläche ab. Das bei der Hydrolyse der CSH-Phasen freigesetzte SiO_2 bildet hierbei eine Kieselgelschicht aus, die eine Diffusionsbarriere für die angreifenden Ionen darstellt. Der Diffusionswiderstand dieser SiO_2-Deckschicht beträgt nach Grube und Rechenberg [48] etwa das sechsfache des reinen Wassers, was eine Verlangsamung der Reaktion bewirkt, sofern diese Schicht nicht entfernt wird. Die Aluminium- und Eisenphasen fallen in oxidischer oder hydroxidischer Form als dunkle, teilweise amorphe Schicht aus [55, 119].

Die Deckschichtbildung wurde von Herold [55] für normalfeste Betone genauer untersucht. In Abbildung 2-20 ist der Aufbau der Deckschicht exemplarisch für den Angriff durch salzsaure Wässer bei pH 3 dargestellt. Der Deckschichtaufbau für die Beaufschlagung mit pH 5 und pH 1 ist dem Anhang 1 zu entnehmen (Abbildung A1-12).

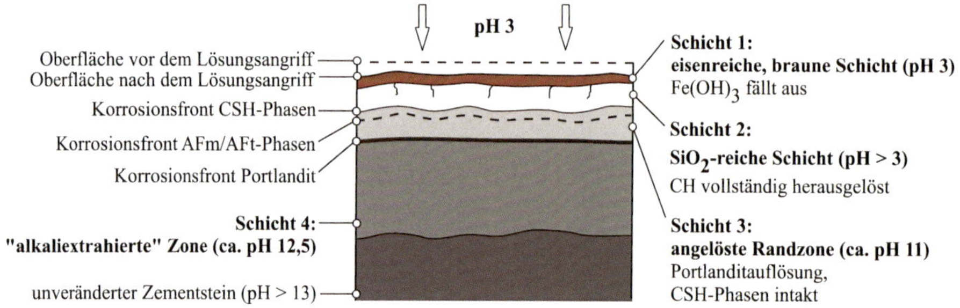

Abb. 2-20: Aufbau der Deckschicht infolge des Angriffs normalfester Betone durch salzsaure Wässer mit pH 3 nach [55]

Der Aufbau der entstehenden Deckschicht ist weitgehend unabhängig von der Säureart, beim Angriff durch H_2SO_4 bildet sich zusätzlich Ettringit in der angelösten Randzone (siehe Gleichung (2-34)), wodurch sich dem lösenden Angriff ein treibender Prozess überlagert. Beim Angriff durch pH 1 lagert sich zwischen der SiO_2-reichen Restschicht und der braunen, eisenreichen Schicht außerdem eine dicke, sehr harte, „verkieselte" Gipsschicht an [55].

Der Korrosionsfortschritt im Beton hängt maßgeblich vom vorherrschenden Lastfall ab. Zu unterscheiden sind stationäre (d. h. keine Zirkulation und kein Austausch der angreifenden Lösung) und dynamische (d. h. ständiges Heranführen von frischer Angriffslösung) Systeme sowie niedrige und hohe Fließraten des Angriffsmediums [55]. Ferner ist zu berücksichtigen, ob die Deckschicht erhalten oder infolge abrasiver Bedingungen abgetragen wird. Beim stark sauren Angriff findet zudem – anders als beim schwach sauren Angriff – ein langsam lösender Abtrag der Deckschicht statt.

Für den dynamischen Angriff mit hinreichend hohen Fließraten und Beibehaltung der Deckschicht lässt sich der Korrosionsfortschritt nach Herold [55] für den schwach sauren Angriff durch Gleichung (2-36) und für den stark sauren bzw. mehrere Jahre andauernden Angriff durch Gleichung (2-37) beschreiben.

$$x_{korr,\,prog}(t) = A \cdot \sqrt{t} \qquad \text{(schwach saurer Angriff)} \qquad \textbf{(2-36)}$$

$$x_{korr,\,prog}(t) = A \cdot \sqrt{t} + B \cdot t \qquad \text{(stark saurer/mehrjähriger Angriff)} \qquad \textbf{(2-37)}$$

Die Wurzel-t-Abhängigkeit kennzeichnet hierbei den Zeitraum, in dem der Korrosionsprozess maßgeblich diffusionskontrolliert ist. Der lineare Zusammenhang beschreibt den sich anschließenden Zeitraum, in dem die Reaktion maßgeblich oberflächenkontrolliert und die Lösungsrate konstant ist [55].

Vergleichbare Modelle werden z. B. von Grube und Rechenberg [48], Franke und Kiekbusch [35] und Revertegat et al. [107] angegeben.

Der Einfluss der Säureart auf den Korrosionsfortschritt ist abhängig vom pH-Wert. Nach Herold [55] bestehen im Bereich zwischen pH 3 und pH 5 nur geringe Unterschiede zwischen rein lösendem Angriff (HCl) und lösend-treibendem Angriff (H_2SO_4), was auf die vergleichsweise geringen Sulfatkonzentrationen zurückzuführen ist (pH 5: 0,48 mg SO_4^{2-}/dm³ Säure, pH 3: 48 mg SO_4^{2-}/dm³ Säure). Bei sehr geringen pH-Werten führt die hohe Sulfatkonzentration (pH 1: 4787 mg SO_4^{2-}/dm³ Säure) zur raschen Ausbildung einer schwer löslichen Gipsschicht auf der Angriffsfläche, weshalb die Korrosionsfront hier langsamer voranschreitet als beim rein lösenden Angriff.

Von großer Bedeutung für den Korrosionswiderstand von Beton ist die chemische Zusammensetzung des Zements. Nach Herold [55] lässt sich der Widerstand eines Zements gegenüber dem chemischen Angriff durch den Korrosionswiderstandswert K (K-Wert) quantifizieren, der sich nach Gleichung (2-38) ermitteln lässt:

$$K = \frac{SiO_2 + Al_2O_3 + Fe_2O_3}{CaO + MgO} \qquad \textbf{(2-38)}$$

Demnach stellt der K-Wert das Verhältnis zwischen deckschichtbildenden (Zähler) und ausgelaugten (Nenner) Bestandteilen des Zements dar, und der Widerstand eines Betons gegenüber chemischem Angriff steigt mit zunehmendem K-Wert des Zements. K-Werte gängiger Zemente liegen im Bereich zwischen 0,4 und 0,9 [56].

Nach Hillemeier et al. [58] und Hüttl et al. [59] ist nicht nur die chemische Zusammensetzung des Zements entscheidend für den Widerstand des Betons gegenüber dem chemischen Angriff, sondern auch der Bindemittelgehalt. Zur Maximierung der chemischen Beständigkeit empfehlen sie eine Minimierung des Bindemittelgehalts.

Weitere Einflussfaktoren des Korrosionswiderstands von Beton (w/z-Wert, Gesteinskörnung, Zusatzstoffe etc.) gegenüber dem Angriff mineralsaurer Wässer wurden umfassend z. B. von Herold [55] oder Hillemeier et al. [58] diskutiert und sind an dieser Stelle nicht im Detail wiedergegeben. Auf Grundlage der dort dargelegten Zusammenhänge kann davon ausgegangen werden, dass der hohe Mikrosilikagehalt ultrahochfester Betone zur Ausbildung der schützenden Kieselgelschicht und somit ebenfalls zur Steigerung des Widerstands beiträgt. Außerdem erhöhen der geringe Wasserbindemittelwert und die damit verbundene sehr geringe Porosität sowie Konnektivität des Porensystems ultrahochfester Betone deren Widerstand gegenüber dem Säureangriff.

Zum Verhalten ultrahochfester Betone unter Säureangriff wurden bislang nur sehr wenige Untersuchungen durchgeführt. Hervorzuheben sind hier die Versuche von Franke et al. [33, 34, 37, 117], die im Rahmen des Schwerpunktprogramms SPP 1182 „Nachhaltiges Bauen mit Ultra-Hochfestem Beton (UHPC)" der Deutschen Forschungsgemeinschaft (DFG) an der Technischen Universität Hamburg-Harburg durchgeführt wurden. Die dort erzielten Ergebnisse sind denjenigen, die innerhalb der vorliegenden Arbeit erzielt wurden, in Kapitel 3.5.2 gegenübergestellt.

2.2.4.3 Prüfverfahren zur Beurteilung des Widerstands gegenüber chemischem Angriff

Die Prüfung des Widerstands von Mörteln oder Betonen gegenüber chemischem Angriff unterliegt in Deutschland keiner einheitlichen Normung, sondern es existieren unterschiedliche Prüfverfahren. Allen Verfahren ist gemeinsam, dass sie einen dynamischen Säureangriff simulieren.

Die Durchführung der Prüfung erfolgt unter Nutzung verschiedener Säurearten – vorwiegend jedoch H_2SO_4 – bei unterschiedlichen pH-Werten im Bereich zwischen pH 5 bis pH 0. Die Versuchsdauer liegt zwischen 2 und 24 Wochen. Bis auf das Prüfverfahren nach Herold [55], bei dem ein eindimensionaler Angriff des Betons erfolgt, findet bei allen Prüfverfahren ein allseitiger Angriff der untersuchten Probekörper statt. Ein maßgeblicher Unterschied der Verfahren liegt in der Beibehaltung bzw. im Abtrag der entstehenden Deckschicht.

In der Regel erfolgt die Beurteilung des Korrosionswiderstands anhand der Schädigungstiefe nach Versuchsende und dem Vergleich mit einem Referenzbeton.

Eine Übersicht über die auf nationaler Ebene eingesetzten Prüfverfahren ist dem Anhang 1 zu entnehmen (Tabelle A1-6). Bei der Auswahl eines Prüfprozederes ist darauf zu achten, dass das Verfahren die Praxisbedingungen, die simuliert werden sollen, möglichst präzise nachstellt.

2.3 Schlussfolgerungen aus den Grundlagen

2.3.1 Gefügebeschaffenheit und Transportprozesse

Als maßgebende Faktoren, die das Eindringen von Agenzien in den (ultrahochfesten) Beton beeinflussen, wurden auf Basis der dargelegten Zusammenhänge die nachfolgend aufgeführten Parameter identifiziert:

- **Konnektivität des Porensystems:**
  Die für Transportprozesse maßgeblich verantwortlichen Kapillarporen bilden nur dann ein miteinander verbundenes Netzwerk aus, wenn ein Mindestkapillarporengehalt von ca. 18 Vol.-% gegeben ist. Aufgrund des sehr geringen Kapillarporengehalts ultrahochfester Betone müssen die sogenannte Konnektivität des Porensystems und damit Transportprozesse über Kapillarporen daher weitgehend unterbunden sein. Ein Transport erfolgt hier vorwiegend über den Gelporenraum.

- **Tortuosität von Zementstein und Beton:**
  Die Tortuosität des Zementsteins in ultrahochfesten Betonen ist sehr hoch und wird – aufgrund der mangelnden Konnektivität des Porensystems – hauptsächlich durch die Tortuosität des Gelporenraums bestimmt.

  Im Rahmen der vorliegenden Arbeit wurde auf Basis theoretischer Überlegungen ein Zusammenhang zwischen der Tortuosität von Zementstein τ_{ZS} und der Tortuosität von Beton τ_{Beton} in Abhängigkeit vom Volumen der Gesteinskörnung hergeleitet.

- **Mikrorisse:**
  Neben Kapillarporen, über die das Eintreten von flüssigen und gasförmigen Agenzien in den Beton ermöglicht wird, stellen Mikrorisse eine deutliche Schwächung des Mikrogefüges dar. Ultrahochfeste Betone neigen aufgrund des sehr geringen Wassergehalts verstärkt zum autogenen Schwinden und hiermit verbunden zur Mikrorissbildung. Auch die für ultrahochfeste Betone häufig angewendete thermische Nachbehandlung kann infolge von Temperaturgradienten eine Rissbildung verursachen.

- **Kontaktzone (ITZ):**
  Ultrahochfesten Betonen wird eine sehr dichte ITZ zwischen Zementstein und Gesteinskörnung bzw. Faserbewehrung zugeschrieben. Systematische Untersuchungen zur Ausbildung der ITZ in ultrahochfestem Beton existierten bislang jedoch nicht. Die vorhandenen Versuchsergebnisse beziehen sich in der Regel auf wärmebehandelte ultrahochfeste Betone.

- **Selbstabdichtung und Selbstheilung des Betons:**
  Der vergleichsweise hohe Gelporenanteil ultrahochfester Betone führt zu einer ausgeprägten Umverteilung des kapillar aufgenommenen Wassers in den Gelporenraum und dadurch zu einer ausgeprägten Selbstabdichtung des Betons. Hinzu kommt, dass der maximal erreichbare Hydratationsgrad ultrahochfester Betone aufgrund des sehr geringen Wasserzementwerts nur etwa 60 % beträgt und ein nachträglicher Wasserzutritt eine Nachhydratation insbesondere im Bereich von Mikrorissen bewirken kann.

- **Reaktiver Transport:**
  Bei der Betrachtung des reaktiven Transports, z. B. der Eintritt von Säure oder Chloridionen in den Beton, sind neben den zuvor genannten Faktoren der Bindemittelgehalt sowie die Beständigkeit des Bindemittels von Relevanz.

2.3.2 Dauerhaftigkeit von ultrahochfestem Beton

Zur Dauerhaftigkeit von ultrahochfestem Beton existierten bislang nur sehr wenige Untersuchungen. Nachfolgend sind die wichtigsten Erkenntnisse zusammengefasst.

- **Karbonatisierung:**
  Der Widerstand ultrahochfester Betone gegenüber Karbonatisierung wird – insbesondere aufgrund der hohen Dichtigkeit – als sehr hoch beschrieben. Lediglich im Bereich von Mikrorissen wird ein verstärkter Fortschritt der Karbonatisierungsfront vermutet.

- **Frostangriff:**
  Zum Frostangriff ultrahochfester Betone wurden mehrere Versuchsprogramme durchgeführt. Alle Untersuchungsergebnisse zeigten einen sehr hohen Frostwiderstand gemessen an der Abwitterung und der inneren Schädigung auf. Die Anwesenheit einer Stahlfaserbewehrung kann allerdings eine verstärkte oberflächennahe Abwitterung bewirken.

- **Chloridangriff:**
  Systematische Untersuchungen zum Langzeitverhalten ultrahochfester Betone bei Chloridangriff existierten bisher nicht.

  Im Rahmen der vorliegenden Arbeit wurde gezeigt, dass das *Zweite Fick'sche Gesetz* bei ständiger Einwirkung einer Chloridlösung hinreichend gut zur Beschreibung bzw. Prognose von Chloridprofilen geeignet ist. Neuere, meist sehr komplexe Modelle führen nicht zu einer Verbesserung der Prognosegüte. Bei der Prognose unberücksichtigt bleibt in der Regel die ausgelaugte Betonrandzone von chloridbeaufschlagten Betonbauteilen.

- **Chemischer Angriff:**
  Der chemische Angriff ultrahochfester Betone wurde lediglich an der Technischen Universität Hamburg-Harburg systematisch untersucht. Gegenstand der Versuche waren ausschließlich Betone ohne Stahlfaserbewehrung, die einem allseitigen Angriff durch Schwefelsäure bzw. Milchsäure ausgesetzt waren. Der Widerstand der untersuchten ultrahochfesten Betone war etwa doppelt so hoch wie der Widerstand normalfester Betone. Die Versuchsergebnisse dienten insbesondere der computergestützten Simulation des chemischen Angriffs.

Die bisherige Datenbasis reicht zur umfassenden Beurteilung der Korrosionsbeständigkeit von ultrahochfestem Beton nicht aus und bildet keine ausreichende Wissensgrundlage für seine praxisorientierte Anwendung.

Durch das im Rahmen der vorliegenden Arbeit durchgeführte und im nachfolgenden Kapitel 3 dargelegte Untersuchungsprogramm sollten wesentliche Wissenslücken hinsichtlich der Dauerhaftigkeit von ultrahochfestem Beton geschlossen werden.

Kapitel 3
Experimentelle Untersuchungen

3.1 Überblick über das Versuchsprogramm

Eine Übersicht über die experimentellen Untersuchungen, die im Rahmen der vorliegenden Arbeit durchgeführt wurden, ist in Abbildung 3-1 gegeben. Zunächst erfolgte die Charakterisierung der Frisch- und Festbetoneigenschaften der betrachteten Betone (Kapitel 3.2). Hierauf folgte die umfassende Untersuchung der Gefügebeschaffenheit (Kapitel 3.3) sowie die Bestimmung maßgebender Transportkenngrößen (Kapitel 3.4). Der Schwerpunkt der durchgeführten Arbeiten lag in der weitreichenden Charakterisierung des Betonverhaltens unter verschiedener korrosiver Beanspruchung (Kapitel 3.5), nämlich der Chlorideindringung, dem Angriff mineralsaurer Wässer, der Karbonatisierung und schließlich der kombinierten Beanspruchung aus Frost und Ermüdung bzw. Chlorideindringung und Ermüdung in Kooperation mit der Technischen Universität Delft.

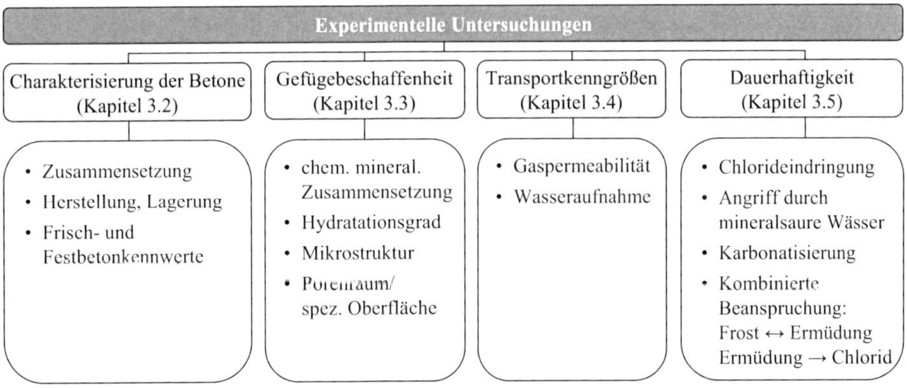

Abb. 3-1: Übersicht über die durchgeführten experimentellen Untersuchungen

Gegenstand der durchgeführten Untersuchungen waren ein ultrahochfester Grobkornbeton (UHPC, Größtkorn 8 mm) sowie ein ultrahochfester Feinkornbeton (RPC, Größtkorn 0,5 mm). Neben dem Einfluss der groben Gesteinskörnung wurde der Einfluss der Wärmebeaufschlagung (90 °C) der Betone sowie der Zugabe einer Stahlfaserbewehrung (2,5 Vol.-%) untersucht. Der Index „o. F." kennzeichnet die ultrahochfesten Betone, die ohne Zusatz einer Stahlfaserbewehrung hergestellt wurden, der Index „90 °C" die wärmebehandelten Betone.

Als Referenz wurden außerdem zwei normalfeste Betone (NPC-1, NPC-2) sowie zwei hochfeste Betone (HPC-1, HPC-2) herangezogen. Die Betone NPC-1 und HPC-1 wurden im Versuchsprogramm zur Chlorideindringung, der Beton HPC-2 im Versuchsprogramm zum chemischen Angriff untersucht. Mit dem Beton NPC-2 wurde der im Versuchsprogramm zum Angriff mineralsaurer Wässer von Herold [55] eingesetzte „Beton II“ nachgestellt.

3.2 Charakterisierung der untersuchten Betone

3.2.1 Zusammensetzung der untersuchten Betone

Die Mörtelmatrix des ultrahochfesten Grobkornbetons UHPC war mit der Zusammensetzung des Feinkornbetons RPC identisch. Die beiden Betone unterscheiden sich somit nur durch den Einsatz der groben Gesteinskörnung (GK_1: Basalt, 2 bis 8 mm) im Beton UHPC.

Die beiden normalfesten Betone (NPC-1 und NPC-2) sowie die beiden hochfesten Betone (HPC-1 und HPC-2) unterscheiden sich hauptsächlich hinsichtlich der Korngrößenverteilung und der Art der eingesetzten groben Gesteinskörnung. In den Betonen NPC-1 und HPC-1 wurde als grobe Gesteinskörnung (2 bis 16 mm) Kies verwendet (GK_2). Um ein Auslaugen karbonathaltiger Bestandteile zu vermeiden, wurde der in den Versuchen zum chemischen Angriff eingesetzte Beton HPC-2 mit einer Gesteinskörnung aus reinem Quarz (0 bis 16 mm) hergestellt (GK_3). Diese Gesteinskörnung kam auch bei der Herstellung des Betons NPC-2 zum Einsatz.

Darüber hinaus weist der Beton NPC-1 mit $w/z = 0{,}56$ einen höheren Wasserzementwert auf als der Beton NPC-2 ($w/z = 0{,}50$).

Die Tabellen A2-1 und A2-2 (Anhang 2) geben einen Überblick über die Zusammensetzung der untersuchten Betone. Die Korn- bzw. Partikelgrößenverteilung der eingesetzten Gesteinskörnungen, Quarzmehle und Zemente sowie die chemische Zusammensetzung der Zemente und Gesteinskörnungen ist ebenfalls dem Anhang 2 zu entnehmen (Tabellen A2-4 bis A2-7 und Abbildungen A2-1 bis A2-4).

3.2.2 Herstellung und Lagerung der Probekörper

Die Herstellung der normal- und hochfesten Betone erfolgte in einem Zwangsmischer mit einem Nenninhalt von 70 Litern. Für die Herstellung der ultrahochfesten Betone kam ein Hochleistungsmischer mit einem Nenninhalt von 75 Litern zum Einsatz, der aufgrund seiner hohen Mischintensität für das Anmischen ultrahochfester Betone besonders geeignet ist.

Das Mischregime der jeweiligen Betone ist in Abbildung 3-2 veranschaulicht. Zunächst wurden für alle Betone die Ausgangsstoffe trocken vorgemischt. Danach wurde das Zugabewasser und anschließend gegebenenfalls das Fließmittel bei laufendem Mischbetrieb zugegeben. Die Zugabe der Stahlfasern bei der Herstellung der ultrahochfesten Betone erfolgte auf den verflüssigten Beton. Für die normal- und hochfesten Betone betrug die Mischzeit insgesamt 3 bis 4 Minuten, für die ultrahochfesten Betone maximal 9 Minuten.

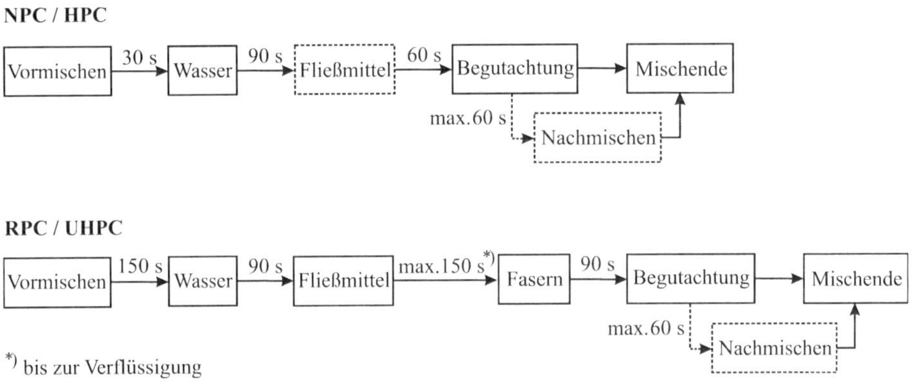

Abb. 3-2: Mischregime der normal- und hochfesten Betone (oben) und der ultrahochfesten Betone (unten)

Nach Mischende wurden zunächst die Frischbetonkennwerte der Betone bestimmt (vgl. Kapitel 3.2.3). Da die wasserarmen ultrahochfesten Betone schneller ansteiften als die konventionellen Betone, wurden sie vor der Weiterverarbeitung 30 Sekunden lang mit einem Handmischer aufgemischt. Nach dem Befüllen der Schalungen wurden die Betone mit einem Innenrüttler verdichtet. Bei einigen Probekörpergeometrien (Zylinder mit $d \leq 100$ mm, Prismen mit l/b/h = 160/40/40 mm) erfolgte das Verdichten mithilfe einer Rüttelplatte. Alle Probekörper wurden nach ihrer Herstellung nach DIN EN 12390-2 [N18] gelagert und im Betonalter von einem Tag entschalt.

Die Probekörper, an denen der Einfluss einer thermischen Behandlung untersucht wurde, wurden nach dem Entschalen zwei Tage lang bei 20 °C unter Wasser gelagert. Hierauf folgte eine dreitägige Wärmebehandlung im Ofen bei 90 °C. Während der Temperaturbeaufschlagung wurden die Proben durch das Einwickeln in nasse Jute und eine wasserundurchlässige, hitzebeständige Folie feucht gehalten. Durch die Wahl einer geringen Aufheiz- bzw. Abkühlrate des Ofens (0,2 K/Minute bzw. 0,1 K/Minute) in Anlehnung an [115] sollte die Mikrorissbildung der Probekörper möglichst verhindert werden. Im Anschluss an das Abkühlen der Proben erfolgte eine Wasserlagerung bei 20 °C bis zum Betonalter von 28 Tagen.

Die übrigen Probekörper lagerten nach dem Entschalen bis zum Betonalter von 28 Tagen bei 20 °C unter Wasser, sofern nichts anderes angegeben ist.

3.2.3 Frisch- und Festbetonkennwerte

Unmittelbar nach Mischende wurde das Frischbetonverhalten der Betone untersucht. Die normal- und hochfesten Betone wurden anhand des Ausbreitmaßes nach DIN EN 12350-5 [N15] in Konsistenzklassen eingeteilt. Für die ultrahochfesten Betone wurde das Setzfließmaß sowie die Trichterauslaufzeit nach DAfStb-Richtlinie SVB [N25] bestimmt. Für alle Betone erfolgte außerdem die Bestimmung der Frischbetonrohdichte nach DIN EN 12350-6 [N16]. Der Luftgehalt (LP-Gehalt) konnte nur für die Betone NPC und HPC nach DIN EN 12350-7 [N17] ermittelt werden. Für die ultrahochfesten Betone lieferte das Verfahren – wahrscheinlich aufgrund der hohen Frischbetonzähigkeit – keine plausiblen Werte. Daher wurde der LP-Gehalt für diese Betone rechnerisch aus der Differenz zwischen theoretischer Frischbetonreindichte und experimentell ermittelter Frischbetonrohdichte ermittelt. Die Frischbetonkennwerte der untersuchten Betone sind in den Tabellen 3-1 und 3-2 zusammengestellt.

Tab. 3-1: Frischbetonkennwerte der untersuchten normal- und hochfesten Betone

Kennwert	NPC-1	NPC-2	HPC-1	HPC-2
Frischbetonrohdichte [kg/m³]	2.310	2.340	2.400	2.350
LP-Gehalt [Vol.-%]	2,0	1,8	2,0	2,9
Ausbreitmaß [mm]	420	430	430	380
Konsistenzklasse	F3	F3	F3	F2

Tab. 3-2: Frischbetonkennwerte der untersuchten ultrahochfesten Betone

Kennwert	RPC	UHPC	$UHPC_{o.F.}$
Frischbetonrohdichte [kg/m³]	2.430	2.650	2.440
LP-Gehalt[1)] [Vol.-%]	4,1	1,5	3,9
Setzfließmaß sm [mm]	880	710	830
Fließzeit t_{500} [s]	4	19	5
1) rechnerische Ermittlung			

Wie aus den Frischbetonkennwerten der ultrahochfesten Betone hervorgeht, war sowohl mit der Zugabe der groben Gesteinskörnung als auch mit der Faserzugabe ein Rückgang der Fließfähigkeit verbunden. Dennoch war der Beton UHPC – ebenso wie die übrigen untersuchten Betone – gut verarbeitbar und leicht zu verdichten.

Zur Charakterisierung des Festbetons wurden für alle Betone die Festbetonrohdichte D_{28} nach DIN EN 12390-7 [N21] sowie die Druckfestigkeit $f_{cm,cube,28}$ nach DIN EN 12390-3 [N19] bestimmt. Für die ultrahochfesten Betone wurde zudem die Druckfestigkeit $f_{cm,cube(100mm),t}$ zu verschiedenen Betonaltern t nach DIN EN 12390-3 [N19], die 3-Punkt-Biegezugfestigkeit $f_{ct,28}$ nach DIN EN 12390-5 [N20] sowie der Elastizitätsmodul (E-Modul) $E_{b,28}$ nach DIN 1048-5 [N2] ermittelt.

Im Vergleich zum Feinkornbeton RPC zeigte der Grobkornbeton UHPC eine um 15 % höhere Druckfestigkeit $f_{cm,cube,28}$ sowie einen ebenfalls um 15 % höheren E-Modul $E_{b,28}$. Infolge der Wärmebehandlung war für den Beton UHPC ein Anstieg der Druckfestigkeit um ca. 30 % und ein Anstieg des E-Moduls um 17 % zu verzeichnen.

Die Tabellen 3-3 und 3-4 sowie A3-1 (Anhang 3) geben einen Überblick über die ermittelten Kenngrößen (Mittelwerte). Die experimentell bestimmte Festigkeitsentwicklung der Betone RPC sowie UHPC ist im Vergleich zur prognostizierten Festigkeitsentwicklung nach Model Code 2010 [N27] in Abbildung A3-1 (Anhang 3) dargestellt.

Nach Model Code 2010 [N27] erfolgt die Prognose der Festigkeitsentwicklung unter Verwendung eines Koeffizienten s, der in Abhängigkeit von der Festigkeitsklasse des Zements gewählt wird. Je höher die Festigkeitsklasse des Zements liegt bzw. je schneller die Festigkeitsentwicklung des Zements stattfindet, umso geringer ist der Koeffizient s. Für den in den Betonen RPC und UHPC eingesetzten Zement CEM I 52,5 R-HS/NA wäre demnach ein Koeffizient $s = 0,20$ anzuwenden. Wie aus Abbildung A3-1 (Anhang 3) hervorgeht, wird für $s = 0,20$ die Festigkeitsentwicklung der ultrahochfesten Betone ab einem Betonalter von 90 Tagen jedoch unterschätzt, während das Verhalten für $s = 0,38$ besser beschrieben wird. Die ultrahochfesten Betone zeigten somit eine deutliche Nacherhärtung um bis zu 30 % im Betonalter von 365 Tagen verglichen mit der Festigkeit nach 28 Tagen.

Tab. 3-3: Festbetonkennwerte der untersuchten normal- und hochfesten Betone

Kennwert¹⁾	NPC-1	NPC-2	HPC-1	HPC-2
D_{28} [kg/m³]	2.344 (5; 6)	2.305 (6; 6)	2.381 (23; 9)	2.356 (11; 9)
$f_{cm,cube,28}$ ²⁾ [N/mm²]	44,0 (0,6; 3)	44,4 (4,4; 3)	94,5 (5,9; 6)	103,0 (5,7; 6)

1) in Klammern: (Standardabweichung; Anzahl der Einzelwerte)
2) Würfel, 150/150/150 mm

Tab. 3-4: Festbetonkennwerte der untersuchten ultrahochfesten Betone

Kennwert[1)]	RPC	UHPC	$UHPC_{o.F.}$	$UHPC_{90°C}$
D_{28} [kg/m³]	2.468 (25; 40)	2.638 (21; 61)	2.483 (18; 19)	2.613 (21; 13)
$f_{cm,cube,28}$[2)] [N/mm²]	165,4 (13,4; 6)	189,6 (3,8; 9)	164,4[3)]	251,1 (3,1; 6)

[1)] in Klammern: (Standardabweichung; Anzahl der Einzelwerte)

[2)] Würfel, 150/150/150 mm

[3)] berechnet aus dem Verhältnis $\frac{f_{cm,cyl,28}(UHPC)}{f_{cm,cyl,28}(UHPC_{o.F.})}$

3.3 Untersuchungen zur Gefügebeschaffenheit

Im Rahmen der Untersuchungen zur Gefügestruktur wurde zunächst die chemisch-mineralogische Zusammensetzung des ultrahochfesten Betons (Kapitel 3.3.1) sowie der Hydratationsgrad des ultrahochfesten Betons im Vergleich zum normal- und hochfesten Beton (Kapitel 3.3.2) bestimmt. Darüber hinaus erfolgte die Charakterisierung der Mikrostruktur des ultrahochfesten Betons (Kapitel 3.3.3) sowie des Porenraums wiederum im Vergleich zu den konventionellen Betonen (Kapitel 3.3.4).

Eine Übersicht über die durchgeführten Arbeiten ist in Abbildung 3-3 dargestellt. Die erzielten Ergebnisse sind nachfolgend dargelegt.

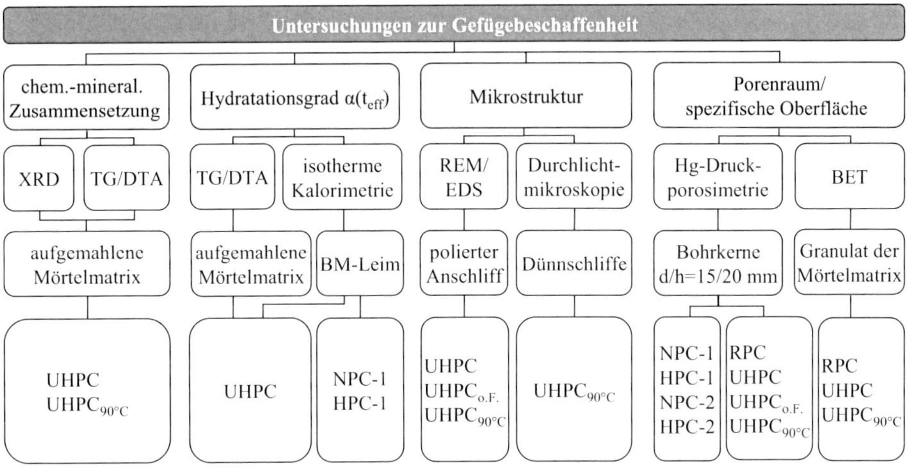

Abb. 3-3: Übersicht über das durchgeführte Versuchsprogramm zur Untersuchung der Gefügebeschaffenheit

3.3.1 Chemisch-mineralogische Zusammensetzung

3.3.1.1 Methoden und Versuchsdurchführung

Im Betonalter von 28 Tagen wurde die chemisch-mineralogische Zusammensetzung der ultrahochfesten Betone UHPC und $UHPC_{90\,°C}$ bestimmt. Hierbei kam zunächst die qualitative **Röntgendiffraktometrie** (XRD) zum Einsatz. Die Untersuchung erfolgte unter Verwendung des Geräts D8 ADVANCE des Herstellers Bruker AXS anhand der Mörtelmatrix, die den entsprechenden Betonen unter Aussparung der groben Gesteinskörnung und der Faserbewehrung im Vorfeld der Versuchsdurchführung entnommen worden war. Die Mörtelzusammensetzung entsprach der Zusammensetzung des ultrahochfesten Feinkornbetons RPC. Das gewonnene Material wurde zur Untersuchung analysenfein aufgemahlen. Zur Versuchsdurchführung wurde ein Goniometer des Typs τ/τ und ein LYNXEYE-PSD-Detektor (2 °) mit Nickelfilter eingesetzt. Die Messung erfolgte im Bereich zwischen 3 ° und 70 ° bei einer Schrittweite von 0,02 ° mit einer Messzeit von 0,2 Sekunden pro Step.

Daneben wurden insbesondere das Mengenverhältnis zwischen dem CH und den CSH-Phasen und der Einfluss der Wärmebehandlung auf den Mengenanteil der jeweiligen Phase mithilfe der **Thermogravimetrie** (TG) bzw. der **Differenz-Thermo-Analyse** (DTA) ermittelt. Hierbei wurde das Gerät STA 409 C des Herstellers NETZSCH mit einer Aufheizrate von 5 K/min bei einer maximalen Temperatur von 990 °C verwendet. Die Untersuchung erfolgte unter Stickstoffatmosphäre (Durchflussrate 100 ml/min) am gleichen aufgemahlenen Probenmaterial, das auch für die röntgendiffraktometrischen Untersuchungen eingesetzt wurde. Vor Durchführung der Thermogravimetrie wurde das Probenmaterial für 12 Stunden bei 105 °C getrocknet, um sicherzustellen, dass kein physikalisch gebundenes Wasser mehr vorlag.

Weiterführende Informationen zur Methode der Röntgendiffraktometrie können z. B. [127] entnommen werden, die Methode der Thermogravimetrie bzw. der Differenz-Thermo-Analyse ist z. B. in [104] ausführlich erläutert.

3.3.1.2 Ergebnisse

Röntgendiffraktometrie

Das Ergebnis und die Auswertung der röntgenografischen Phasenanalyse sind in Abbildung A3-2 (Anhang 3) dargestellt.

Die detektierten Phasen sind nachfolgend aufgeführt und konnten sowohl in der normgerecht (20 °C, 65 % r. F.) gelagerten als auch in der bei 90 °C wärmebehandelten Probe nachgewiesen werden:

- Quarz (SiO_2)
- Portlandit (CH)
- unhydratisierter Zementklinker (C_3S, C_2S, C_4AF)
- Calcit ($CaCO_3$)
- Diopsid

Beide Proben wiesen demnach – wie für die wasserarmen ultrahochfesten Betone typisch – unhydratisierten Zementklinker auf. Der Anteil an Portlandit war in der wärmebehandelten Probe geringer als in der normgerecht gelagerten Probe. Nicht nachgewiesen werden konnten kristalline CSH-Phasen.

Der in den Proben detektierte Quarz stammt aus der Verwendung hoher Mengen an Quarzmehl bzw. Sand im ultrahochfesten Beton, der Diopsid aus Rückständen der groben Gesteinskörnung (Basalt). Das nachgewiesene Calcit ist auf die nachträgliche Karbonatisierung des aufgemahlenen Probenpulvers zurückzuführen.

Thermogravimetrie

Abbildung 3-4 zeigt das Ergebnis der Thermogravimetrie (TG/DTA) der untersuchten Betone UHPC und $UHPC_{90\,°C}$.

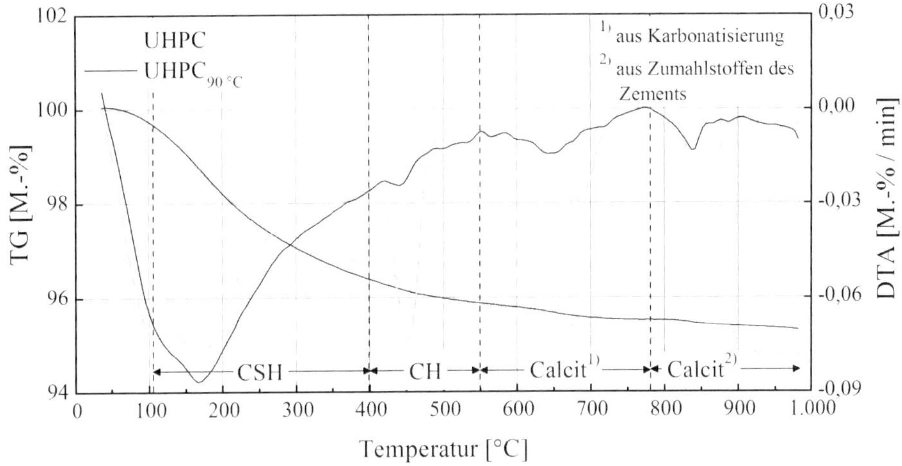

Abb. 3-4: Ergebnis der thermogravimetrischen Untersuchung der Betone UHPC und $UHPC_{90\,°C}$ (Mörtelmatrix)

In Anlehnung an [2, 32] und unter Zugrundelegung der Versuchsergebnisse wurden folgende thermogravimetrischen Reaktionen angenommen (vgl. auch Abbildung 3-4):

- 105 °C bis 400 °C: Dehydratation der CSH-Phasen.

  $\Delta m_{CSH,\,UHPC} = 2{,}90$ M.-%

  $\Delta m_{CSH,\,UHPC_{90\,°C}} = 3{,}23$ M.-%

- 400 °C bis 550 °C: Dehydratation des Portlandits (CH):

  $\Delta m_{CH,\,UHPC} = 0{,}82$ M.-%

  $\Delta m_{CH,\,UHPC_{90\,°C}} = 0{,}51$ M.-%

- 550 °C bis 780 °C: Entsäuerung des $CaCO_3$ (aus Karbonatisierung):

  $\Delta m_{CaCO_3,\,karbo,\,UHPC} = 0{,}67$ M.-%

  $\Delta m_{CaCO_3,\,karbo,UHPC_{90\,°C}} = 0{,}34$ M.-%

- 780 °C bis 990 °C: Dehydratation des $CaCO_3$ (z. B. aus Zumahlstoffen des Zements):

  $\Delta m_{CaCO_3,\,CEM,UHPC} = 0{,}35$ M.-%

  $\Delta m_{CaCO_3,\,CEM,UHPC_{90\,°C}} = 0{,}24$ M.-%

Der im Temperaturbereich von 550 °C bis 780 °C nachweisbare Calcit lässt sich – wie bereits bei der Röntgendiffraktometrie – auf die nachträgliche Karbonatisierung der aufgemahlenen Probe zurückführen.

Bei der Ergebnisauswertung der Thermogravimetrie waren zunächst insbesondere das CH bzw. die CSH-Phasen von Interesse. Eine quantitative Angabe zum absoluten Gehalt an CH bzw. CSH-Phasen im Zementstein auf Basis der thermischen Analyse ist nur eingeschränkt möglich bzw. sehr fehlerbehaftet, da sie auf einer Vielzahl von Annahmen beruht. Aus diesem Grund wurde für die untersuchten Betone nicht ermittelt, welche CSH-Phasen im Zementstein vorliegen oder in welchem Maße sich Mikrosilika oder Quarzmehl an der puzzolanischen Reaktion beteiligen. Es sollte lediglich abgeschätzt werden, inwiefern die Wärmebehandlung zu einer Änderung des Anteils an CH und CSH-Phasen führte.

Wie aus Abbildung 3-4 abgelesen werden kann, betrug der Massenverlust, der die Zersetzung der CSH-Phasen anzeigt (Temperaturbereich 105 °C bis 400 °C), bei der normgerecht gelagerten Probe 2,90 M.-% und bei der wärmebehandelten Probe 3,23 M.-%, was einer Zunahme des CSH-Anteils um ca. 11 % entspricht.

Gleichzeitig war im Temperaturbereich zwischen 400 °C und 550 °C ein Massenverlust von 0,82 M.-% für den nach Norm gelagerten UHPC und ein Massenverlust von 0,51 M.-% für den wärmebehandelten $UHPC_{90\,°C}$ zu verzeichnen. Dies bedeutet einen Rückgang des Portlanditgehalts von ca. 38 % infolge der Wärmebehandlung.

Die Größenordnung der Zunahme des CSH- und der Abnahme des Portlanditgehalts decken sich mit Literaturangaben, siehe hierzu Kapitel 2.1.1.

Grundsätzlich untermauert die Abnahme des CH-Gehalts bei gleichzeitiger Zunahme des CSH-Gehalts, dass infolge der aufgebrachten Wärmebehandlung eine Gefügeverdichtung stattfand.

3.3.2 Hydratationsgrad

3.3.2.1 Methoden und Versuchsdurchführung

Zur Erfassung der zeitlichen Entwicklung des Hydratationsgrads der Betone NPC-1, HPC-1 sowie UHPC kam das isotherme Wärmeleitkalorimeter TAM Air des Herstellers TA Instruments mit acht Kanälen zum Einsatz (siehe Abbildung 3-5), das im Milliwattbereich operiert. Nähere Informationen zur Methode der Kalorimetrie können z. B. [104] entnommen werden.

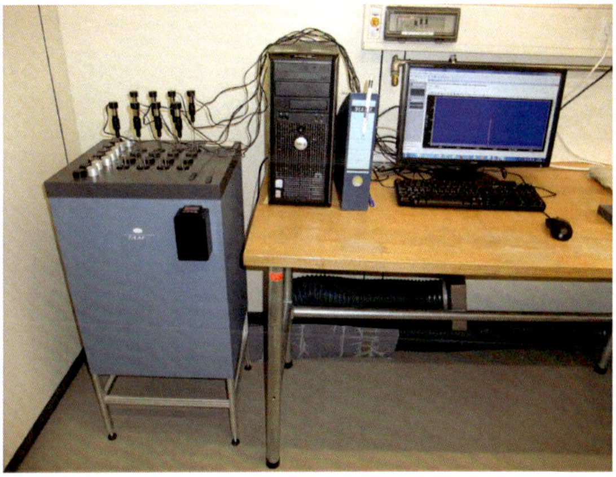

Abb. 3-5: Isothermes Wärmeleitkalorimeter zur Erfassung der zeitlichen Entwicklung des Hydratationsgrads

Gegenstand der kalorimetrischen Untersuchung war jeweils der Bindemittelleim der Betone. Beim ultrahochfesten Beton UHPC wurden zusätzlich die verwendeten Quarzmehle berücksichtigt, da diese die Hydratation beeinflussen, indem sie nach [129, 144] als Kristallisationskeime für das CH bzw. die CSH-Phasen fungieren. Die Zusammensetzung der untersuchten Bindemittelleime ist – bezogen auf die gewählte Einwaagemenge in das Kalorimeter von 8 g – dem Anhang 3 zu entnehmen (siehe Tabelle A3-2).

Da die Mischenergie der kalorimetereigenen Mischvorrichtung zum Verflüssigen der Leime nicht ausreichte, erfolgte das Anmischen der Bindemittelleime unter Zuhilfenahme eines Mischers nach DIN EN 196-1 [N9]. Angemischt wurde jeweils 1 dm^3 des untersuchten Leims, wovon unmittelbar nach Mischende 8 g in die Probenhalterung des Kalorimeters umgefüllt wurden. Die Kalorimetermessung startete unmittelbar nach dem Einbringen der Proben in das Gerät. Es ist zu beachten, dass die Anfangshydratation der Betone über einen Zeitraum von etwa 30 Minuten aufgrund des Anmischens außerhalb des Kalorimeters bei der Messung nicht erfasst wurde.

Die Versuchsdurchführung erfolgte bei einer Referenztemperatur im Kalorimeter von 20 °C. Im Kalorimeterversuch erfasst wurden die Wärmeentwicklung und der Wärmefluss der Bindemittelleime über einen Untersuchungszeitraum von 36 Tagen mit einer Datenerfassungsrate von 20 Datenpunkten pro Stunde.

Die Verifikation der Versuchsergebnisse, die sich aus der isothermen Kalorimetrie ergaben, erfolgte mithilfe der zuvor dargelegten Ergebnisse der Thermogravimetrie (Kapitel 3.3.1).

3.3.2.2 Ergebnisse

Die während des isothermen Kalorimeterversuchs erfasste Abhängigkeit zwischen Wärmefluss bzw. Wärmeentwicklung und effektivem Betonalter t_{eff} ist in nachfolgender Abbildung 3-6 dargestellt.

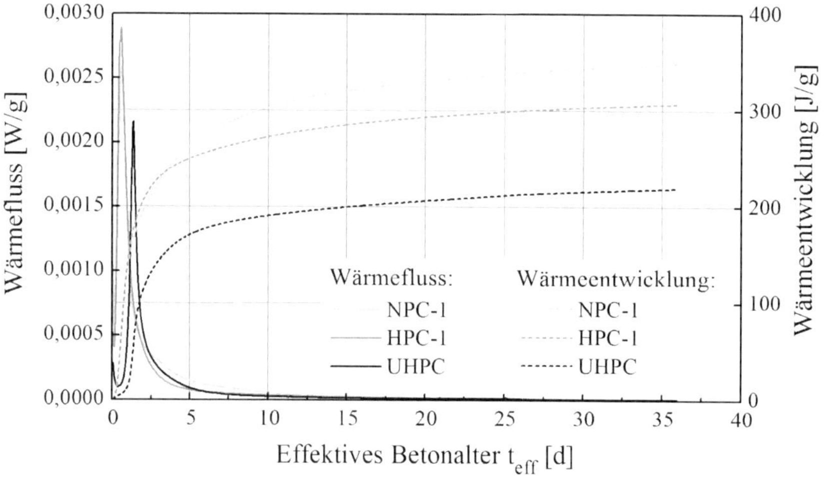

Abb. 3-6: Wärmefluss und Wärmeentwicklung der untersuchten Betone während der Hydratation im Kalorimeterversuch

Zur Bestimmung des zeitabhängigen Hydratationsgrads $\alpha(t_{eff})$ diente die erfasste Wärmeentwicklung. Hierzu wurde angenommen, dass die zeitabhängige Wärmeentwicklung proportional zur Entwicklung des Hydratationsgrads ist. In Anlehnung an Gutsch [51] bzw. Jonasson [64] kam daher Gleichung (3-1) zur Anwendung:

$$Q_{hyd}(t_{eff}) = 1000 \cdot \exp\left[a \cdot \left[\ln\left(1+\frac{t_{eff}}{b}\right)\right]^{c}\right] \qquad \textbf{(3-1)}$$

mit

$Q_{hyd}(t_{eff})$	zeitabhängige Wärmemenge pro g Probe [J/g]
t_{eff}	wirksames Betonalter [h]; $t_{eff} = t_{ist}$ für T = 20 °C
a, b, c	Regressionsparameter

Für die untersuchten Betone ergaben sich folgende Regressionsparameter a, b und c, die in der Tabelle 3-5 wiedergegeben sind.

Ferner wurde angenommen, dass für die untersuchten Betone die Hydratation nach zehn Jahren weitgehend abgeschlossen ist. Dies bedeutet, dass zu diesem Zeitpunkt die beim Prozess insgesamt freiwerdende Hydratationswärme $Q_{hyd,\,max}$ und demnach auch der maximal erzielbare Hydratationsgrad α_{max} erreicht sind.

Basierend auf dieser Annahme wurde mithilfe von Gleichung (3-1) und den entsprechenden Regressionsparametern nach Tabelle 3-5 für eine Hydratationsdauer von 10 Jahren $Q_{hyd,\,max}$ ermittelt. Die Berechnung von α_{max} erfolgte nach Mills [81], siehe hierzu Kapitel 2.1.2. Die Ergebnisse sind ebenfalls in Tabelle 3-5 aufgeführt.

Tab. 3-5: Parameter a, b und c der Regressionsanalyse, maximale Wärmeentwicklung $Q_{hyd,\,max}$ sowie maximal erreichbarer Hydratationsgrad α_{max} der untersuchten Betone

Parameter/Beton	NPC-1	HPC-1	UHPC
Parameter a	-2,29	-2,16	-2,69
Parameter b	9,30	8,78	14,22
Parameter c	-0,55	-0,43	-0,46
$Q_{hyd,\,max}$	508 J/g	435 J/g	370 J/g
α_{max} [1)]	77 %	65 %	60 %
[1)] berechnet nach Mills, siehe Gleichung (2-3)			

Aus der angenommenen Korrelation zwischen Hydratationswärme und Hydratationsgrad resultierte zunächst das Verhältnis zwischen $Q_{hyd,\,max}$ und α_{max} und hieraus wiederum der Zusammenhang zwischen $Q_{hyd}(t_{eff})$ und $\alpha(t_{eff})$. Somit war es möglich, die Abbildung 3-6 in die aussagekräftigere Abbildung 3-7 überzuleiten.

Zur Verifikation des Vorgehens bei der Ermittlung des Hydratationsgrads $\alpha(t_{eff})$ wurden die zuvor dargelegten Ergebnisse der Thermogravimetrie (TG/DTA) herangezogen (siehe Kapitel 3.3.1), anhand derer der Hydratationsgrad des Betons UHPC im Betonalter von 28 Tagen ermittelt wurde.

Das auf die nachträgliche Karbonatisierung der aufgemahlenen Probe zurückzuführende Calcit wurde hierbei nach den Empfehlungen von [76] berücksichtigt, indem der für den Reaktionsprozess benötigte Wasseranteil ($\Delta m_{H_2O,\,Karbo}$) der Hydratation zugerechnet wurde. Ferner fand die Zersetzung des aus dem Fließmittel stammenden organischen Anteils (Δm_{organ}) Berücksichtigung. Die Dehydratation des Calcits aus den Zementbestandteilen blieb bei der Berechnung des Hydratationsgrads unberücksichtigt.

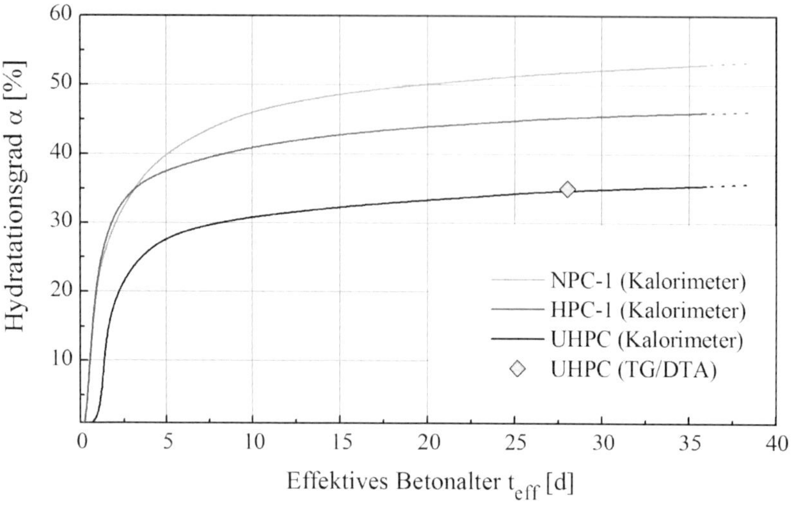

Abb. 3-7: Hydratationsgrad α der untersuchten Betone in Abhängigkeit vom effektiven Betonalter t_{eff}

Das Vorgehen bei der Berechnung des Hydratationsgrads ist in Anhang 4, Kapitel A4.1 aufgezeigt. Für den ultrahochfesten Betone UHPC ergab sich ein Hydratationsgrad $\alpha(t_{eff} = 28 \text{ d})$ von 35 %. Die Gegenüberstellung mit den Ergebnissen des Kalorimeterversuchs zeigt eine sehr gute Übereinstimmung (vgl. Abbildung 3-7).

3.3.3 Mikrostruktur

Im Rahmen der Untersuchungen zur Mikrostruktur sollte insbesondere der Einfluss der Wärmebeaufschlagung auf das Gefüge untersucht werden. Darüber hinaus stand die Gefügeschwächung infolge von Mikrorissen und deren Ursachen im Fokus. Die Beurteilung der Beschaffenheit der Mikrostruktur erfolgte vornehmlich qualitativ.

3.3.3.1 Methoden und Versuchsdurchführung

Für die Untersuchung des Mikrogefüges der ultrahochfesten Betone wurde zum einen die **Rasterelektronenmikroskopie** (REM) sowie die **energiedispersive Röntgenmikroanalyse** (EDS) herangezogen. Die Untersuchungen wurden je nach Verfügbarkeit am Gerät QUANTA FEG 650 des Herstellers FEI mit dem integrierten Röntgenmikroanalysesystem QUANTAX (Fa. Bruker AXS) und am Gerät LEO 1530 des Herstellers LEO mit dem integrierten Röntgenmikroanalysesystem NORAN System SIX (Fa. Thermo Electron) durchgeführt. Die Grundlagen zur Rasterelektronenmikroskopie sowie zur energiedispersiven Röntgenmikroanalyse sind z. B. [42] zu entnehmen.

Als Probekörper dienten wasserfrei polierte Anschliffe mit einer betrachteten Fläche von ca. 20 x 20 mm^2. Im Vorfeld der Untersuchung wurden die Proben auf Alu-Träger aufgeklebt und mit Kohlenstoff bedampft (Schichtdicke ca. 10 nm).

Ergänzende Untersuchungen wurden unter Einsatz der **Durchlichtmikroskopie** anhand von Dünnschliffen (Schliffdicke 30 µm) durchgeführt. Die zur Dünnschliffherstellung herangezogenen Proben wurden vor der Präparation unter Druck mit Kunstharz imprägniert. Für die Untersuchung kam das Mikroskop Leica DM6000 M mit der Kamera Leica DFC320, beides Geräte des Herstellers Leica Microsystems, zum Einsatz. Weiterführende Informationen zu den Grundlagen der Durchlichtmikroskopie sind z. B. in [8] dargelegt.

3.3.3.2 Ergebnisse

Gefügeverdichtung infolge der Wärmebeaufschlagung

Im Rahmen der Untersuchungen zur Mikrostruktur wurden die Betone UHPC und $UHPC_{90\,°C}$ gegenübergestellt. Ein besonderes Augenmerk galt hierbei dem Einfluss der Wärmebehandlung auf die Dichtigkeit des Mikrogefüges sowie der Kontaktzone (ITZ) zwischen Stahlfaser und Matrix. Abbildung 3-8 zeigt die Ergebnisse der rasterelektronenmikroskopischen Untersuchungen.

Wie aus Abbildung 3-8, Detail A, erkennbar ist, zeigte das Gefüge des Betons $UHPC_{90\,°C}$ infolge der thermischen Behandlung erwartungsgemäß eine dichtere Struktur als das Gefüge des normgerecht (20 °C, 65 % r. F.) gelagerten Betons UHPC.

Diese Strukturverdichtung wirkte sich insbesondere auf den Verbund zwischen Stahlfaser und Matrix aus, siehe hierzu Abbildung 3-8, Detail B. Während sich im normgerecht gelagerten Beton UHPC eine Schwächung dieser Kontaktzone in Form eines Spalts mit einer Breite von ca. 2 bis 4 µm zeigte, war im wärmebehandelten Beton $UHPC_{90\,°C}$ eine derartige Schwächung nicht erkennbar, sondern die Mörtelmatrix wies eine einheitliche Dichtigkeit auf.

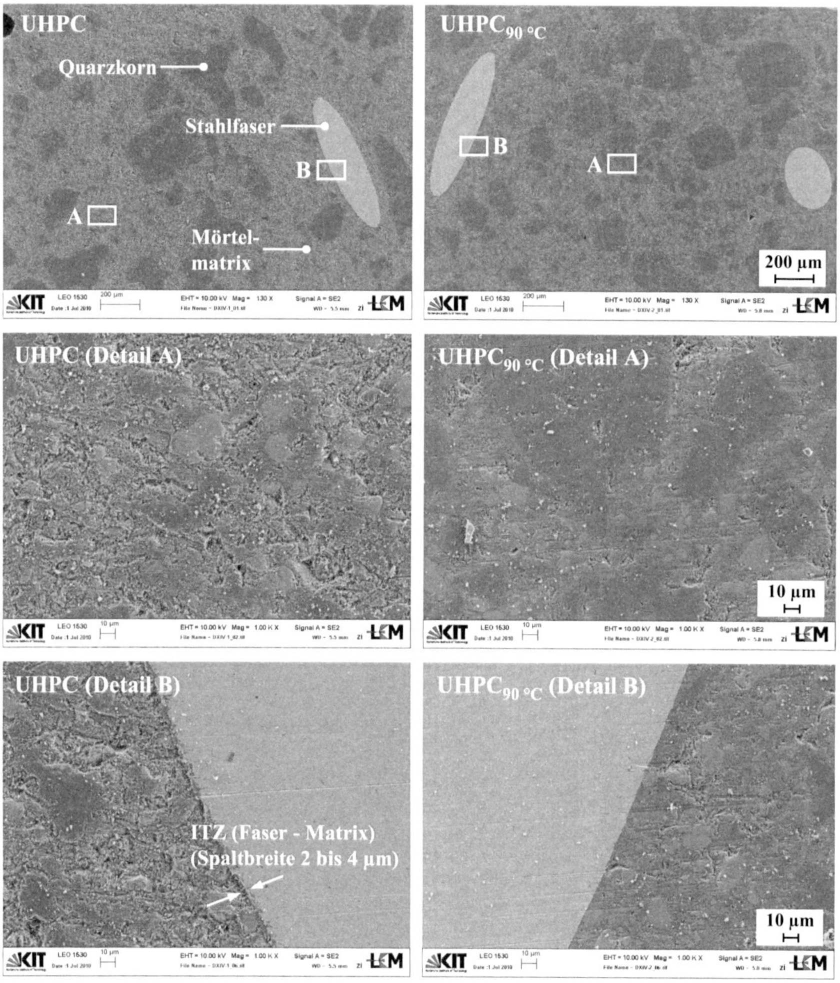

Abb. 3-8: Mikrostruktur der Betone UHPC und $UHPC_{90\,°C}$ im Vergleich (REM, Beschleunigungsspannung 10 kV) Detail A: Mörtelmatrix, Detail B: Kontaktzone (ITZ) zwischen Stahlfaser und Mörtelmatrix)

Schwächung der Mikrostruktur infolge von Rissen

Die Ursachen der Mikrorissbildung in ultrahochfestem Beton wurden in Kapitel 2.1.3.3 dargelegt.

Mikrorisse entstehen demnach zum einen im jungen Beton als Folge des ausgeprägten autogenen Schwindens insbesondere unbewehrter ultrahochfester Betone. Aber auch eine thermische Nachbehandlung und hieraus resultierende Temperaturgradienten können Mikrorisse initiieren.

Auch in den mikroskopischen Untersuchungen, die im Rahmen der vorliegenden Arbeit durchgeführt wurden, war eine Mikrorissbildung zu beobachten, die auf die zuvor genannten Ursachen zurückzuführen war.

So konnten mithilfe des Rasterelektronenmikroskops (REM) in allen untersuchten Probekörpern aus unbewehrtem ultrahochfestem Beton ($UHPC_{o.\,F.}$) Mikrorisse festgestellt werden, deren Verlauf sich bevorzugt entlang der Quarzkörner orientierte, vgl. Abbildung 3-9. Die detektierten Rissbreiten lagen hierbei zwischen 0,5 und 2,0 µm.

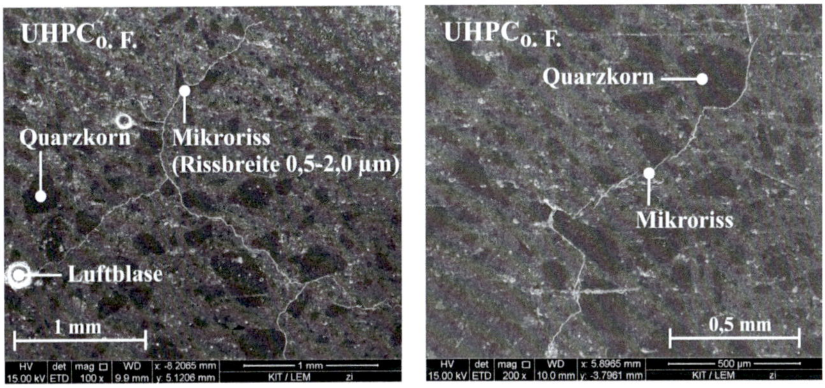

Abb. 3-9: Mikrorisse in Probekörpern aus ultrahochfestem Beton ohne Faserbewehrung $UHPC_{o.\,F.}$ (REM, Beschleunigungsspannung 15 kV)

Auch in der Mehrzahl der untersuchten Probekörper aus wärmebehandeltem ultrahochfestem Beton ($UHPC_{90\,°C}$) ließen sich – trotz der sehr geringen Aufheiz- bzw. Abkühlrate während der thermischen Beaufschlagung (0,2 K/Minute bzw. 0,1 K/Minute) – Mikrorisse nachweisen, vgl. Abbildung 3-10.

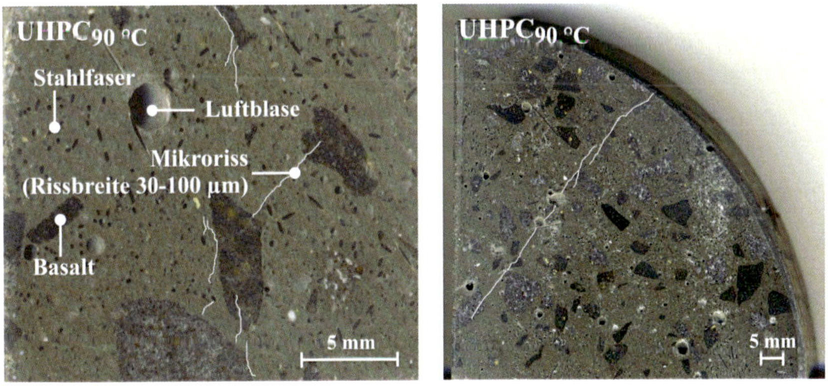

Abb. 3-10: Mikrorisse in Probekörpern aus thermisch behandeltem ultrahochfestem Beton $UHPC_{90\,°C}$ (Fotoaufnahmen, Risse nachgezeichnet)

Die Mikrorissneigung stieg hierbei mit zunehmendem Probekörpervolumen an, was auf einen hiermit verbundenen zunehmenden Temperaturgradienten zurückzuführen ist. Während kleinformatige Proben wie z. B. Prismen (40/40/160 mm) nur eine geringfügige Rissbildung aufwiesen, war in größeren Probekörpern bereits mit bloßem Auge eine verstärkte Rissbildung festzustellen. In zylindrischen Proben (d/h = 150/300 mm) war bevorzugt ein radialer Rissverlauf zu beobachten (vgl. Abbildung 3-10, rechts). Die festgestellten Rissbreiten lagen im Bereich zwischen 30 und 100 µm (vgl. auch Abbildung 3-10, links).

3.3.4 Porenraum und spezifische Oberfläche

3.3.4.1 Methoden und Versuchsdurchführung

Die Untersuchung des Porenraums der Betone erfolgte im Betonalter von 28 Tagen mithilfe der **Quecksilberdruckporosimetrie** nach DIN 66133 [N6] anhand von Bohrkernen (d/h = 15/20 mm). Im Gegensatz zu aufbereitetem Granulat ermöglichte es diese Probengeometrie, neben der Porosität des ungestörten Zementsteins auch den Porenraum der Übergangszonen zur Gesteinskörnung bzw. zur Faser zu erfassen. Dies resultierte im Wesentlichen aus der vergleichsweise strukturschonenden Gewinnung kompakter Proben.

Die Bohrkerne wurden parallel zur Betonierrichtung aus der Probekörpermitte einer zylindrischen Probe (d/h = 150/300 mm) entnommen. Zur Erfassung der Prüfstreuung wurden pro Serie mindestens drei Bohrkerne untersucht. Im Vorfeld der Prüfung wurden die Bohrkerne für 12 Stunden bei 105 °C ofengetrocknet. Der maximale Intrusionsdruck betrug für die untersuchten hoch- und ultrahochfesten Betone 4.120 bar, für die normalfesten Betone 2.060 bar. Die Auswertung der Messungen erfolgte unter Zugrundelegung eines Kontaktwinkels von 141,3 ° für den ofengetrockneten Beton sowie einer Oberflächenspannung des Quecksilbers von 0,485 N/m. Somit konnten Porenradien im Bereich von 1,8 nm (hoch- und ultrahochfester Beton) bzw. 3,7 nm (normalfester Beton) bis ca. 170.000 nm erfasst werden. Die versuchsbedingt geringe Anzahl an Messpunkten im Porenbereich zwischen 40.000 und 170.000 nm führte jedoch – insbesondere bei Anwesenheit von Mikrorissen im Betongefüge (siehe hierzu Kapitel 3.3.3) – zu einem deutlichen Anstieg der Prüfstreuung in diesem Messbereich, was zu einer Fehlinterpretation der Ergebnisse führen kann. Daher wurde bei der Auswertung der Messungen nur der Porenbereich bis 40.000 nm berücksichtigt.

Zur Erfassung sehr kleiner Poren und hierbei insbesondere der Mikroporen (Porenweiten < 2 nm, vgl. [123]), die durch die Hg-Druckporosimetrie nicht erfasst werden, wurde für die Untersuchung der ultrahochfesten Betone zusätzlich die **BET-Methode** nach DIN ISO 9277 [N22] herangezogen. Die Untersuchung wurde an Granulat der

Korngröße 2 bis 4 mm durchgeführt, das aus der Mörtelmatrix der Betone entnommen wurde. Im Vorfeld der Messung wurde das Granulat für 12 Stunden bei 105 °C ausgeheizt. Als Prüfmedium kam Stickstoff bei einer Temperatur von 77,3 K zum Einsatz. Der Flächenbedarf des Stickstoffmoleküls wurde zu 0,162 nm^2 angenommen. Die Auswertung der Ergebnisse erfolgte unter Zugrundelegung der *Density Functional Theory (DFT)*, siehe hierzu [148]. Neben dem kumulierten Porenvolumen und der Porenradienverteilung lieferte diese Methode eine Aussage zur spezifischen Oberfläche der Mörtelmatrix der untersuchten Betone.

Bei der Darstellung der mithilfe der BET-Methode ermittelten Ergebnisse wurde die vom Gerät (Quantachrome Autosorb-1) ausgegebene Porenweite in Anlehnung an [108] und unter der vereinfachenden Annahme, dass es sich bei den vorliegenden Poren um zylindrische Poren handelt, als Porendurchmesser interpretiert.

Weiterführende Informationen zur Methode der Quecksilberdruckporosimetrie sind z. B. [148] zu entnehmen, die BET-Methode ist z. B. in [46, 109] umfassend erläutert.

3.3.4.2 Darstellungsform der Ergebnisse der Quecksilberdruckporosimetrie

Abbildung 3-11 (links) zeigt die übliche Darstellungsform der Ergebnisse der **Quecksilberdruckporosimetrie**. Hierbei wird das kumulativ in die Probe intrudierte und auf die Probenmasse bezogene Quecksilbervolumen in Abhängigkeit vom logarithmisch dargestellten Porenradius aufgetragen. Durch Ableitung der zugehörigen Kurve lässt sich die differentielle Quecksilberintrusion – also die Porenradienverteilung dV/dlogr – darstellen.

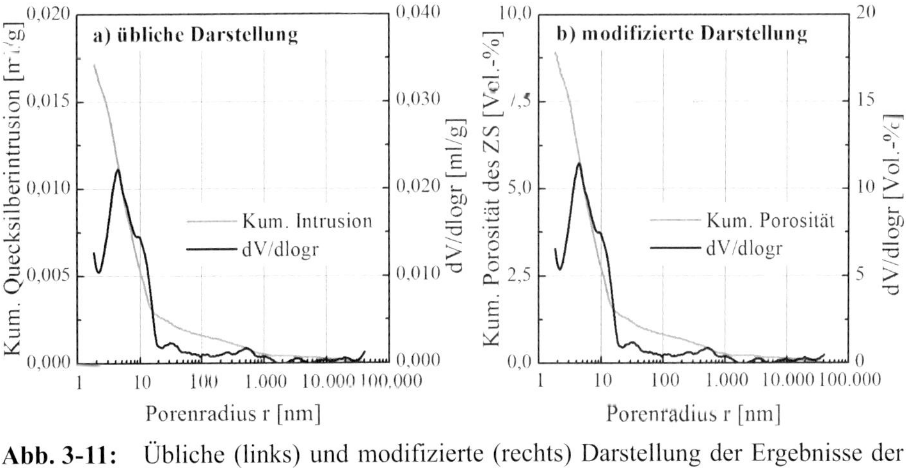

Abb. 3-11: Übliche (links) und modifizierte (rechts) Darstellung der Ergebnisse der Quecksilberdruckporosimetrie (ZS: Zementstein)

Die Beschreibung des Porenraums anhand des Quecksilbervolumens ist allerdings wenig anschaulich. Zudem erschwert das Einbeziehen der Probenmasse in die Darstellung die Vergleichbarkeit der Messergebnisse von Materialien unterschiedlicher Rohdichte. Ferner beziehen sich die Angaben zur Porosität auf das gesamte Probenvolumen, während hauptsächlich der Porenraum des Zementsteinvolumens von Interesse ist, über den Transportvorgänge maßgeblich erfolgen.

Im Hinblick auf eine Erhöhung der Aussagekraft und der Vergleichbarkeit der Messergebnisse erfolgte daher eine Modifikationen dieser üblichen Darstellungsform. Ziel war es, eine auf die Porosität des Zementsteins (ZS) bezogene Darstellung der Ergebnisse der Quecksilberdruckporosimetrie zu generieren.

Zur Auswertung der Versuchsergebnisse wurden hierzu zunächst die vom Gerät (Autopore III 9420, Micromeritics) ausgegebenen Kurven zur kumulativen Quecksilberintrusion in ml/g sowie das Gesamtporenvolumen in Vol.-% für die jeweilige Prüfserie (mindestens drei Einzelergebnisse) gemittelt.

Das gemittelte Gesamtporenvolumen für den Porenradienbereich bis 40.000 nm wurde dem Zementstein zugewiesen unter der Annahme, dass das Quecksilber nicht in alle Bestandteile des Betons, sondern lediglich in das Zementsteinvolumen V_{ZS} (V_{ZS} = Volumensumme aus Bindemittel, Zugabewasser, Fließmittel und Porenraum) intrudiert wird. Der in den ultrahochfesten Grobkornbetonen eingesetzte Basalt (GK_1) zeigte im Porenradienbereich bis 40.000 nm eine Porosität von (2,30 ± 0,44) Vol.-%. Die im normal- und hochfesten Beton eingesetzte Gesteinskörnung GK_2 wies eine Porosität von (4,68 ± 0,45) Vol.-%, die Gesteinskörnung GK_3 von (1,05 ± 0,29) Vol.-% auf. Das auf den Zementstein bezogene Porenvolumen wurde um das aus der Gesteinskörnung resultierdende Porenvolumen korrigiert.

Das auf den Zementsteingehalt bezogene Gesamtporenvolumen wurde dem insgesamt intrudierten Quecksilbervolumen zugewiesen. Aus der angenommenen Proportionalität zwischen dem Volumen des intrudierten Quecksilbers und dem Porenvolumen ergab sich letztlich der Zusammenhang zwischen der kumulativen Porosität des Zementsteins und dem jeweiligen Porenradius, siehe auch Abbildung 3-11 (rechts).

Aus der ersten Ableitung der kumulativen Porosität des Zementsteins resultierte – wie bei der üblichen Darstellungsform aus der Ableitung der kumulativen Quecksilberintrusion – die Porenradienverteilung dV/dlogr, vgl. Abbildung 3-11 (rechts). Die Glättung der Ableitungskurve erfolgte mithilfe der Savitzky-Golay-Methode, siehe hierzu [114].

Wie aus Abbildung 3-11 ersichtlich ist, blieb die ursprüngliche Kurvenform bei der Darstellung der Ergebnisse der Quecksilberdruckporosimetrie durch die geschilderte Modifikation unverändert. Das Vorgehen bei der Modifikation ist in Anhang 4, Kapitel A4.2 anhand eines Beispiels erläutert.

Anders als die übliche Darstellungsform ermöglicht es die modifizierte Darstellungsform, unterschiedlich zusammengesetzte Betone hinsichtlich einer ihrer maßgebenden dauerhaftigkeitsrelevanten Kenngrößen – nämlich der Porosität des Zementsteins – unmittelbar miteinander zu vergleichen.

3.3.4.3 Ergebnisse

Gesamtporosität und Porenklassen

Die mithilfe der **BET-Methode** gewonnenen Ergebnisse zum Porenraum der untersuchten ultrahochfesten Betone sind den Abbildungen 3-12 und 3-13 zu entnehmen. Erfasst wurden Poren bis zu einem Radius von ca. 16 nm. Die resultierenden Sorptionsisothermen können für alle untersuchten Betone dem Typ IV nach IUPAC-Klassifikation [123] zugeordnet werden, vgl. Abbildung 3-12 (links). Sorptionsisotherme vom Typ IV sind charakteristisch für Zementstein [4].

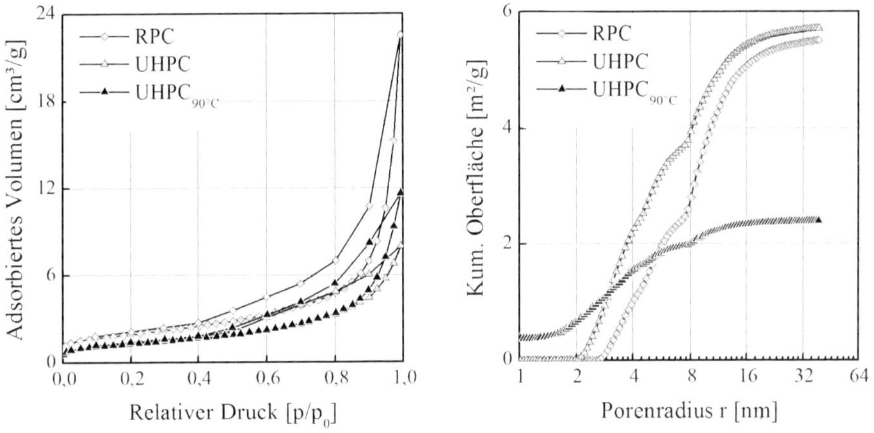

Abb. 3-12: Sorptionsisotherme (links) und kumulative Oberfläche (rechts) der ultrahochfesten Betone RPC, UHPC und $UHPC_{90\,°C}$

Wie aus Abbildung 3-13 erkennbar ist, zeigten die Betone RPC und UHPC ein Porenvolumen zwischen ca. 0,020 und 0,025 cm³/g sowie eine ähnliche Porenradienverteilung. Infolge der Wärmebehandlung war für den Beton $UHPC_{90\,°C}$ ein Rückgang des Porenraums um 72 % auf 0,0054 cm³/g zu beobachten. Die spezifische Oberfläche nahm von etwa 5,5 m²/g um ca. 55 % auf 2,4 m²/g ab (vgl. Abbildung 3-12, rechts).

Bemerkenswert ist insbesondere, dass lediglich der thermisch behandelte Beton $UHPC_{90\,°C}$ eine Mikroporosität – also Poren mit $r < 2$ nm – aufwies. Somit nimmt durch die Wärmebehandlung zwar die Gesamtporosität deutlich ab, gleichzeitig bildet sich jedoch ein Mikroporenraum aus.

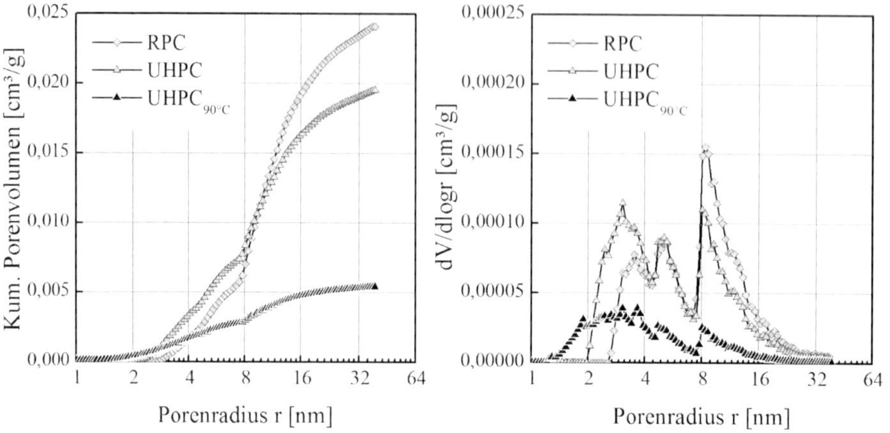

Abb. 3-13: Mithilfe der BET-Methode ermitteltes kumulatives Porenvolumen (links) und Porenradienverteilung (rechts) der ultrahochfesten Betone RPC, UHPC und $UHPC_{90\,°C}$

Die Ergebnisse der nach Kapitel 3.3.4.2 ausgewerteten **Hg-Druckporosimetrie** sind für die ultrahochfesten Betone in Anhang 3, Abbildung A3-3 und für die normal- und hochfesten Betone in Abbildung A3-4 dargestellt. Zusätzlich wurde der Porenraum in Anlehnung an [121] in verschiedene Porenklassen unterteilt (Gelporen, Mikrokapillaren, Kapillaren), und aus den Ergebnissen der Hg-Druckporosimetrie wurden die Volumina der einzelnen Porenklassen bestimmt (Abbildung 3-14 und Anhang 3, Abbildung A3-5). Diese Darstellung ermöglichte einen unmittelbaren, quantitativen Vergleich des Porenraums der Betone.

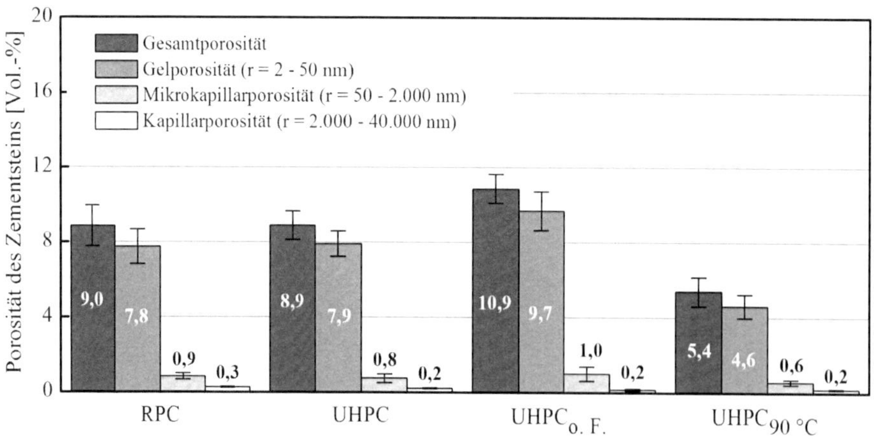

Abb. 3-14: Porosität des Zementsteins der untersuchten ultrahochfesten Betone in Abhängigkeit von den Porenklassen

Die Gesamtporosität der ultrahochfesten Betone ohne Wärmebehandlung lag unabhängig vom Größtkorn zwischen 8,9 und 10,9 Vol.-% des ZS. Der faserlose Grobkornbeton $UHPC_{o. F.}$ zeigte eine um etwa 20 % höhere Gesamtporosität als der faserbewehrte Beton UHPC, die aus einer erhöhten Gel- und Mikrokapillarporosität resultierte. Dieser Effekt konnte in einer Wiederholung der Versuchsreihe, deren Ergebnisse hier nicht dargelegt sind, bestätigt werden. Denkbar ist, dass die Kombination aus Gesteinskörnung und Fasern einen besseren Aufschluss des zur Agglomeration neigenden Mikrosilikas bewirkte, was wiederum zu einem dichteren Gelporenraum der faserbewehrten Grobkornbetone führte. Darüber hinaus verursachen Mikrorisse im Gefüge des faserlosen Betons (Rissbreiten 500 bis 2.000 nm, vgl. Kapitel 3.3.3) eine erhöhte Mikrokapillarporosität.

Mit der Wärmebehandlung des Grobkornbetons bei 90 °C war ein Rückgang der Gesamtporosität um 40 % verbunden, was insbesondere auf die Abnahme der Gelporosität zurückzuführen war. Zu beachten ist dabei, dass Mikrorisse infolge der thermischen Beaufschlagung (Rissbreiten 30.000 bis 100.000 nm, vgl. Kapitel 3.3.3) aufgrund der Beschränkung der Betrachtung auf Porenradien bis 40.000 nm hier weitestgehend nicht erfasst wurden.

Bei Betrachtung der Anteile der Porenvolumina am Gesamtporenraum ergab sich für die ultrahochfesten Betone unabängig von der Nachbehandlung und der Faserbewehrung ein ähnliches Bild, siehe Abbildung A3-6 (Anhang 3). Dominierend ist jeweils der Gelporenraum mit einem Anteil von etwa 86 bis 89 %. Der Mikrokapillarporenraum nimmt 8 bis 11 % und der Kapillarporenraum 2 bis 4 % des Gesamtporenraums ein.

Die Gesamtporosität der hochfesten und normalfesten Betone lag um 45 % (HPC-1) bis 135 % (NPC-1) höher, als diejenige des faserlosen ultrahochfesten Grobkornbetons $UHPC_{o. F.}$ (vgl. Abbildung A3-5, Anhang 3). Hierbei wiesen sowohl NPC als auch HPC insbesondere eine wesentlich höhere Mikrokapillarporosität auf. Betrachtet man wiederum die Anteile der Porenvolumina am Gesamtporenraum, so zeigt der normalfeste Beton einen um etwa 30 % und der hochfeste Beton einen um etwa 20 % geringeren Gelporenanteil als der Beton $UHPC_{o.F.}$ (Abbildung A3-7, Anhang 3). Während der Mikrokapillarporenanteil etwa das vierfache (NPC) bzw. dreifache (HPC) des faserlosen Betons UHPC beträgt, ist der Anteil an Kapillarporen bezogen auf das Gesamtporenvolumen vergleichbar.

Auf eine Gegenüberstellung der erzielten Ergebnisse mit Daten aus der Literatur wurde an dieser Stelle verzichtet, da in der Literatur meist keine ausreichenden Angaben zu den Randbedingungen (z. B. Probengeometrie, Vorbehandlung, maximaler Intrusionsdruck) gegeben sind, unter denen die Porositätsbestimmung mittels Quecksilberdruckporosimetrie oder BET-Methode erfolgte. Dies ist zur Beurteilung der Vergleichbarkeit der Ergebnisse jedoch unerlässlich.

Porosität der Kontaktzonen

Für konventionelle Betone ist bekannt, dass die Kontaktzone zwischen dem Zementstein und den übrigen Betonkomponenten (z. B. Gesteinskörnung, Fasern) eine im Vergleich zum ungestörten Zementstein erhöhte Porosität und somit einen verringerten Widerstand gegenüber dem Transport korrosiver Medien aufweist [93, 120]. Im Rahmen der vorliegenden Arbeit sollte daher geklärt werden, inwieweit diese Kontaktzone auch in ultrahochfesten Betonen das Betongefüge schwächt. Gegenstand der Untersuchungen war die Kontaktzone zwischen

- Zementstein (ZS) und feiner Gesteinskörnung bzw. Füller (Quarzsand QS, Quarzmehl QM),
- Zementstein und Faserbewehrung sowie
- Zementstein und Basalt.

Die Untersuchung erfolgte an Proben, die nur aus den relevanten Komponenten zusammengesetzt waren (z. B. Bindemittelleim[1] und Fasern). Das Volumenverhältnis der Komponenten wurde hierbei identisch zu demjenigen im Beton UHPC gewählt (vgl. Tabelle A2-1, Anhang 2), nämlich:

- $V_{BL} : V_{QS + QM} = 1 : 0{,}7$,
- $V_{BL} : V_{Fasern} = 1 : 0{,}06$ und
- $V_{BL} : V_{Basalt} = 1 : 0{,}6$.

Die Untersuchung wurde wiederum an Bohrkernen (d/h = 15/20 mm) durchgeführt, die Auswertung und Darstellung der Messergebnisse erfolgte nach Abschnitt 3.3.4.2. Anzumerken ist, dass das Anmischen des Betons für die nachfolgend dargestellte Versuchsreihe mit einem Mischer nach DIN EN 196-1 [N9] erfolgte, der eine geringere Mischintensität aufweist, als der für die Herstellung von ultrahochfestem Beton im Rahmen dieser Arbeit üblicherweise eingesetzte Intensivmischer (vgl. Kapitel 3.2.2). Es wird vermutet, dass die Gesamtporosität der nachfolgend dargestellten Probenserie aufgrund dessen geringfügig erhöht ist (vgl. Gesamtporosität des im Rahmen der Versuchsreihe hergestellten UHPC), was die grundsätzliche Verwertbarkeit der Ergebnisse jedoch nicht beeinträchtigt.

In Abbildung 3-15 sind die Gesamtporosität des Zementsteins sowie die Porosität nach Porenklassen dargestellt, die sich bei der Kombination der oben genannten Komponenten für das Gefüge ergeben. Hieraus ist ersichtlich, dass die Gesamtporosität des Zementsteins durch die Zugabe der einzelnen Komponenten um 10 bis 26 % zurückging. Hierbei war ein gleichmäßiger Rückgang der Gelporosität um 23 bis 28 % zu verzeichnen. Betrachtet man die Mikrokapillarporosität im Bereich zwischen 50 und

1. Bindemittelleimvolumen V_{BL}:
Volumensumme aus Zement, Mikrosilika, Zugabewasser und Fließmittel

2.000 nm fällt auf, dass insbesondere die Zugabe der Faserbewehrung zu einer Zunahme um den Faktor 2,6 im Vergleich zum reinen Zementstein führte. Die Kapillarporosität im Bereich zwischen 2.000 und 40.000 nm nahm infolge der Zugabe des Basalts um den Faktor 3,5 verglichen mit dem reinen Zementstein zu und verdoppelte sich infolge der Zugabe der Faserbewehrung. Demnach war durch den Faserzusatz insgesamt eine Zunahme des Kapillarporenraums (50 bis 40.000 nm) um 142 % zu verzeichnen, durch die Zugabe des Basalts und auch der feinen Gesteinskörnung bzw. Füller konnte keine signifikante Änderung der Porosität in dieser Porenklasse beobachtet werden.

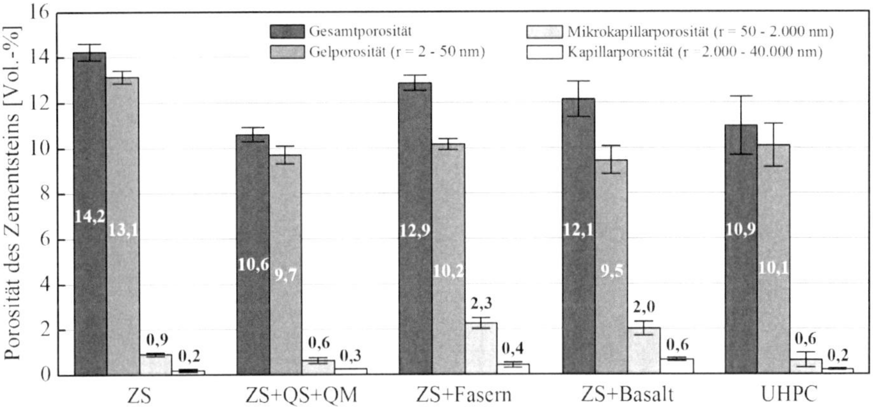

Abb. 3-15: Porosität des Zementsteins der zur Beurteilung der Kontaktzonenporosität untersuchten Proben

Bei der Betrachtung der Porosität des aus allen Komponenten zusammengesetzten UHPC ist zu beachten, dass sich die für die einzelnen Komponenten beobachteten Effekte überlagern. Aufgrund des im Vergleich zum Faservolumen deutlich höheren Volumens an Basalt und feiner Gesteinskörnung bzw. Füller macht sich die infolge der Faserzugabe beobachtete Erhöhung der Kapillarporosität hier nicht signifikant bemerkbar. Es ist demnach davon auszugehen, dass ultrahochfester Beton durch die Kontaktzone nicht global, sondern lediglich lokal geschwächt wird.

3.3.5 Fazit

Die maßgeblichen Ergebnisse der Untersuchungen zur Gefügebeschaffenheit lassen sich folgendermaßen zusammenfassen:

- Auf Basis der Versuchsergebnisse des Kalorimeterversuchs war die Prognose des zeitabhängigen Hydratationsgrads $\alpha(t_{eff})$ möglich.

  Der maximal erreichbare Hydratationsgrad α_{max} der untersuchten Betone lag zwischen 60 % (UHPC) und 77 % (NPC). Aufgrund ihres vergleichsweise geringen maximal erreichbaren Hydratationsgrads besitzen ultrahochfeste Betone somit ein hohes Potenzial zur nachträglichen Hydratation.

- Ultrahochfeste Betone weisen ein um bis zu ca. 40 % höheres Gelporenvolumen bezogen auf den Gesamtporenraum auf als normal- bzw. hochfeste Betone. Hiermit verbunden ist ein entsprechend hohes Potenzial zur Umverteilung des Wassers vom Kapillar- in den Gelporenraum und somit auch ein hohes Selbstabdichtungspotenzial.

- Mithilfe der dargelegten mikroskopischen Untersuchungen sowie anhand der Untersuchungen mithilfe der Quecksilberdruckporosimetrie konnte gezeigt werden, dass die Kontaktzone zwischen Stahlfaser und Mörtelmatrix – verglichen mit der ungestörten Mörtelmatrix – in ultrahochfesten Betonen ohne Wärmebehandlung einen geschwächten Bereich darstellt.

- Durch die Beaufschlagung des Betons mit Temperaturen von 90 °C bildet ultrahochfester Beton eine Mikroporosität (Porenradius < 2 nm) aus. Gleichzeitig geht die Gesamtporosität um ca. 50 % zurück. Insbesondere im Bereich der Kontaktzone zwischen Stahlfaser und Mörtelmatrix kommt es zu einer deutlichen Gefügeverdichtung.

  Die Wärmebehandlung der ultrahochfesten Betone birgt jedoch die Gefahr der Mikrorissbildung. Auch bei den aufgewendeten sehr geringen Aufheiz- und Abkühlraten von 0,2 K/Minute bzw. 0,1 K/Minute konnten Mikrorisse mit Rissbreiten von 30 bis 100 µm zumeist nicht vermieden werden. Dabei nahm die Rissneigung mit zunehmendem Probekörpervolumen zu, was auf die damit einhergehende Zunahme von Temperaturgradienten in der Probe zurückzuführen ist.

- Infolge des ausgeprägten autogenen Schwindens sind insbesondere ultrahochfeste Betone ohne Faserbewehrung rissanfällig. Die hierbei entstehenden Risse zeigten Rissbreiten zwischen 0,5 und 2,0 µm.

3.4 Bestimmung von Transportkenngrößen

Zur Charakterisierung der Transporteigenschaften der untersuchten Betone wurde zum einen die Gaspermeabilität gegenüber Sauerstoff unter stationären Bedingungen untersucht (Kapitel 3.4.1). Darüber hinaus wurde ein speziell für sehr dichte Materialien geeignetes Prüfverfahren zur Bestimmung der Permeabilität herangezogen, das unter instationären Bedingungen durchgeführt wird (Kapitel 3.4.2).

Neben der Gaspermeabilität wurde der massebezogene Wasseraufnahmegrad (Kapitel 3.4.3) sowie die zeitabhängige kapillare Wasseraufnahme (Kapitel 3.4.4) der Betone ermittelt.

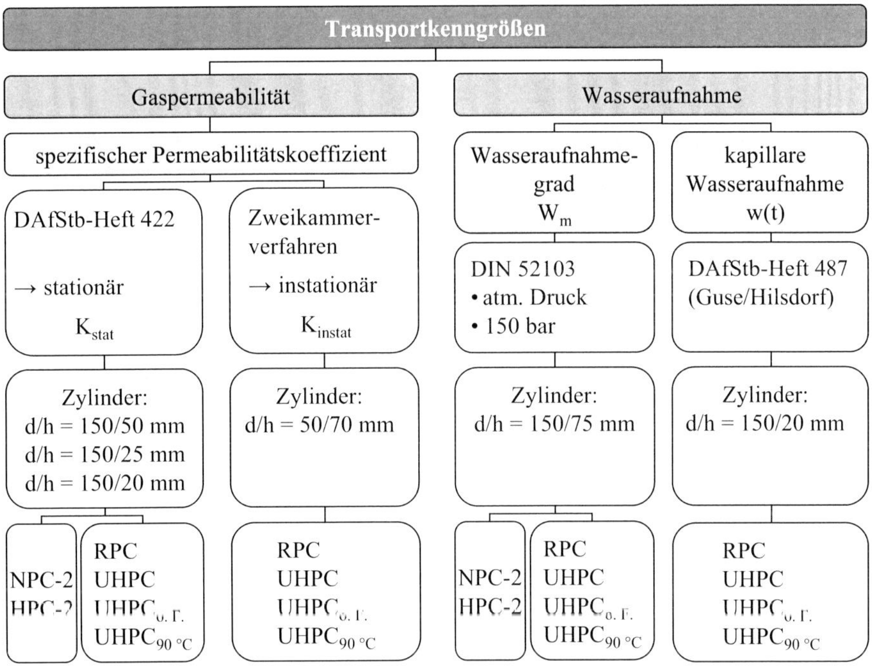

Abb. 3-16: Übersicht über das durchgeführte Versuchsprogramm zur Untersuchung der Transportkenngrößen

Abbildung 3-16 gibt eine Übersicht über die durchgeführten Arbeiten zur Untersuchung der Transporteigenschaften. Die erzielten Ergebnisse sind nachfolgend ausführlich dargelegt.

3.4.1 Gaspermeabilität unter stationären Bedingungen

3.4.1.1 Methoden und Versuchsdurchführung

Die Bestimmung der Gaspermeabilität (Sauerstoff) unter stationären Bedingungen erfolgte nach [43] bzw. DAfStb-Heft 422 [N26] an Scheiben mit einem Durchmesser von 150 mm. Die nach DAfStb-Heft 422 [N26] geforderte Scheibenhöhe von 50 mm wurde nur für die Untersuchung der Betone NPC-2 und HPC-2 beibehalten. Da für die ultrahochfesten Betone aufgrund von Voruntersuchungen (siehe hierzu [13, 89]) sehr geringe Permeabilitätskoeffizienten von bis zu 10^{-19} m^2 erwartet wurden, erfolgte die Prüfung dieser Betone anhand von Scheiben mit einer Höhe von 25 bzw. 20 mm.

In den Voruntersuchungen hatte sich gezeigt, dass die enorme Dichtigkeit der ultrahochfesten Betone eine starke Streuung der Prüfergebnisse zur Folge haben kann, die eine Interpretation der Ergebnisse erschwert [13, 89]. Verursacht wird dies durch die äußerst geringen Gasdurchflussraten auch beim Einsatz sehr kleiner Kapillaren, die zu sehr geringen Steiggeschwindigkeiten der aufsteigenden Gasblase und somit zu großen Messungenauigkeiten führen. Um die Prüfstreuung möglichst gering zu halten, wurden die Probekörper im Vorfeld der Prüfung in Anlehnung an [50] daher drei Wochen lang bei 40 °C getrocknet, so dass der Wassergehalt verringert und folglich die Gasdurchlässigkeit erhöht wurde. Nach dem Abkühlen wurden die Probekörper mithilfe des Lichtmikroskops hinsichtlich einer Mikrorissbildung untersucht. Für die Permeabilitätsuntersuchung wurden lediglich diejenigen Probekörper ausgewählt, die möglichst keine Mikrorisse aufwiesen.

Die Prüfung der ultrahochfesten Betone erfolgte bei den Druckstufen 1,0, 1,5 und 2,0 bar (Scheibenhöhe 20 mm), 2,0, 2,5 und 3,0 bar (Scheibenhöhe 25 mm) und diejenige der normal- und hochfesten Betone bei 1,5, 2,0 und 2,5 bar (Scheibenhöhe 50 mm).

3.4.1.2 Ergebnisse

Die aus der Prüfung resultierenden spezifischen Permeabilitätskoeffizienten K_{stat} sind in Tabelle A3-3 (Anhang 3) dargestellt. Normalfeste Betone weisen einen spezifischen Permeabilitätskoeffizienten K_{stat} im Bereich zwischen 10^{-14} und 10^{-17} m^2 auf, hochfeste Betone zwischen 10^{-16} und 10^{-18} m^2 (siehe z. B. Model Code 2010 [N27], [50]). Die Koeffizienten des Betons NPC-2 ($114{,}36 \cdot 10^{-18}$ m^2) bzw. des hochfesten Betons HPC-2 ($22{,}75 \cdot 10^{-18}$ m^2) lagen somit im erwarteten Bereich.

Für ultrahochfeste Betone wird ein Permeabilitätsbereich von 10^{-18} bis 10^{-20} m^2 angegeben, siehe z. B. [1, 30]. Die Permeabilität der im Rahmen der vorliegenden Arbeit untersuchten ultrahochfesten Grobkornbetone lag mit Werten zwischen $22{,}70 \cdot 10^{-18}$ m^2 (RPC) und $2{,}49 \cdot 10^{-18}$ m^2 ($UHPC_{90\,°C}$) am unteren Ende des erwarteten Bereichs, was auf die Ofentrocknung im Vorfeld der Prüfung und die verringerte Probekörperhöhe zurückzuführen ist. Ferner ist nicht auszuschließen, dass in den Probekörpern trotz vorheriger Selektion doch feinste Mikrorisse vorhanden waren.

Der Feinkornbeton RPC wies einen um das 5-fache höheren Permeabilitätskoeffizienten auf, als der Grobkornbeton UHPC ($4{,}70 \cdot 10^{-18}$ m^2). Dies ist zum einen dadurch erklärbar, dass die Zementsteinmatrix beider Betone zwar eine ähnliche Kapillarporosität aufweist (vgl. Abbildung 3-14), der höhere Bindemittelleim- bzw. Zementsteingehalt (vgl. Tabelle A2-1, Anhang 2) des Betons RPC jedoch zu einem um ca. 60 % höheren absoluten Kapillarporengehalt führt[1]. Denkbar ist außerdem, dass zusätzlich prüfbedingte Effekte (z. B. geringerer Manteldruck, unebene Prüffläche) zur höheren Permeabilität des RPC beigetragen haben.

Die Betone $UHPC_{o.\,F.}$ und $UHPC_{90\,°C}$ zeigten eine um etwa 50 % geringere Permeabilität als der Beton UHPC, vgl. Tabelle A3-3 (Anhang 3). Dies untermauert die Versuchsergebnisse zur Porosität der Betone (vgl. Kapitel 3.3.4), in denen die Kontaktzone zwischen Stahlfaser und Zementstein als Schwachstelle im sehr dichten Gefüge identifiziert wurde. Außerdem bekräftigen die Ergebnisse, dass die Wärmebehandlung zu einer deutlichen Verdichtung des Gefüges führt – vorausgesetzt, dass bei der Wärmebeaufschlagung keine Mikrorisse initiiert werden.

3.4.2 Gaspermeabilität unter instationären Bedingungen

3.4.2.1 Methoden und Versuchsdurchführung

Wie zuvor dargelegt, ist die Prüfung der Gaspermeabilität nach DAfStb-Heft 422 [N26] bei sehr geringen Permeabilitäten ($K_{stat} \leq 10^{-19}$ m^2) erschwert und somit für sehr dichte ultrahochfeste Betone nur anwendbar, wenn Modifikationen der Randbedingungen (Ofentrocknung, geringere Prüfkörperhöhe) vorgenommen werden. Aus diesem Grund wurde untersucht, inwieweit sich alternative Verfahren für die Permeabilitätsprüfung ultrahochfester Betone eignen.

Zur Messung geringpermeabler Materialien wurde am Institut für Bohrtechnik und Fluidbergbau der TU Bergakademie Freiberg das sogenannte instationäre Zweikammerverfahren entwickelt. Mit diesem Verfahren lässt sich zum einen die Permeabilität gegenüber Flüssigkeiten und Gasen und gleichzeitig die am Transportprozess beteiligte, effektive Porosität bestimmen. Grundlage des Verfahrens ist die Erfassung des zeitabhängigen Druckverlaufs an der Ein- und Ausströmseite infolge der Beaufschla-

1. RPC: $V_{BL} \approx V_{ZS}$ = 55 dm³/m³ Beton, Kapillarporosität = 1,2 Vol.-% v. ZS
→ Kapillarporengehalt = 6,6 dm³/m³ Beton
UHPC: $V_{BL} \approx V_{ZS}$ = 41 dm³/m³ Beton, Kapillarporosität = 1,0 Vol.-% v. ZS
→ Kapillarporengehalt = 4,1 dm³/m³ Beton

gung des Probekörpers mit dem Fluid. Die Ermittlung der Permeabilität bzw. der Porosität erfolgt dann über die numerische Lösung der Strömungsdifferentialgleichung. Voraussetzung für die Anwendbarkeit ist die genaue Kenntnis der Versuchskonfiguration und der Eigenschaften des strömenden Fluids. Die untere Messgrenze des Verfahrens für die Bestimmung von Gaspermeabilitäten liegt bei 10^{-22} m^2 und somit um etwa drei Zehnerpotenzen geringer als beim stationären Verfahren nach [43]. Die untere Messgrenze für die Bestimmung der effektiven Porosität liegt bei 0,1 Vol.-%. Abbildung 3-17 zeigt den Versuchsaufbau beim instationären Zweikammerverfahren. Eine detaillierte Beschreibung des Verfahrens und der Auswertemodalitäten ist in [52] gegeben.

Abb. 3-17: Versuchsaufbau mit sechs Messplätzen beim instationären Zweikammerverfahren (links) mit Prinzipskizze (rechts) [61]

In Kooperation mit der Ingenieurpartnerschaft für Bergbau, Wasser- und Deponietechnik (IBeWa), Wilsnack & Partner, Freiberg, die über eine Versuchseinrichtung zum instationären Zweikammerverfahren verfügt, wurden die im Rahmen dieser Arbeit vorliegenden ultrahochfesten Betone hinsichtlich ihrer Permeabilität untersucht. Aus Zeit- und Kostengründen beschränkte sich der Serienumfang auf zwei Einzelproben pro Serie.

Die Untersuchung erfolgte an zylindrischen Probekörpern (d/h = 50/70 mm), die aus Zylindern der Abmessungen d/h = 50/200 mm herausgesägt wurden, und die im Vorfeld der Prüfung identisch zu den Probekörpern zur Messung der stationären Gaspermeabilität behandelt wurden (siehe Kapitel 3.4.1). Als Prüfmedium kam Stickstoff zum Einsatz. Da der kovalente Radius von Stickstoff und Sauerstoff vergleichbar ist (r ≈ 0,2 nm [80]), ist auch die Vergleichbarkeit der mit den beiden Prüfverfahren erzielten Ergebnisse prinzipiell gewährleistet.

3.4.2.2 Ergebnisse

In Abbildung 3-18 ist exemplarisch für den Beton RPC der im Zweikammerverfahren gemessene und rechnerisch angepasste Druckverlauf zu sehen, auf Grundlage dessen die Ermittlung der Permeabilität erfolgte. Die Druckverläufe der übrigen Proben sowie Details zur Versuchsdurchführung können [61] entnommen werden. Die mit dem Prüfverfahren ermittelten Permeabilitätskoeffizienten K_{instat} sind Tabelle A3-3 (Anhang 3) zu entnehmen.

Verglichen mit den stationären Messungen der Permeabilität lagen die Messergebnisse nach instationärer Messung mit Werten zwischen $0{,}01 \cdot 10^{-18}\ m^2$ ($UHPC_{o.\,F.}$) und $0{,}77 \cdot 10^{-18}\ m^2$ (RPC) um bis zu zwei Zehnerpotenzen geringer, siehe Tabelle A3-3. Eine mögliche Ursache hierfür ist der deutliche Unterschied in der Probekörperhöhe. Es ist davon auszugehen, dass das Ergebnis der instationären Messungen näher an dem Ergebnis der stationären Messung liegt, das unter Beibehaltung der nach DAfStb-Heft 422 [N26] geforderten Randbedingungen erzielt werden würde. Die teilweise deutliche Abweichung der beiden Einzelergebnisse der Serie wird auf Inhomogenitäten zurückgeführt, da sich z. B. Schwankungen in der Probenzusammensetzung bei dem vergleichsweise geringen Probenvolumen ($0{,}14\ dm^3$) stark auf die Permeabilität auswirken können.

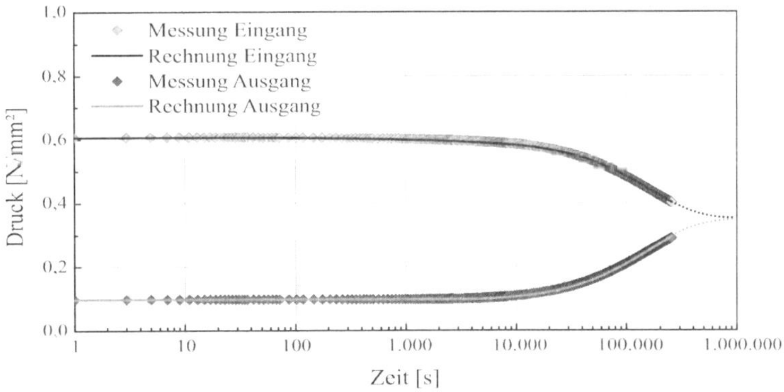

Abb. 3-18: Instationär gemessener und rechnerisch angepasster Druckverlauf in Abhängigkeit von der Versuchsdauer am Beispiel des Betons RPC (exemplarisch: Probe 2)

Anders als in den Versuchen zur stationären Messung zeigte sich in den instationären Messungen nicht zweifelsfrei eine höhere Durchlässigkeit des Feinkornbetons RPC im Vergleich zum Grobkornbeton UHPC. Deutlich wird allerdings auch im instationären

Versuch die im Vergleich zum Beton UHPC höhere Dichtigkeit der wärmebehandelten Probe $UHPC_{90\,°C}$ sowie insbesondere der Probe $UHPC_{o.\,F.}$ ohne Faserbewehrung (vgl. Tabelle A3-3). Dies deutetet auch darauf hin, dass die untersuchten Betone keine durchgängigen Mikrorisse aufwiesen, so dass die Gefügeverdichtung infolge der Wärmebehandlung bzw. infolge des Verzichts auf die Faserbewehrung dominierte.

Zu berücksichtigen ist jedoch, dass der Serienumfang von lediglich zwei Proben die Interpretation der Versuchsergebnisse erschwert. Für zukünftige Messungen sollte das Probenvolumen sowie der Serienumfang erhöht werden, um Einflüsse aus Inhomogenitäten zu minimieren.

3.4.3 Massebezogener Wasseraufnahmegrad

3.4.3.1 Methoden und Versuchsdurchführung

Als weiterer Transportkennwert wurde der massebezogene Wasseraufnahmegrad W_m der ultrahochfesten Betone sowie des hochfesten Betons HPC-2 und des normalfesten Betons NPC-2 in Anlehnung an DIN 52103 [N5] unter atmosphärischem Druck und unter einem Druck von 150 bar ermittelt. Von Interesse war hierbei zunächst die praxisrelevante Wasseraufnahme über die geschalte Mantelfläche des Betons.

Die Versuchsdurchführung erfolgte an flachen Zylindern (d/h = 150/75 mm), die senkrecht zur Betonierrichtung aus zylindrischen Probekörpern (d/h = 150/300 mm) durch Bohrung entnommen worden waren. Um zu gewährleisten, dass der Wasserzutritt ausschließlich über die Mantelflächen stattfand, wurden die gesägten Flächen der Proben mit Epoxidharz versiegelt.

Vor Versuchsbeginn wurden die Proben ab einem Betonalter von 28 Tagen 15 Tage lang bei 105 °C getrocknet und anschließend für einen Zeitraum von 21 Tagen bei 20 °C und 65 % r. F. gelagert. Danach schloss sich eine weitere 7-tägige Trocknung bei 105 °C an. Nach dem Abkühlen wurden die Proben bei 20 °C und atmosphärischem Druck auf Dreikantleisten in Wasser eingestellt, so dass sie jeweils ca. 2 cm mit Wasser überdeckt waren. Der Versuchsaufbau wurde abgedeckt und die Wasseraufnahme bis zur Gewichtskonstanz erfasst. Nach Erreichen der Gewichtskonstanz erfolgte die Umlagerung der Proben in einen Drucktopf, wo sie unter einem Druck von 150 bar für 24 Stunden mit Wasser beaufschlagt wurden. Aus den bei den verschiedenen Druckstufen aufgenommenen Wassermassen ergab sich der jeweilige Wasseraufnahmegrad W_m, vgl. DIN 52103 [N5].

3.4.3.2 Ergebnisse

Die Ergebnisse der Untersuchung sind in Abbildung 3-19 (ultrahochfeste Betone) und A3-10, Anhang 3 (normal- und hochfester Beton) dargestellt. Jedes Ergebnis stellt den Mittelwert aus drei Einzelmessungen dar.

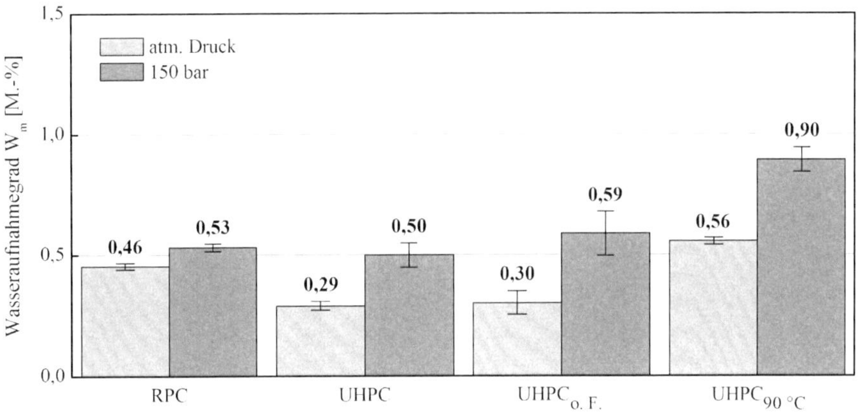

Abb. 3-19: Massebezogener Wasseraufnahmegrad W_m der untersuchten ultrahochfesten Betone bei atmosphärischem Druck und bei 150 bar

Der Wasseraufnahmegrad des nicht wärmebehandelten ultrahochfesten Grobkornbetons UHPC lag unter atmosphärischen Bedingungen etwa um den Faktor 20 und unter einem Druck von 150 bar etwa um den Faktor 12 niedriger als derjenige des normalfesten Betons NPC-2. Im Vergleich zum hochfesten Beton HPC-2 war ein um den Faktor 10 (atmosphärischer Druck) bzw. um den Faktor 5 (150 bar) geringerer Wasseraufnahmegrad zu verzeichnen.

Der faserbewehrte ultrahochfeste Feinkornbeton RPC zeigte unter atmosphärischem Druck einen um etwa 60 % höheren Wasseraufnahmegrad als der faserbewehrte ultrahochfeste Grobkornbeton. Dies lässt sich durch den um ca. 60 % höheren absoluten Kapillarporengehalt erklären, den der Beton RPC aufweist (vgl. Kapitel 3.4.1). Unter einem Druck von 150 bar war die Wasseraufnahme vergleichbar.

Der faserlose Beton UHPC zeigte unter einem Druck von 150 bar einen um ca. 20 % höheren Wasseraufnahmegrad als der faserbewehrte Beton UHPC. Dies lässt sich auf feine Mikrorisse (Rissbreiten 0,5 bis 2,0 µm, vgl. Kapitel 3.3.3) zurückführen, die vor allem aus dem autogenen Schwinden des jungen Betons resultieren. Diese Risse werden erst bei erhöhtem Druck gefüllt.

Eine deutliche Schwächung der Mikrostruktur infolge von Mikrorissen (Rissbreiten 30 bis 100 µm, vgl. Kapitel 3.3.3) war für den wärmebehandelten Beton $UHPC_{90\,°C}$ festzustellen. Sein Wasseraufnahmegrad betrug sowohl bei atmosphärischem Druck als auch bei einem Druck von 150 bar etwa das Doppelte des Betons UHPC.

3.4.4 Zeitabhängige kapillare Wasseraufnahme

3.4.4.1 Methoden und Versuchsdurchführung

Neben dem massebezogenen Wasseraufnahmegrad wurde die zeitabhängige kapillare Wasseraufnahme der ultrahochfesten Betone anhand von Scheiben (d/h = 150/20 mm) untersucht, die aus der Mitte eines Zylinders (d/h = 150/150 mm) senkrecht zur Betonierrichtung durch Bohrung entnommen worden waren.

Im Vorfeld der Untersuchungen wurden die Proben ab einem Betonalter von 28 Tagen 8 Tage lang bei 20 °C und 65 % r. F. gelagert und anschließend nach Empfehlung des DAfStb (Heft 422 [N26]) für einen Zeitraum von 14 Tagen bei 40 °C ofengetrocknet.

Die Durchführung und Auswertung der Versuche erfolgte in Anlehnung an Guse und Hilsdorf [50]. Nach dem Abkühlen wurden die Proben zunächst bei einer Eintauchtiefe von 2 bis 3 mm auf Dreikantleisten in Wasser eingestellt, wobei ihre Gewichtszunahme infolge der aufgenommenen Wassermenge in regelmäßigen Intervallen gravimetrisch erfasst wurde. Nach Erreichen der Gewichtskonstanz wurde der Wasserspiegel erhöht, so dass die Betonscheiben vollständig mit Wasser bedeckt waren, woraufhin wiederum die Wasseraufnahme bis zur Gewichtskonstanz ermittelt wurde. Der hydrostatische Druck aus der Wasserüberdeckung war mit einer Überdeckungshöhe von ca. 5 cm vernachlässigbar.

Trägt man die Messwerte im doppeltlogarithmisch skalierten Diagramm auf, so lassen sich diese – wie auch schon von Guse und Hilsdorf beschrieben – durch zwei Geraden unterschiedlicher Steigung annähern, die eine Einteilung in die Bereiche I und II ermöglichen (siehe Abbildung 3-20).

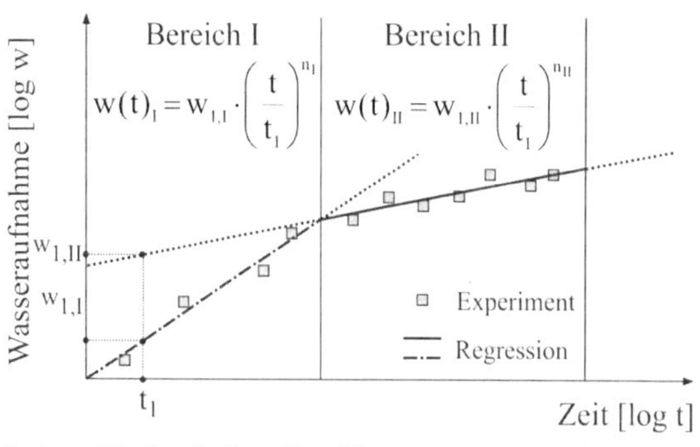

Abb. 3-20: Zeitlicher Verlauf der kapillaren Wasseraufnahme (Prinzipskizze in Anlehnung an [50])

Die verschiedenen Steigungen der Geraden resultieren aus einer unterschiedlich schnellen Wasseraufnahme des Betons in den beiden Bereichen.

3.4.4.2 Ergebnisse

Die im Rahmen der vorliegenden Arbeit ermittelten Versuchsergebnisse sind Anhang 3, Abbildung A3-11 (a bis d) zu entnehmen, wobei jeder Datenpunkt den Mittelwert aus drei Einzelergebnissen abbildet. Exemplarisch dargestellt sind außerdem repräsentative Versuchsergebnisse nach [50] für einen hochfesten Beton (Abbildung A3-11, e). Auf Grundlage dieser Datensätze sowie weiterer Datensätze aus [50] erfolgte eine Regressionsanalyse unter Anwendung des Programms TableCurve 2D (Version 5.01), in die folgende Beziehung nach [50] für den zeitlichen Verlauf der Wasseraufnahme Eingang fand, siehe auch Abbildung 3-20:

$$w(t) = w_1 \cdot \left(\frac{t}{t_1}\right)^n \tag{3-2}$$

mit
- w aufgenommene Wassermasse [kg/m²]
- t Beaufschlagungsdauer [h]
- w_1 zum Bezugszeitpunkt t_1 aufgenommene Wassermasse [kg/m²]
- t_1 Bezugszeitpunkt (t_1 = 1 Stunde) [h]
- n Exponent [-]

Die resultierenden Regressionsgleichungen zur Wasseraufnahme in den Bereichen I und II sind ebenfalls in Abbildung A3-11 aufgeführt.

Aus der Gegenüberstellung aller Regressionsgleichungen aus Abbildung A3-11 ergeben sich folgende Zusammenhänge:

- Im **Bereich I** herrscht die kapillare Wasseraufnahme vor. Der **Faktor $w_{1,I}$** gibt die zum Bezugszeitpunkt t_1 aufgenommene Wassermasse an und ist ein Maß für den Porenraum, über den Wasser kapillar aufgenommen werden kann. Mit zunehmender Druckfestigkeit – und somit abnehmendem Kapillarporenraum – nimmt der Faktor $w_{1,I}$ daher ab.

  Für die normgelagerten ultrahochfesten Betone lag $w_{1,I}$ unabhängig vom Einsatz der Faserbewehrung bei etwa 0,10 kg/m², für den wärmebehandelten ultrahochfesten Beton bei 0,05 kg/m².

- Die Geschwindigkeit der kapillaren Wasseraufnahme im Bereich I hängt bei stationären physikalischen Eigenschaften des Wassers (z. B. unveränderliche Oberflächenspannung) in erster Linie vom Porenradius ab. Mit zunehmendem Porenradius nimmt die Geschwindigkeit der Wasseraufnahme zu (siehe z. B.

[110]). Daher ist davon auszugehen, dass der **Exponent n_I** vom Kapillarporenraum und somit auch von der Druckfestigkeit abhängt. In den untersuchten Festigkeitsklassen war jedoch keine ausgeprägte Abhängigkeit des Exponenten n_I von der Druckfestigkeit festzustellen. Für die dargelegten Versuche wurde der Exponenten n_I in erster Näherung durch den Mittelwert 0,32 abgeschätzt (siehe Abbildung A3-12, Anhang 3). Es ist anzunehmen, dass sich die Korrelation zwischen Druckfestigkeit und dem Exponenten n_I für Betone geringerer Festigkeit deutlicher bemerkbar macht.

Anzumerken ist, dass der Exponent n_I der Regressionsgleichung des Feinkornbetons RPC mit 0,49 deutlich höher lag als für die übrigen Betone, was eine schnellere Wasseraufnahme bedeutet. Dies ist auf den um ca. 60 % höheren Zementsteingehalt und hiermit verbunden auf den höheren Kapillarporengehalt zurückzuführen (vgl. Kapitel 3.4.1). Die Abschätzung des Exponenten n_I zu 0,32 sollte daher nicht auf Feinkornbetone angewendet werden.

- Im **Bereich II** findet hauptsächlich eine Umverteilung des in Bereich I kapillar aufgenommenen Wassers statt. Dies bedeutet, dass das Wasser aus den größeren Kapillaren in kleinere Kapillaren und in den Gelporenraum weitertransportiert wird, siehe hierzu [110]. Die Geschwindigkeit dieses Prozesses spiegelt sich im Exponenten n_{II} wider. Da die Umverteilung des Wassers für normal- und hochfeste Betone langsamer stattfindet, als das kapillare Saugen, gilt für diese Betone $n_I > n_{II}$.

  Ultrahochfeste Betone weisen einen um etwa 10 bis 40 % höheren Gelporengehalt auf als HPC bzw. NPC, siehe Kapitel 3.3.4. Dieser erhöhte Gelporenanteil bewirkt, dass das geringe, kapillar aufgenommene Wasservolumen wie von einem Schwamm aus dem kleinen Kapillarporenraum in den großen Gelporenraum gesaugt wird, wonach wiederum Kapillarporenraum für eine weitere Wasseraufnahme zur Verfügung steht. Die Umverteilung erfolgt deutlich schneller als bei HPC oder NPC, und die Regressionsgleichungen der ultrahochfesten Betone zeigen einen größeren Exponenten n_{II}. Insbesondere für wärmebehandelten UHPC kann – wie im vorliegenden Fall für den Beton $UHPC_{90\,°C}$ – aufgrund des besonders feinporigen Gelporenraums (vgl. Kapitel 3.3.4) sogar gelten $n_I < n_{II}$, siehe Abbildung A3-11 (d).

- Der **Faktor $w_{1,II}$** gibt an, wie hoch die zum Bezugszeitpunkt t_1 aufgenommene Wassermasse theoretisch wäre, wenn die Wasseraufnahme in beiden Bereichen der in Bereich II gültigen Beziehung gehorchen würde. Er wird indirekt über die Geschwindigkeit der Wasseraufnahme in Bereich II, also über den Exponenten n_{II}, bestimmt. Da die Umverteilung des Wassers im Bereich II für normal- und hochfeste Betone langsamer erfolgt, als die kapillare Wasseraufnahme in Bereich I, gilt $w_{1,II} > w_{1,I}$. Für ultrahochfeste

Betone, die nur sehr geringe Flüssigkeitsmengen kapillar aufnehmen, diese dann aber schneller umverteilen als HPC und NPC, gilt $w_{1,II} \approx w_{1,I}$.

Abbildung 3-21 ermöglicht in erster Näherung die Abschätzung der zeitabhängigen kapillaren Wasseraufnahme hochfester und ultrahochfester Grobkornbetone.

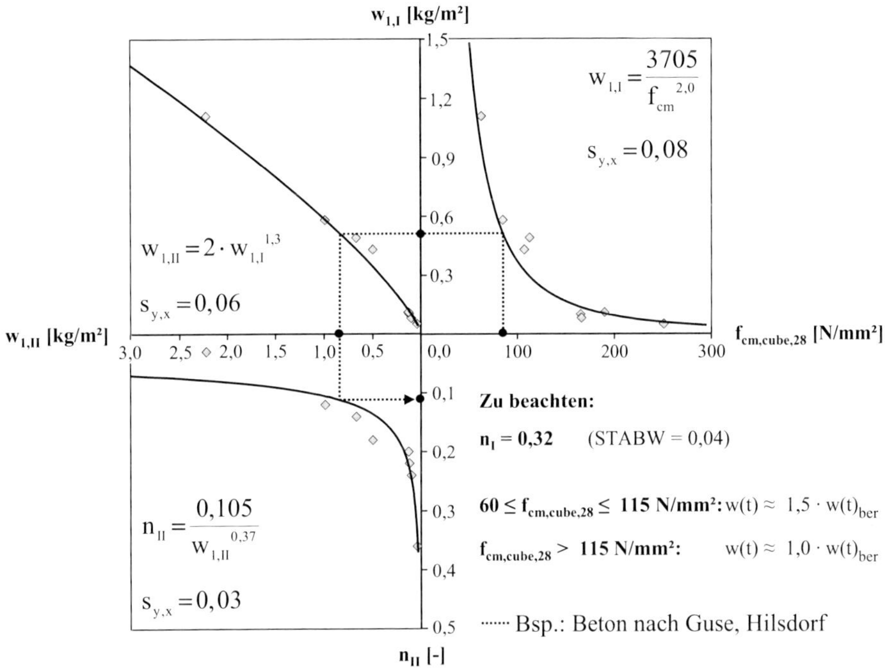

Abb. 3-21: Diagramm zur Abschätzung der Faktoren $w_{1,I}$ und $w_{1,II}$ sowie des Exponenten n_{II} zur Berechnung der Wasseraufnahme w(t) hoch- und ultrahochfester Grobkornbetone

Prinzipiell wurde bei der Anwendung von Abbildung 3-21 festgestellt, dass die Wasseraufnahme bei Verwendung der in Abbildung 3-21 hinterlegten Gleichungen für die hochfesten Betone um bis zu 40 % unterschätzt wird. Es wird daher empfohlen, die für hochfeste Betone berechnete Wasseraufnahme $w(t)_{ber}$ auf der sicheren Seite liegend mit dem Faktor 1,5 zu multiplizieren. Dies führt im Mittel zu einer Überschätzung der Wasseraufnahme von etwa 30 %. In Abbildung A3-13 (Anhang 3) ist exemplarisch für den Beton UHPC sowie für einen hochfesten Beton aus [50] die experimentell ermittelte Wasseraufnahme der anhand von Abbildung 3-21 abgeschätzten Wasseraufnahme gegenübergestellt.

Zu beachten ist, dass die Analyse der Abhängigkeiten auf Basis der Daten aus [50] und der im Rahmen der vorliegenden Arbeit ermittelten Daten erfolgte. Aufgrund des relativ geringen Umfangs der Grundgesamtheit der einbezogenen Daten ist daher nicht gewährleistet, dass die angegebenen Korrelationen für hoch- und ultrahochfeste Grobkornbetone allgemeingültig sind. Ferner wurde nicht geklärt, ob die Kurven für Betone geringerer Festigkeit extrapoliert werden können. Für eine allgemeingültige Aussage ist eine Ausweitung der Grundgesamtheit, wie sie im Rahmen der vorliegenden Arbeit allerdings nicht realisierbar war, daher unumgänglich.

Dennoch erlauben die aus den mathematischen Beziehungen aufgezeigten Tendenzen die oben ausgeführten Folgerungen und das Abschätzen der aufgenommenen Wassermenge hochfester und ultrahochfester Grobkornbetone in erster Näherung.

3.4.5 Fazit

Die maßgeblichen Ergebnisse zur Bestimmung der Transportkenngrößen lassen sich folgendermaßen zusammenfassen:

- Auf Basis der im Rahmen der vorliegenden Arbeit gewonnenen Daten sowie von Literaturdaten wurde ein Diagramm zur Abschätzung der zeitabhängigen kapillaren Wasseraufnahme w(t) in Abhängigkeit von der Druckfestigkeit $f_{cm,cube,28}$ hergeleitet.
- Vor allem im wärmebehandelten ultrahochfesten Beton, der einen sehr feinporigen Gelporenraum aufwies, wurde eine ausgeprägte Umverteilung des kapillar aufgenommenen Wassers in den Gelporenraum beobachtet.
- Instationäre Verfahren sind prinzipiell besser zur Permeabilitätsbestimmung von ultrahochfestem Beton geeignet,
- als stationäre Verfahren, da ein stationärer Durchfluss in derart dichten Materialien nur schwer oder gar nicht erzielt werden kann. Aufgrund seiner unteren Messgrenze von 10^{-22} m^2 eignet sich z. B. das instationäre Zweikammerverfahren zur Bestimmung der Permeabilität von ultrahochfestem Beton.
- In den Versuchen zur Gaspermeabilität konnte die Beobachtung bekräftigt werden, dass die Stahlfaserbewehrung auch im ultrahochfesten Beton zu einer lokalen Schwächung des Betongefüges im Bereich der Kontaktzone führen kann, was den Transport von Fluiden begünstigt.
- Mikrorisse, die insbesondere im unbewehrten (Rissbreiten 0,5 bis 2,0 µm) und im wärmebehandelten (Rissbreiten 30 bis 100 µm) ultrahochfesten Beton auftreten, schwächen dessen Eindringwiderstand gegenüber Flüssigkeiten und Gasen erheblich.

3.5 Charakterisierung der Dauerhaftigkeit

In den Kapiteln 3.3 (Untersuchungen zur Gefügebeschaffenheit) und 3.4 (Bestimmung von Transportkenngrößen) wurde aufgezeigt, dass ultrahochfeste Betone – und hierbei vor allem wärmebehandelter ultrahochfester Beton – im Vergleich zu konventionellen Betonen prinzipiell eine deutlich dichtere Mikrostruktur aufweisen.

Allerdings führen insbesondere Mikrorisse infolge der thermischen Behandlung oder infolge des autogenen Schwindens faserloser ultrahochfester Betone zu einer deutlichen Schwächung des ansonsten sehr dichten Gefüges. Ferner kann die Kontaktzone zwischen Faser und Mörtelmatrix die Dichtigkeit des Betons mindern. Hierdurch wird das Eindringen schädigender Medien in den Beton begünstigt und die Dauerhaftigkeit des Betons wird vermindert.

Anhand der Chlorideindringung (Kapitel 3.5.1), des Angriffs durch mineralsaure Wässer (Kapitel 3.5.2), der Karbonatisierung (Kapitel 3.5.3) sowie einer kombinierten Beanspruchung aus Frost und Ermüdung bzw. Ermüdung und Chlorideindringung (Kapitel 3.5.4) wurde im Rahmen der vorliegenden Arbeit die Dauerhaftigkeit von ultrahochfestem Beton untersucht. Die Erkenntnisse zur Gefügestruktur sowie zu den damit zusammenhängenden Transportmechanismen flossen in die Betrachtungen ein.

3.5.1 Chlorideindringung

Die Quantifizierung des Chlorideindringwiderstands erfolgt aus Zeit- und Kostengründen in der Regel unter beschleunigten Versuchsbedingungen. Derartige Zeitrafferexperimente sind jedoch meist weniger aussagekräftig als Echtzeitversuche, da sie die Realität nur unzureichend abbilden.

Das Versuchsprogramm zur Quantifizierung des Chlorideindringwiderstands umfasste daher hauptsächlich Langzeitversuche unter Echtzeitbedingungen, die durch beschleunigte Versuche (Migrations-Schnelltest) ergänzt wurden.

3.5.1.1 Methoden und Versuchsdurchführung

Langzeitversuche

Die Untersuchung der Chlorideindringung wurde an Zylindern (d/h = 100/50 mm) durchgeführt. Diese waren aus einem zylindrischen Probekörper (d/h = 100/300 mm) herausgesägt worden, wobei dessen Stirnseiten ausgespart worden waren. Untersucht wurde der Einfluss der groben Gesteinskörnung, der Faserbewehrung sowie der thermischen Nachbehandlung auf die Chlorideindringung in ultrahochfesten Beton. Zu Referenzzwecken wurden außerdem Versuche an unbewehrtem normal- und hochfestem Beton (NPC-1 und HPC-1) durchgeführt. Die Proben wurden zunächst 14 Tage lang bei

40 °C getrocknet, bevor sie mit einer Eintauchtiefe von 2 bis 3 mm auf Dreikantleisten in eine 3%ige NaCl-Lösung eingestellt und im Normklima (20 °C, 65 % r. F.) gelagert wurden. Der NaCl-Angriff erfolgte somit auf die gesägten Stirnflächen der Probekörper. Die Verdunstung der NaCl-Lösung während der Versuchsdurchführung wurde durch eine Abdeckung der Probekörper verhindert.

Durch die Trocknung sowie durch einen Verzicht auf die Abdichtung der Mantelflächen der Proben sollte die Aufnahme der NaCl-Lösung maximiert werden, da insbesondere für die ultrahochfesten Betone eine sehr geringe Lösungsaufnahme erwartet worden war. In Vorversuchen am Beton HPC-1 für eine Expositionsdauer von bis zu 8 Monaten zeigte sich, dass die Unterschiede in den Chloridprofilen, die sich bei einer Versiegelung der Proben im Vergleich zu unversiegelten Proben ergaben, in der Größenordnung der Prüfstreuung lagen. Von einer starken Abweichung vom eindimensionalen Angriff war daher auch bei einem Verzicht auf die Versiegelung nicht auszugehen.

Nach unterschiedlicher Beaufschlagungsdauer (1, 2, 4, 8, 16 und 32 Monate) wurden die Probekörper aus der NaCl-Lösung entnommen, und die beaufschlagte Betonfläche wurde schichtweise durch Schleifen bzw. Sägen abgetragen (vgl. Abbildung 3-22). Der Gesamtchloridgehalt der einzelnen Schichten wurde in Abhängigkeit vom Abstand zur Angriffsfläche mithilfe der potentiometrischen Titration ermittelt und auf den Bindemittelgehalt BM (BM = Massensumme aus Zement und Mikrosilika) der Betone bezogen.

Aufgrund des hohen Zeit- und Personalaufwands bei der Versuchsdurchführung stellen die dargestellten Chloridprofile in der Regel die Mittelung aus zwei Einzelexperimenten dar, vgl. Abbildung A3-14 (Anhang 3).

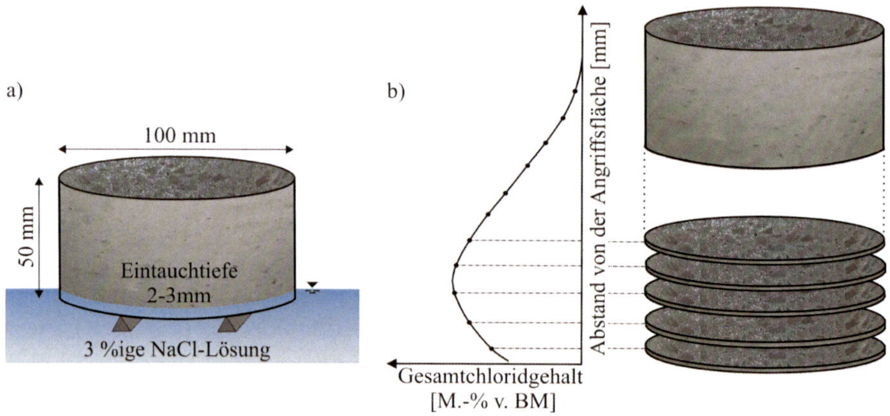

Abb. 3-22: Schematischer Versuchsaufbau (a) und Prinzipskizze zum Vorgehen bei der Bestimmung des Gesamtchloridgehalts (b) in den Langzeitversuchen zur Chlorideindringung

Zur Verifikation der ermittelten Chloridprofile wurde zum einen die Methode der **Mikro-Röntgenfluoreszenzanalyse** (µ-RFA) unter Anwendung des Geräts Eagle III des Herstellers Röntgenanalytik Systeme eingesetzt, siehe zur Methode auch [139]. Als Strahlungsquelle diente eine Rhodiumröhre (50 W, 50 kV), betrieben bei einer Anregungsspannung von 20 kV. Als Primärstrahlfilter kam ein Aluminiumfilter mit einer Dicke von 25 µm zum Einsatz. Die Fokussierung des Messbereichs (Durchmesser jeweils 30 µm) erfolgte mit einer Polykapillaren. Die Messzeit betrug 20 Sekunden pro Messpunkt. Zur Spektrenauswertung diente die Software PyMca 4.3.0 [124].

Darüber hinaus wurde zur Verifikation der ermittelten Chloridprofile die energiedispersive **Röntgenmikroanalyse** (EDS) herangezogen, die im Rahmen der **Rasterelektronenmikroskopie** (REM) Anwendung fand (zu den Methoden siehe Kapitel 3.3.3.1).

Außerdem kam die Methode der **Auflichtmikroskopie** unter Anwendung des Mikroskops Leica DM6000 M mit der Kamera Leica DFC320, beides Geräte des Herstellers Leica Microsystems, für die Untersuchungen zum Einsatz. Weiterführende Informationen zu den Grundlagen der Auflichtmikroskopie sind z. B. [8] zu entnehmen.

Beschleunigte Versuche

Die Ermittlung des Diffusionskoeffizienten mithilfe beschleunigter Prüfverfahren (D_{RCM}) gewinnt für die Baupraxis zunehmend an Bedeutung. Daher wurden im Rahmen der vorliegenden Arbeit neben den Langzeitversuchen auch beschleunigte Versuche mithilfe des von Tang [134] entwickelten Migrations-Schnelltests unter Einwirkung eines elektischen Felds an den ultrahochfesten Betonen durchgeführt. Der Versuchsstand ist schematisch in Abbildung 3-23 dargestellt. Die Versuchsdurchführung erfolgte nach dem BAW-Merkblatt „Chlorideindringwiderstand" [N23] an den ultrahochfesten Betonen RPC, UHPC und $UHPC_{90\,°C}$ an Zylindern (d/h = 100/50 mm), die in Analogie zu den Langzeitversuchen vorbereitet worden waren.

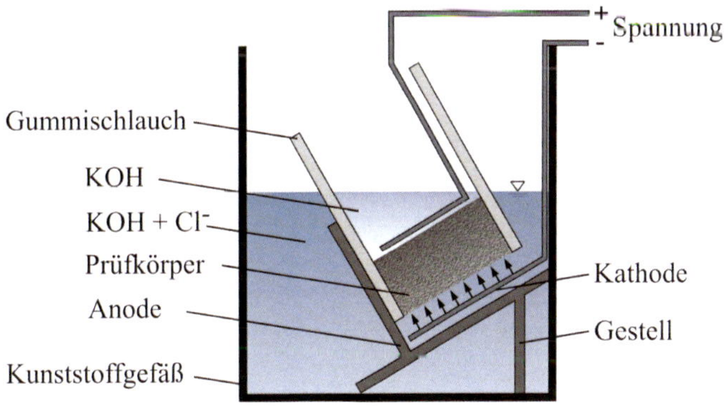

Abb. 3-23: Versuchsstand zur Durchführung des Migrations-Schnelltests nach dem BAW-Merkblatt „Chlorideindringwiderstand" [N23]

Da die Stahlfaserbewehrung die Leitfähigkeit der Betonproben beeinflusst, können mit dem Migrations-Schnelltest nur unbewehrte Betone untersucht werden. Die Prüfung im Rahmen der vorliegenden Arbeit erfolgte zu unterschiedlichen Betonaltern. Bis zur jeweiligen Prüfung wurden die Zylinder unter Wasser gelagert. Unmittelbar vor dem Einbau in den Versuchsstand erfolgte eine sechstägige Wasserbeaufschlagung unter Vakuum und eine anschließende zweitägige Wasserbeaufschlagung unter einem Druck von 150 bar. Um eine gut auswertbare Chloridfront zu erzeugen, wurde eine Versuchsdauer von 14 Tagen gewählt.

Da die Chloridfront trotz der 14-tägigen Vesuchsdauer nur wenige Millimeter in die Betonproben eindrang, wurde auch beim beschleunigten Prüfverfahren die Chlorideindringtiefe anhand von Chloridprofilen ermittelt, die durch das sukzessive Abtragen (Schleifen) sehr dünner Schichten und die anschließende potentiometrische Titration ermittelt worden waren. Jedes Prüfergebnis stellt den Mittelwert aus drei Einzelergebnissen dar.

In Abbildung 3-24 ist eine Übersicht über das Versuchsprogramm zur Chlorideindringung dargestellt, dessen Ergebnisse nachfolgend dargelegt sind.

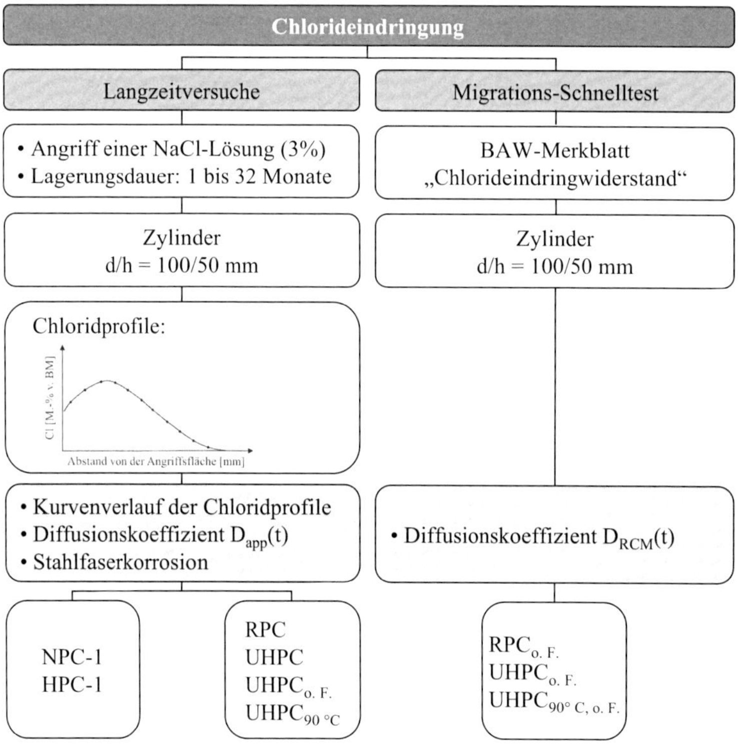

Abb. 3-24: Übersicht über das durchgeführte Versuchsprogramm zur Untersuchung der Chlorideindringung

3.5.1.2 Ergebnisse der Langzeitversuche

Maximaler Chloridgehalt und Eindringtiefe

Die aus dem Chloridangriff resultierenden Eindringprofile der untersuchten Betone sind für die unterschiedlichen Angriffsdauern in den Abbildungen 3-25 sowie A3-15 bis A3-19 (Anhang 3) dargestellt. Die jeweiligen Chloriduntergrundwerte (Cl_{UW}) der Betone, d. h. der infolge der Betonzusammensetzung vorhandene Ausgangschloridgehalt, sind den Abbildungen ebenfalls zu entnehmen. Zusätzlich ist für die faserbewehrten ultrahochfesten Betone der untere kritische Chloridgehalt nach Dauberschmidt [25] (2,1 M.-% v. BM), für die normal- und hochfesten Betone der kritische Chloridgehalt nach Breit et al. [16] (0,5 M.-% v. BM) eingezeichnet, siehe hierzu auch Kapitel 2.2.3.2.

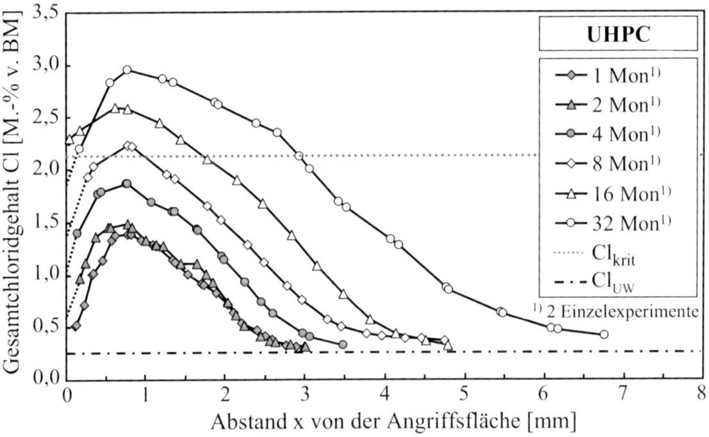

Abb. 3-25: Chloridprofile nach NaCl-Beaufschlagung des ultrahochfesten Betons UHPC in Abhängigkeit von der Expositionsdauer (Cl_{krit}: kritischer korrosionsauslösender Chloridgehalt nach [25], Cl_{UW}: Chloriduntergrundwert)

Es ist deutlich zu erkennen, dass für alle untersuchten Betone der Gesamtchloridgehalt mit zunehmendem Abstand von der Oberfläche zunächst ansteigt bis er ein Maximum erreicht und anschließend auf den Untergrundwert abfällt. Der maximale Chloridgehalt sowie die Chlorideindringtiefe nehmen mit zunehmender Angriffsdauer zu. Somit unterscheidet sich das Chlorideindringverhalten der ultrahochfesten Betone (Abbildungen 3-25 und A3-15 bis A3-17) prinzipiell nicht vom Verhalten des untersuchten hochfesten (Abbildung A3-18) bzw. normalfesten (Abbildung A3-19) Betons.

In Abbildung 3-26 (links) ist die Entwicklung der Chlorideindringtiefe (Abstand zwischen Oberfläche und dem Ort, wo der Chloridgehalt den Untergrundwert erreicht) in Abhängigkeit von der Expositionsdauer t dargestellt. Hieraus ist ersichtlich, dass die Chlorideindringtiefe bei den ultrahochfesten Betone mit etwa 7 mm nach einer

Angriffsdauer von 32 Monaten weniger als die Hälfte der Eindringtiefe des Betons HPC-1 betrug. Der Einfluss der Stahlfaserbewehrung und der Wärmebehandlung auf die Chlorideindringtiefe war nur gering und nahm mit zunehmender Expositionsdauer weiter ab. Die grobe Gesteinskörnung beeinflusste die Chlorideindringtiefe der ultrahochfesten Betone nicht. Der Beton NPC-1 ist in Abbildung 3-26, links, nicht berücksichtigt. Hier überschritt die Eindringtiefe nach einer Beaufschlagungsdauer von 16 Monaten bereits die Probekörperhöhe (h = 50 mm), vgl. auch Abbildung A3-19.

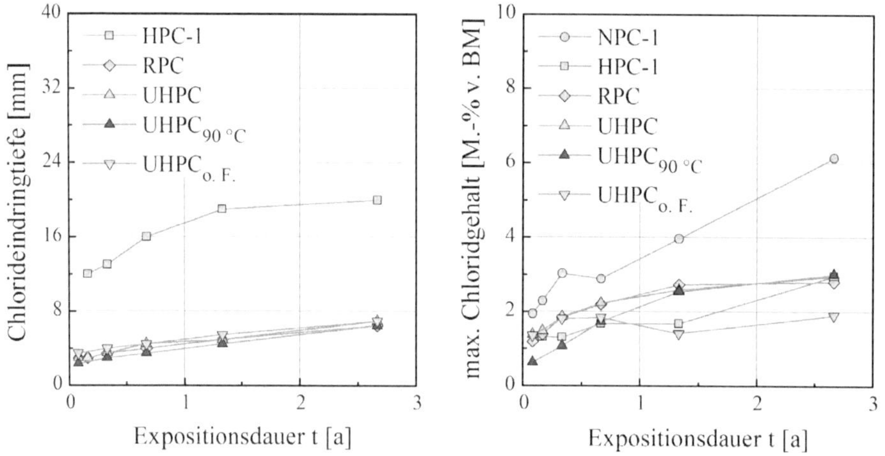

Abb. 3-26: Chlorideindringtiefe und maximaler Chloridgehalt in Abhängigkeit von der Expositionsdauer t

Der maximale Chloridgehalt in Abhängigkeit von der Expositionsdauer t ist Abbildung 3-26 (rechts) zu entnehmen. Die ultrahochfesten Betone RPC und UHPC wiesen vergleichbare maximale Chloridgehalte auf, d. h. der Einfluss der groben Gesteinskörnung war vernachlässigbar.

Infolge der Wärmebehandlung zeigte der Beton $UHPC_{90\,°C}$ nur bis zu einer Expositionsdauer von 8 Monaten einen geringeren maximalen Chloridgehalt als der Beton UHPC. Mit zunehmender Expositionsdauer war der maximale Chloridgehalt mit demjenigen des thermisch unbehandelten Betons UHPC vergleichbar. Dies ist wahrscheinlich auf Mikrorisse infolge der Wärmebehandlung zurückzuführen (vgl. Kapitel 3.3.3), die eine Chloridzufuhr begünstigen.

Der ultrahochfeste Beton ohne Faserbewehrung ($UHPC_{o.\,F.}$) wies einen um bis zu 45 % geringeren maximalen Chloridgehalt verglichen mit dem faserbewehrten Beton UHPC auf. Dies lässt darauf schließen, dass der Chlorideindringwiderstand durch die Stahlfaserbewehrung bzw. die geschwächte Kontaktzone zwischen Stahlfasern und Matrix (siehe hierzu Kapitel 3.3.3) reduziert wird.

Mit einer maximalen Chloridbelastung von ca. 3 M.-% v. BM nach einer Beaufschlagungsdauer von 32 Monaten wiesen die faserbewehrten ultrahochfesten Betone zudem eine mit dem Beton HPC-1 vergleichbare maximale Chloridbelastung auf. Zwar verfügt der Zement CEM I 42,5 R (HPC-1) im Vergleich zum Zement CEM I 52,5 R-HS/NA (UHPC) über einen höheren C_3A-Gehalt (siehe Tabelle A2-4, Anhang 2), was eine höhere Chloridbindekapazität des Zementsteins zur Folge hat. Auch verfügt der Beton HPC-1 über eine höhere Kapillarporosität als der Beton UHPC (vgl. Abbildung 3-14 und Anhang 3, Abbildung A3-5), was zu einer verstärkten kapillaren Lösungsaufnahme führt. Diese beiden Sachverhalte lassen vermuten, dass sich dies auch in einer höheren maximalen Chloridbelastung des Betons HPC-1 niederschlägt. Allerdings weisen die untersuchten ultrahochfesten Betone einen deutlich höheren Zementsteingehalt (vgl. Tabellen A2-1 und A2-2, Anhang 2) sowie Gelporenanteil auf (vgl. Abbildungen A3-6 und A3-7, Anhang 3). Dieser begünstigt die Umverteilung der NaCl-Lösung vom Kapillar- in den Gelporenraum (vgl. Kapitel 2.2.1.2) und somit die Anreicherung von Chloridionen in der Randzone des Betons UHPC.

Betrachtung der ausgelaugten Randzone

Der Anstieg der Chloridbelastung bis auf einen Maximalwert und der anschließende Abfall – also ein deutliches Abweichen des Verlaufs von den *Fick'schen Diffusionsgesetzen* – wird meist bei Betonen beobachtet, die einer Wechselbeanspruchung (zyklische Durchfeuchtung und Austrocknung) ausgesetzt sind. Doch auch ständig unter Wasser gelagerte Betone zeigten derartige Chloridprofile, was unter anderem auf randnahe Auslaugprozesse zurückzuführen ist, die durch die Anwesenheit von Chloridionen noch verstärkt werden (vgl. Kapitel 2.2.1.1 und 2.2.3.3). Der Verlauf der im vorliegenden Projekt gewonnenen Chloridprofile wurde sowohl für den hochfesten Beton HPC-1 also auch für den ultrahochfesten Beton UHPC mithilfe eines Mappings unter Anwendung der Mikro-Röntgenfluoreszenzanalyse (μ-RFA) verifiziert, siehe Anhang 3, Abbildungen A3-20 und A3-21. Hierbei ist deutlich erkennbar, dass der maximale Chloridgehalt mit einem Abstand von 2 bis 3 mm (HPC-1) bzw. 1 bis 2 mm (UHPC) von der Angriffsfläche entfernt im Probeninnern liegt.

Auch unter Anwendung der energiedispersiven Röntgenmikroanalyse (EDS), die im Rahmen der Rasterelektronenmikroskopie Anwendung fand, wurde die Plausibilität der Chloridprofile geprüft. Hierzu wurde ein sogenannter Linescan senkrecht zur angegriffenen Betonoberfläche durchgeführt. Die Chloridverteilung wird hierbei durch die Intensität des chloridspezifischen Peaks angezeigt und ist in Abbildung 3-27 (links) dargestellt.

Ferner wurde mithilfe der gleichen Methode ein verringerter Calciumgehalt im Randbereich nachgewiesen, also ein Abbau des Calciums infolge von Auslaugung (vgl. Abbildung 3-27, rechts). Das Maximum der Chloridbelastung und die Auslaugfront des Calciums lagen hierbei in der gleichen Tiefe (ca. 2 mm). Mit dem Abbau des Calciums unmittelbar verbunden ist der Rückgang der Chloridbindekapazität bzw. der Rückgang der Oberfläche, an die Chloridionen adsorptiv gebunden werden können. Dies erklärt die geringere Chloridbelastung im Randbereich, d. h. im Bereich der Auslaugung des Calciums.

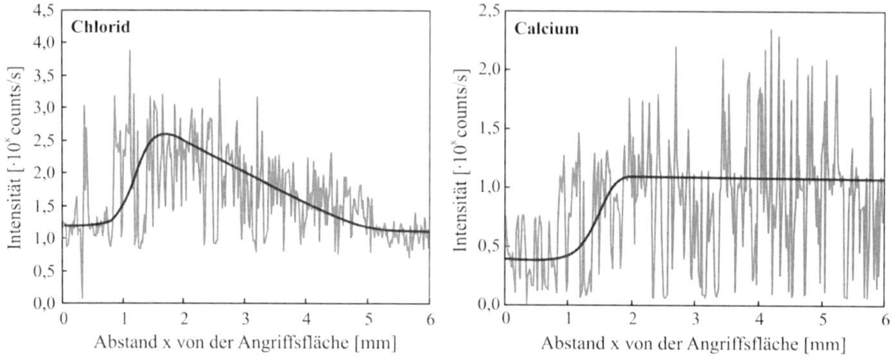

Abb. 3-27: Chloridverteilung (links) und Calciumverteilung (rechts) in Abhängigkeit vom Abstand x von der Angriffsfläche nach dem NaCl-Angriff (UHPC, Expositionsdauer 32 Monate, Linescan mittels EDS)

Wie anhand der Abbildungen 3-25 sowie Anhang 3, A3-15 bis A3-19 zu erkennen ist, drang die Auslaugfront maximal 0,5 mm ($UHPC_{90\,°C}$) bis 5,0 mm (NPC-1) in die Randzone ein.

In einer Regressionsanalyse wurde untersucht, durch welchen mathematischen Zusammenhang sich der Verlauf des Gesamtchloridgehalts Cl [M.-%] bis zum Maximum in Abhängigkeit vom Abstand x von der Angriffsfläche [mm] für alle untersuchten Betone einheitlich beschreiben lässt. Eine hinreichend gute Korrelation[1] wurde hierbei für folgende Regressionsgleichung (3-3) ermittelt (A, B: Regressionsparameter):

$$Cl(x) = A + B \cdot \sqrt{x} \qquad \textbf{(3-3)}$$

In Abbildung 3-28 ist der Verlauf des Gesamtchloridgehalts bis zum Maximum mit der zugehörigen Prognose nach Gleichung (3-3) dargestellt. Die Regressionsparameter A [M.-% v. BM] und B [M.-% v. $BM/mm^{0,5}$] für den jeweils betrachteten Beton und die entsprechende Beaufschlagungsdauer sind Abbildung A3-23 (Anhang 3) zu entnehmen. Tendenziell war eine Zunahme der Parameter A und B mit zunehmender Expositionsdauer zu beobachten. Eine weitere Systematik der Kurvenverläufe war nicht erkennbar.

1. durchschnittlicher Standardschätzfehler $s_{y,x} = 5{,}2\ \% \cdot Cl_{max}$
Erläuterungen zum Standardschätzfehler $s_{y,x}$ siehe Anhang 4, Kapitel A4.3

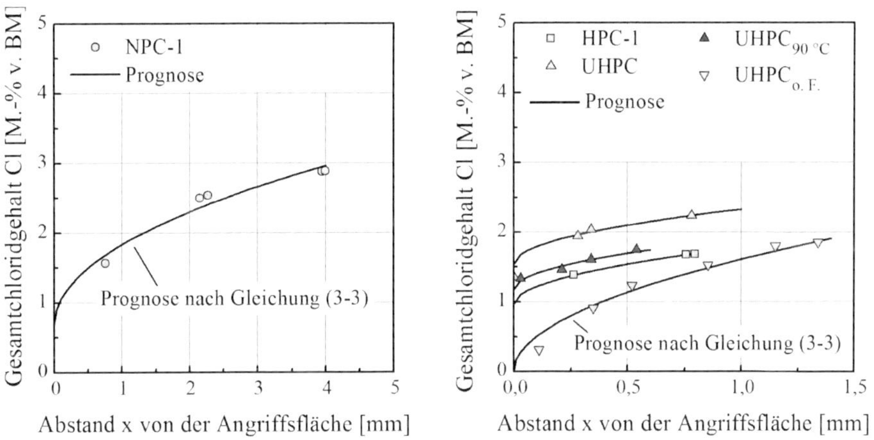

Abb. 3-28: Verlauf des Gesamtchloridgehalts Cl bis zum Maximum mit zugehöriger Prognose nach Gleichung (3-3), exemplarisch für eine Expositionsdauer von 8 Monaten

Mithilfe der EDS konnte zudem das "Nachhinken" der Natriumfront im Vergleich zur Chloridfront nachgewiesen werden (vgl. Anhang 3, Abbildung A3-22), wie es unter anderem von Volkwein beschrieben wurde [145]. Während die Chloridfront bis in eine Tiefe von etwa 5 mm in den UHPC eindrang, wurde vom Natrium lediglich eine Eindringtiefe von etwa 1 mm erreicht.

Stahlfaserkorrosion infolge des Chloridangriffs

Unter Zugrundelegung des unteren kritischen Chloridgehalts von 2,1 M.-% v. BM ist aus Abbildung 3-25 sowie Anhang 3, Abbildungen A3-15 und A3-17 zu erkennen, dass bei den stahlfaserbewehrten ultrahochfesten Betonen ab einer Expositionsdauer von 8 (RPC, UHPC) bzw. 16 Monaten ($UHPC_{90\,°C}$) mit einer Korrosion der Stahlfasern zu rechnen ist. Nach 32-monatiger Exposition ist demnach z. B. für den UHPC eine maximale Korrosionstiefe von etwa 3 mm zu erwarten (vgl. Abbildung 3-25).

Dies konnte mithilfe mikroskopischer Untersuchungen bestätigt werden. Nach 32-monatigem Angriff wurde für den UHPC eine Stahlfaserkorrosion bis in eine Tiefe von 3,5 mm festgestellt. Hierbei wurde verstärkt eine beginnende Lochfraßkorrosion beobachtet, teilweise war auch eine Korrosion über den gesamten Faserquerschnitt erkennbar (vgl. Abbildung 3-29).

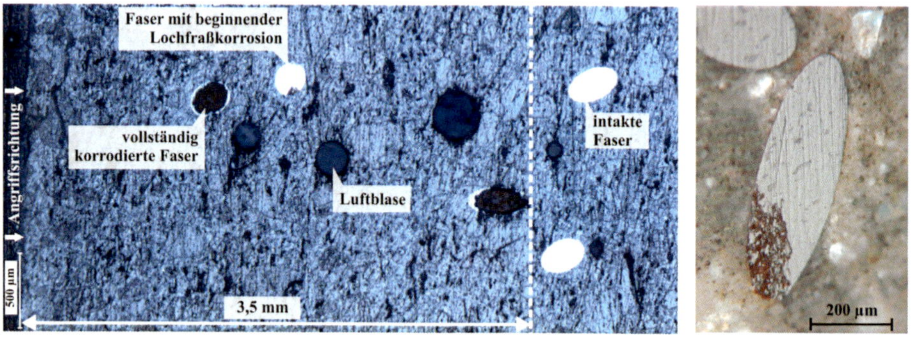

Abb. 3-29: Korrosion der Stahlfasern infolge eines 32-monatigen NaCl-Angriffs auf den ultrahochfesten Beton UHPC (links: Schnitt durch die Probe senkrecht zur Angriffsrichtung, rechts: Faser mit beginnender Lochfraßkorrosion, jeweils Auflichtmikroskopie)

Ermittlung des Chloriddiffusionskoeffizienten D_{app}

Anhand der experimentell ermittelten Chloridprofile (Abbildungen 3-25 und A3-15 bis A3-19) wurde unter Anwendung des Marquardt-Levenberg-Algorithmus mithilfe des am Lehrstuhl für Baustofftechnologie des IMB entwickelten Programms *Chloridprofil.xls* [69] der Chloriddiffusionskoeffizient D_{app} des normal- und hochfesten Betons sowie der faserbewehrten ultrahochfesten Betone in Abhängigkeit von der Beaufschlagungsdauer unter Zugrundelegung des *Zweiten Fick'schen Gesetzes* ermittelt. Hierbei wurden auch die zur jeweiligen Expositionsdauer gehörenden Chloridprofile mithilfe des Programms prognostiziert. Der Bereich bis zum Erreichen der maximalen Chloridbelastung – also der Bereich, in dem die Chlorideindringung offensichtlich vom *Zweiten Fick'schen Gesetz* abweicht – wurde dabei vernachlässigt.

In Abbildung 3-30 sind exemplarisch die für den Beton UHPC ermittelten sowie prognostizierten Chloridprofile für eine Beaufschlagungsdauer von 4, 8 und 32 Monaten gegenübergestellt. Details zum Programm *Chloridprofil.xls* sind [69] zu entnehmen.

Aus den beobachteten Abweichungen von der Modellvorhersage wird deutlich, dass auch im nicht ausgelaugten Bereich keine reine Diffusion vorliegt. Dies ist maßgeblich auf die Wechselwirkung aller in der Porenlösung vorhandenen Ionenarten untereinander und mit dem Zementstein zurückzuführen. Wie in Kapitel 2.2.3.3 umfassend aufgezeigt wurde, weist das *Zweite Fick'sche Gesetz* verglichen mit anderen Modellen zur Beschreibung der Chlorideindringung dennoch eine sehr gute Prognosegüte auf.

Die Entwicklung der aus den Chloridprofilen durch Iteration ermittelten Diffusionskoeffizienten D_{app} in Abhängigkeit von der Expositionsdauer t ist in Abbildung 3-31 dargestellt.

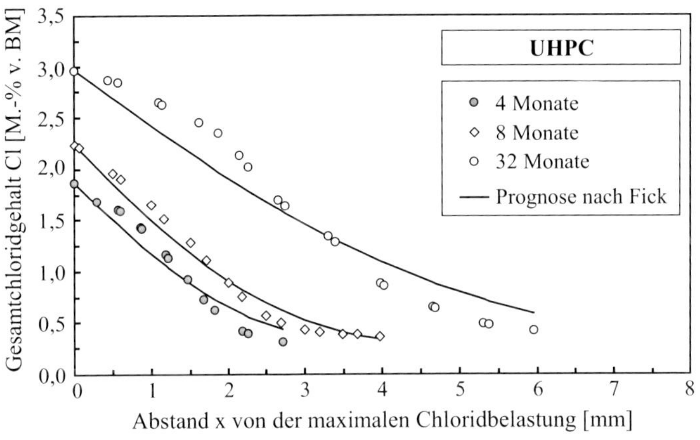

Abb. 3-30: Experimentell ermittelte Chloridprofile (UHPC nach 4-, 8- und 32-monatiger Expositionsdauer) und Prognose der Chlorideindringung nach dem *Zweiten Fick'schen Gesetz*

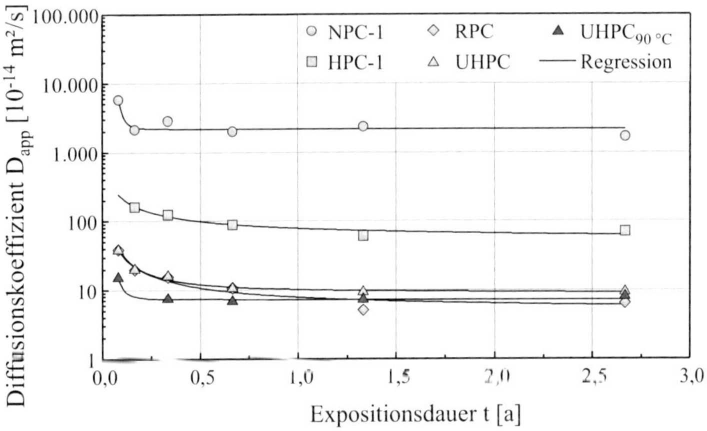

Abb. 3-31: Entwicklung des Diffusionskoeffizienten D_{app} der untersuchten Betone in Abhängigkeit von der Expositionsdauer t

Deutlich erkennbar ist die Abnahme des Diffusionskoeffizienten mit zunehmender Expositionsdauer. Dies ist auf eine zunehmende Selbstabdichtung infolge der Wasserzufuhr zurückzuführen. Die maßgebenden Mechanismen der Selbstabdichtung von Beton sind in Kapitel 2.2.1.2 dargelegt.

Stellt man den Diffusionskoeffizienten D_{app} [m²/s] in Abhängigkeit von der Expositionsdauer t [a] dar, so lässt sich der Zusammenhang nach Gleichung (3-4) beschreiben. Gleichung (3-4) wurde in Anlehnung an [79, 90] gewählt und um den Summanden D_{∞}

ergänzt, um zu berücksichtigen, dass der Diffusionskoeffizient einem Endwert entgegen strebt.

$$D_{app}(t) = D_{\infty} + D_0 \cdot \left(\frac{t_0}{t}\right)^n \quad \textbf{(3-4)}$$

Hierbei ist D_{∞} der Diffusionskoeffizient, der sich für sehr lange Expositionsdauern minimal einstellt und t_0 die Referenz-Expositionsdauer ($t_0 = 1$ a). Der Diffusionskoeffizient nach einjähriger Chloridbeaufschlagung $D_{app}(t = 1$ a) ergibt sich somit aus der Summe von D_{∞} [m^2/s] und D_0 [m^2/s].

Die Parameter D_{∞}, D_0 und n sowie der Standardschätzfehler $s_{y,x}$, die sich aus der Regressionsanalyse der generierten Datenreihen (vgl. Abbildung 3-31) ergeben, sind Tabelle 3-6 zu entnehmen. Die zugehörigen Regressionskurven sind in Abbildung 3-31 dargestellt. Beim Standardschätzfehler handelt es sich um einen Kennwert, der als Maß für die Güte einer nichtlinearen Regressionsfunktionen herangezogen werden kann (siehe hierzu Anhang 4, Kapitel A4.3).

In Tabelle 3-6 zusätzlich dargestellt ist das Verhältnis aus dem Diffusionskoeffizienten $D(t = 0{,}083$ a), der sich für eine Expositionsdauer von einem Monat ergibt (also für den geringsten Beaufschlagungszeitraum, der im Rahmen der vorliegenden Arbeit gewählt wurde), und dem minimal erreichbaren Diffusionskoeffizienten D_{∞}. Je größer dieses Verhältnis ist, umso ausgeprägter ist das Selbstabdichtungspotenzial des Betons.

Tab. 3-6: Parameter D_{∞}, D_0 und n der Regressionsfunktion entsprechend Gleichung (3-4) mit Standardschätzfehler $s_{y,x}$ für die untersuchten Betone

Beton	D_{∞} [10^{-14} m^2/s]	D_0 [10^{-14} m^2/s]	n [-]	$s_{y,x}$ [m^2/s]	$D(t = 0{,}083$ a$)/D_{\infty}$
NPC-1	2.179	0,031	4,7	519	2,7
HPC-1	48	30,3	0,75	11,2	5,1
RPC	4,8	3,1	0,95	2,2	7,9
UHPC	8,9	1,3	1,3	1,4	4,7
$UHPC_{90\,°C}$	7,3	0,002	3,3	0,6	2,0

Wie aus Tabelle 3-6 hervorgeht, zeigen die Betone NPC-1 und $UHPC_{90\,°C}$ anders als die Betone HPC-1, RPC und UHPC nahezu keine Selbstabdichtung. Dies ist darauf zurückzuführen, dass im Beton NPC-1 nur geringe Mengen an unhydratisiertem Zement vorliegen und es somit nur zu einer geringfügigen Nachhydratation durch den Wasserzutritt kommt. Im wärmebehandelten ultrahochfesten Beton ist eine Nachhydratation ebenfalls nur beschränkt möglich, da die Hydratation infolge der thermischen Beaufschlagung bereits weitgehend abgeschlossen ist. Große Mengen an unreagiertem Zement sowie ein hoher Gelporenanteil im Zementstein der hoch- und ultrahochfesten Betone führen hier zu einer ausgeprägten Selbstabdichtung.

3.5.1.3 Ergebnisse der beschleunigten Versuche (Migrations-Schnelltest)

Der Diffusionskoeffizient D_{RCM} wurde für alle untersuchten ultrahochfesten Betone (RPC, UHPC, $UHPC_{90\,°C}$) mit dem Migrations-Schnelltest nach dem BAW-Merkblatt „Chlorideindringwiderstand“ [N23] im Betonalter von 56 Tagen ermittelt. Für den Beton RPC erfolgte zusätzlich eine Bestimmung im Betonalter von 164, 227 und 515 Tagen zur Ermittlung der Altersabhängigkeit von D_{RCM}. Die Ergebnisse der Untersuchungen sind in Abbildung 3-32 dargestellt.

Im Prüfalter von 56 Tagen (0,15 a) ergab sich für die nicht thermisch behandelten ultrahochfesten Betone unabhängig vom Größtkorndurchmesser ein Diffusionskoeffizient D_{RCM} von ca. $5 \cdot 10^{-14}$ m²/s. Für den wärmebehandelten Beton $UHPC_{90\,°C}$ betrug der Diffusionswiderstand D_{RCM} zum gleichen Zeitpunkt $1{,}25 \cdot 10^{-14}$ m²/s. Ludwig und Thiel [77] geben für RPC einen Diffusionskoeffizienten in der gleichen Größenordnung (2 bis $6 \cdot 10^{-14}$ m²/s) an.

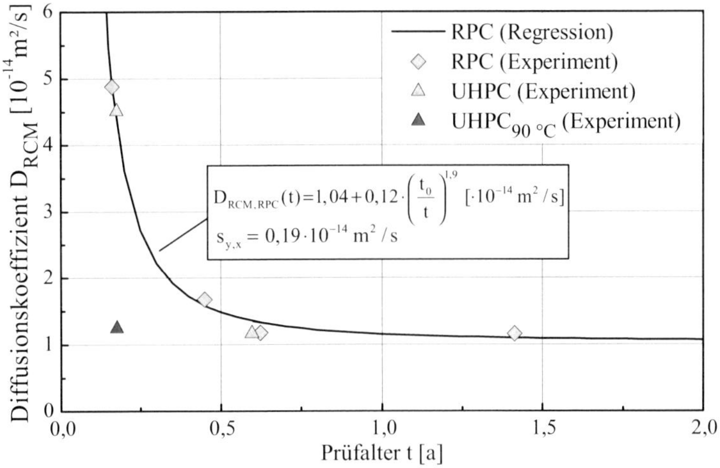

Abb. 3-32: Entwicklung des Diffusionskoeffizienten D_{RCM} der untersuchten Betone in Abhängigkeit vom Prüfalter der Betone mit zugehöriger Regressionsfunktion (alle Betone ohne Stahlfasern); t_0 = 1 a, $s_{y,x}$: Standardschätzfehler

Aus dem ebenfalls in Abbildung 3-32 dargestellten Ergebnis der Regressionsanalyse für den Feinkornbeton RPC wird ersichtlich, dass sich die Altersabhängigkeit des Diffusionskoeffizienten wie bereits in den Langzeitversuchen durch Gleichung (3-4) darstellen lässt. Zu beachten ist jedoch, dass die mithilfe des beschleunigten Prüfverfahrens für die Betone RPC und UHPC ermittelten Diffusionskoeffizienten mit ca. 5 bis $1 \cdot 10^{-14}$ m²/s etwa um den Faktor acht unterhalb der Diffusionskoeffizienten aus den Langzeitversuchen lagen. Bei Lebensdauerprognosen ist dies zur Vermeidung einer Überschätzung des Bauwerkswiderstands zu berücksichtigen.

3.5.1.4 Bedeutung der erzielten Ergebnisse für die Praxis

Die zuvor dargelegten Ergebnisse haben gezeigt, dass der Chlorideindringwiderstand ultrahochfester Betone deutlich höher ist als derjenige konventioneller Betone. Zwar ist der Einsatz ultrahochfester Betone bislang nicht normativ geregelt, so dass auch die Expositionsklassen nach DIN EN 206-1 [N11] bzw. DIN 1045-2 [N1] nicht unmittelbar anwendbar sind. Im Folgenden soll jedoch aufgezeigt werden, wie sich der erhöhte Widerstand der im Rahmen dieser Arbeit untersuchten ultrahochfesten Betone gegenüber dem Eindringen von Chloriden auf die erforderliche Betondeckung von Stahlbetonbauteilen und somit auf die entsprechenden Normenwerke auswirken würde.

In den dargelegten Langzeitversuchen erfolgte eine kontinuierliche Beaufschlagung der Probekörper mit einer NaCl-Lösung, was der Expositionsklasse XS2 (ständig unter Wasser) nach DIN EN 206-1 [N11] entspricht. Hieraus ergeben sich nach DIN 1045-2 [N1] ein maximal zulässiger Wasserzementwert von 0,50, eine Mindestdruckfestigkeitsklasse von C35/45 sowie ein Mindestzementgehalt von 320 kg/m³, was für alle untersuchten ultrahochfesten Betone erfüllt ist.

Bei Zugrundelegung einer Nutzungsdauer von 100 Jahren und bei Berücksichtigung der Tatsache, dass alle betrachteten Betone eine Druckfestigkeitsklasse von mehr als C45/55 aufweisen, ergibt sich nach DIN EN 1992-1-1 [N14] die Anforderungsklasse S5 und hieraus wiederum eine Mindestbetondeckung $c_{min,\,dur}$ aus den Dauerhaftigkeitsanforderungen von 45 mm. Mit einem nach DIN EN 1992-1-1 [N14] empfohlenen Vorhaltemaß Δc_{dev} von 10 mm ergibt sich dann die erforderliche Betondeckung c_{nom} zu:

$$c_{nom} = c_{min,\,dur} + \Delta c_{dev} = 45\ \text{mm} + 10\ \text{mm} = 55\ \text{mm} \tag{3-5}$$

Aus den Langzeitversuchen waren die sich einstellenden Chloridprofile sowie die hieraus resultierenden Diffusionskoeffizienten D_{app} bekannt, die sich unter Anwendung des von Klose [69] entwickelten Programms *Chloridprofil.xls* ermitteln ließen. Wiederum unter Anwendung dieses Programms erfolgte nun die Prognose der zeitlichen Entwicklung der Chloridprofile. Hierbei wurde die Randzone Δx nicht berücksichtigt, da diese mit einer Ausdehnung von maximal etwa 1 mm gegenüber der Betondeckung (c_{nom} = 55 mm) vernachlässigbar war.

Der Prognose zugrunde gelegt wurde der Diffusionskoeffizient $D_{app}(t = 2{,}7\ a)$, der sich in den Langzeitversuchen für einen Beaufschlagungszeitraum von 32 Monaten, also 2,7 Jahren ergeben hatte.

Unter Annahme des Einsatzes einer Stabstahlbewehrung wurde nun prognostiziert, wie lange es tatsächlich dauern würde, bis die Chloridionen im ultrahochfesten Beton mit kritischer, korrosionsauslösender Konzentration (0,5 M.-% v. BM, vgl. Kapitel 2.2.3.2) zur Bewehrungsfront in der Tiefe c_{nom} = 55 mm vordringen ($t_{krit,\,prog}$). Daneben erfolgte die Ermittlung der Eindringtiefe der kritischen Chloridkonzentration, die sich bei 100-jähriger Chloridbeaufschlagung ergeben würde und somit die tatsächlich erforderliche Betondeckung $c_{nom, prog}$. Das Vorgehen ist schematisch in Abbildung 3-33 dargestellt. Die Ergebnisse der Prognose sind Tabelle 3-7 zu entnehmen.

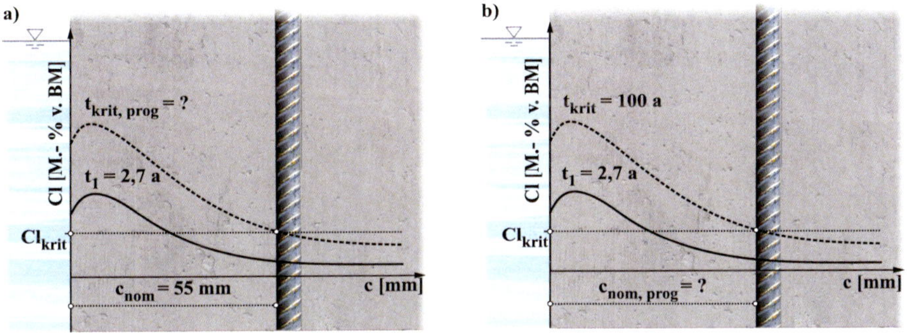

Abb. 3-33: Schematische Darstellung der Prognosen der Chlorideindringung (a: Dauer bis zum Erreichen der kritischen Chloridkonzentration in der Bewehrungsfront, b: tatsächlich erforderliche Betondeckung bei einer Nutzungsdauer von 100 Jahren)

Tab. 3-7: Ergebnisse der Prognosen der Chlorideindringung

Beton	D_{app}(2,7 a) [10^{-14} m²/s]	$t_{krit, prog}$ [1)] [a]	$c_{nom, prog}$ [2)] [mm]
RPC	6,5	339	31
UHPC	9,3	186	41
$UHPC_{o. F.}$	7,5	391	29
$UHPC_{90\,°C}$	8,0	233	37

1) Dauer bis zum Erreichen der Bewehrungsfront in der Tiefe c_{nom} = 55 mm

2) Chlorideindringtiefe nach 100-jähriger Chloridbeaufschlagung (entspricht der tatsächlich erforderlichen Betondeckung)

Wie anhand der Prognoseergebnisse nach Tabelle 3-7 deutlich wird, unterschätzt die DIN EN 1992-1-1 [N14] den Chlorideindringwiderstand ultrahochfester Betone deutlich. Geht man vom ungünstigsten Fall (UHPC) aus, so wird die vorgegebene Betondeckung c_{nom} = 55 mm erst nach 186 Jahren von der kritischen, korrosionsauslösenden Chloridfront erreicht. Für eine Nutzungsdauer von 100 Jahren wäre eine Betondeckung von 41 mm ausreichend. Dies bedeutet eine Reduktion der erforderlichen Betondeckung um 25 %. Im Falle des ultrahochfesten Betons ohne zusätzliche Faserbewehrung ($UHPC_{o. F.}$) beträgt die tatsächliche erforderliche Betondeckung sogar weniger als 30 mm, erst nach fast 400 Jahren übersteigt die kritische Chloridkonzentration die nach DIN vorgesehene Betondeckung von 55 mm.

3.5.1.5 Fazit

Als maßgeblich lassen sich folgende Ergebnisse zu den Versuchen zur Chlorideindringung festhalten:

- Das Erscheinungsbild der Chloridprofile der ultrahochfesten Betone war grundsätzlich mit demjenigen der normal- und hochfesten Betone vergleichbar. Alle untersuchten Betone zeigten eine Calciumauslaugung im Randbereich, in der auch eine geringere Chloridbelastung zu verzeichnen war. Die maximale Chloridbelastung lag in einer Tiefe von 0,5 mm ($UHPC_{90\,°C}$) bis 5,0 mm (NPC-1) vor.
- Die Chlorideindringtiefe betrug im ultrahochfesten Beton weniger als die Hälfte verglichen mit dem hochfestem Beton. Dies ist maßgeblich auf den deutlich geringeren Kapillarporenraum zurückzuführen.
- Trotz der höheren Dichtigkeit des ultrahochfesten Betons war der maximale Chloridgehalt von ultrahochfestem und hochfestem Beton vergleichbar. Der Grund hierfür liegt maßgeblich im höheren Zementsteingehalt sowie im höheren Gelporenanteil des ultrahochfesten Betons.
- Die Zugabe von Stahlfasern führte zu einer Erhöhung des maximalen Chloridgehalts im ultrahochfesten Beton um 60 bis 80 %. Dies liegt maßgeblich darin begründet, dass die Kontaktzone zwischen der glatten Stahlfaseroberfläche und der Zementsteinmatrix im ansonsten dichten Beton eine Schwächung darstellt (siehe hierzu auch Kapitel 3.3.4), in deren Bereich ein verstärkter Chlorideintritt stattfindet.
- Im ausgelaugten Randbereich des ultrahochfesten Betons konnte der untere kritische korrosionsauslösende Chloridgehalt nach Dauberschmidt [25] von 2,1 M.-% v. BM für stahlfaserbewehrten Beton bestätigt werden.
- Der Diffusionskoeffizient D_{app} nimmt mit zunehmender Expositionsdauer des Betons ab und strebt einem Endwert entgegen. Die Abnahme lässt sich nach Gleichung (3-4) beschreiben und liegt in der zunehmenden Selbstabdichtung der Betone begründet. Das Abdichtungspotenzial steigt mit abnehmendem Wasserzementwert und abnehmendem Hydratationsgrad zu Beginn der Exposition.
- Die in den Migrationsschnelltests ermittelten Diffusionskoeffizienten D_{RCM} der ultrahochfesten Betone lagen um den Faktor acht geringer als die in den Langzeitversuchen ermittelten Diffusionskoeffizienten D_{app}. Die Altersabhängigkeit des Diffusionskoeffizienten D_{RCM} lässt sich ebenfalls nach Gleichung (3-4) beschreiben.

- Eine Gegenüberstellung der Versuchsergebnisse mit den normativen Vorgaben zur Dauerhaftigkeit (DIN EN 206-1 [N11], DIN 1045-2 [N1], DIN EN 1992-1-1 [N14]) zeigte, dass der Chlorideindringwiderstand ultrahochfester Betone bei unveränderter Anwendung der Normung deutlich unterschätzt wird. Für die im Rahmen der vorliegenden Arbeit durchgeführten Untersuchungen zur Chlorideindringung ließ sich eine mögliche Reduktion der erforderlichen Betondeckung ultrahochfester Betone um mindestens 25 % nachweisen.

3.5.2 Angriff durch mineralsaure Wässer

3.5.2.1 Methoden und Versuchsdurchführung

Ein weiterer Forschungsschwerpunkt dieser Arbeit lag in der Untersuchung der Dauerhaftigkeit ultrahochfester Betone beim chemischen Angriff durch mineralsaure Wässer. Die Zusammensetzung der untersuchten mineralsauren Wässer fällt entsprechend DIN EN 206-1 [N11] in die Expositionsklassen XA2 (Angriff von Wässern mit pH 5 entspricht chemisch mäßig angreifender Umgebung). Der Angriff bei pH 3 und pH 1 übertrifft die Intensität der höchsten für den chemischen Angriff normativ vorgesehenen Expositionsklasse XA3.

Die Versuche wurden nach Herold [55] unter dynamischen, nicht abrasiven Bedingungen bei einer Umgebungstemperatur von 20 °C durchgeführt. Als Versuchskörper dienten halbierte Würfel (150/150/75 mm). Die Exposition erfolgte über die gesägten Schnittflächen der Würfel (150 x 150 mm^2), während die übrigen Flächen der Versuchskörper mit Epoxidharz versiegelt waren. Hierdurch war ein eindimensionaler Angriff gewährleistet. Die sich während der Versuchsdurchführung ausbildende Deckschicht auf der Betonoberfläche wurde erhalten.

Das Volumen des Angriffsmediums betrug 20 dm^3, d. h. es lag ein großes Verhältnis zwischen Angriffsvolumen und angegriffener Fläche vor. Ein Zurückdrängen der Lösungsreaktion infolge einer ansteigenden Ionenkonzentration in der Lösung wurde durch den regelmäßigen Austausch des Angriffsmediums vermieden (dynamische Randbedingung). Dieser erfolgte in den ersten drei Wochen der Versuchsdurchführung alle drei bzw. vier Tage und anschließend einmal wöchentlich. Mithilfe von Titroprozessoren wurde der pH-Wert der mineralsauren Wässer konstant gehalten. Das Angriffsmedium wurde mithilfe eines Magnetrührers permanent durchmischt, um einen Konzentrationsgradienten im Angriffsmedium zu vermeiden. Eine Prinzipskizze des Versuchsaufbaus ist in Abbildung 3-34 dargestellt.

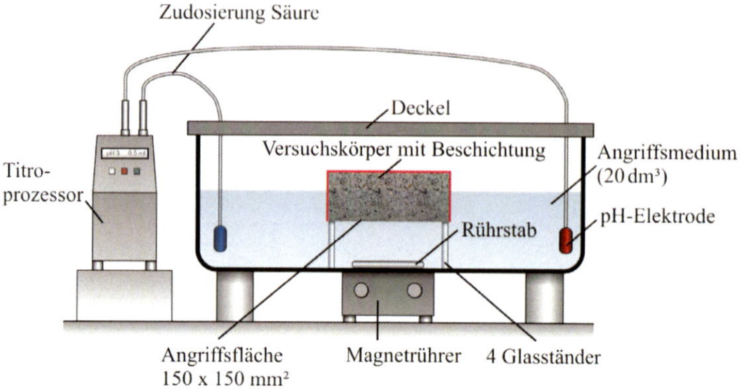

Abb. 3-34: Versuchsaufbau zur Untersuchung des Angriffs mineralsaurer Wässer (Prinzipskizze)

Durch den gewählten Versuchsaufbau und die Versuchsdurchführung war es möglich, die in DIN 4030-1 [N3] für den Angriff mineralsaurer Wässer implizierten Randbedingungen möglichst präzise nachzustellen [55].

Bis zu einer Expositionsdauer von sechs Wochen erfolgte arbeitstäglich eine Probenahme des Angriffsmediums zur Untersuchung der ausgelaugten Elementmenge. Anschließend wurde einmal wöchentlich eine Probe entnommen.

Die entnommenen Proben des Angriffsmediums wurden mithilfe der **Atomabsorptionsspektrometrie** (AAS) unter Einsatz des Geräts SpectrAA-40 des Herstellers Varian untersucht. Bestimmt wurde in erster Linie das Element Calcium. Alle Messungen erfolgten auf Grundlage der Empfehlungen nach [140] gegen wässrige, matrixangepasste Bezugslösungen und unter Berücksichtigung der vom Hersteller empfohlenen Geräteparameter.

Die Auslaugung von Calcium beim Angriff durch mineralsaure Wässer ist ein Indiz für den Abbau des CH und der CSH-Phasen, also der festigkeitsbildenden Bestandteile des Zementsteins. Als maßgebend für den Korrosionsfortschritt ist nach Herold demnach die Calciumauslaugung anzusehen [55]. Die experimentelle Ermittlung der zeitabhängigen Auslaugtiefe des Calciums in der Betonrandzone – also der Korrosionstiefe $x_{korr,\,exp}$ – erfolgte daher nach Herold [55] unter Zugrundelegung von Gleichung (3-6) auf Basis der im Angriffsmedium gelösten und atomabsorptionsspektrometrisch ermittelten Calciummasse (m_{CaO}).

Gleichung (3-6) ist analog auch für alle übrigen aus dem Zementstein ausgelaugten Elemente anwendbar.

$$x_{korr,\,exp}(t) = \frac{m_{CaO}(t)}{A \cdot CEM \cdot CaO_{CEM}} \qquad [\mu m] \qquad \textbf{(3-6)}$$

mit	m_{CaO}	im Angriffsmedium gelöste Masse an CaO [mg]
	A	Angriffsfläche [μm^2]
	CEM	Zementgehalt des Betons [$mg/\mu m^3$]
	CaO_{CEM}	CaO-Gehalt des verwendeten Zements [M.-%]

Neben dem Einfluss des Angriffsmediums (salzsaures Wasser/HCl, schwefelsaures Wasser/H_2SO_4) auf den Korrosionsfortschritt waren der Einfluss des pH-Werts (pH 5, pH 3 und pH 1) sowie der Einfluss der Stahlfaserbewehrung ($UHPC_{o.\,F.}$) und der thermischen Nachbehandlung des Betons ($UHPC_{90\,°C}$) Gegenstand der Untersuchung.

Am Beton HPC-2 wurden lediglich orientierende Versuche zum Korrosionsfortschritt durchgeführt, die der Verifizierung des in Kapitel 4 hergeleiteten Modells zur rechnerischen Abschätzung des Korrosionswiderstands dienten. Während die Versuchsdauer zur Auslaugung der ultrahochfesten Betone zwischen 325 und 680 Tagen betrug, wurden die orientierenden Versuche am Beton HPC-2 nach einer Dauer von 250 Tagen abgebrochen. Die jeweiligen Versuchsdauern können Tabelle 3-8 entnommen werden.

In Abbildung 3-35 ist eine Übersicht über das durchgeführte Versuchsprogramm dargestellt.

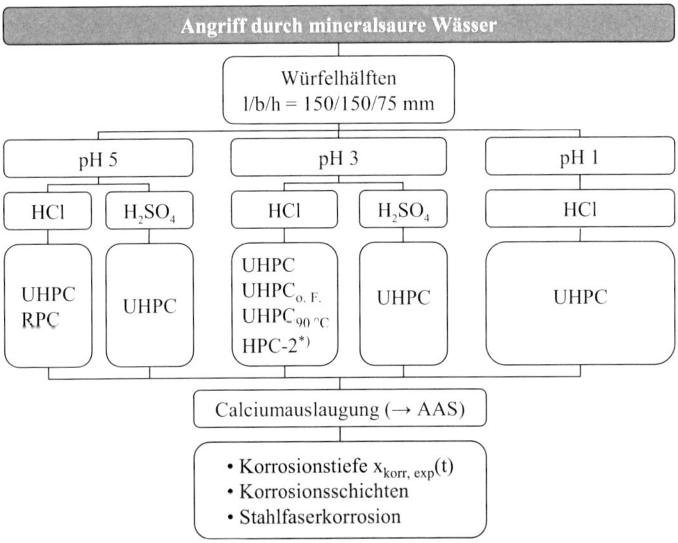

*) orientierende Versuche zur Verifikation des Modells zur rechnerischen Abschätzung des Korrosionswiderstands (zum Modell siehe Kapitel 4)

Abb. 3-35: Übersicht über das durchgeführte Versuchsprogramm zum Angriff mineralsaurer Wässer

Pro Serie wurden zwei Prüfkörper untersucht, wobei die beiden Versuchsergebnisse jeweils eine sehr gute Übereinstimmung zeigten (vgl. Abbildung 3-36). Im Rahmen der vorliegenden Arbeit sind daher entsprechend die Ergebnisse desjenigen Prüfkörpers dargestellt, der die (geringfügig) stärkere Korrosion aufwies.

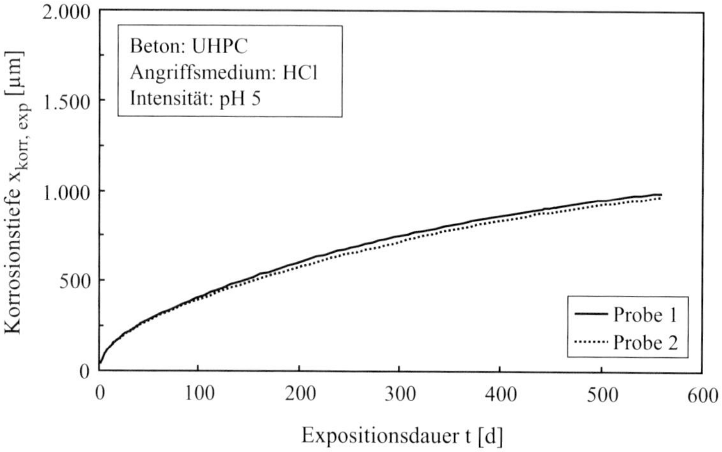

Abb. 3-36: Vergleich der Korrosionstiefenentwicklung $x_{korr, exp}(t)$ zweier Proben derselben Versuchsserie beim Angriff mineralsaurer Wässer (exemplarisch: UHPC bei HCl, pH 5)

Das Korrosionsverhalten der untersuchten ultrahochfesten Betone wurde demjenigen des normalfesten Betons NPC-2 (für die Angriffe HCl mit pH 5, pH 3 und pH 1) gegenübergestellt. Die Versuche zum Beton NPC-2 waren von Herold im Rahmen von [55] durchgeführt worden.

Die Untersuchung der korrodierten Betonrandzone der ultrahochfesten Betone erfolgte mithilfe der **Rasterelektronenmikroskopie** (REM) sowie mithilfe der **energiedispersiven Röntgenmikroanalyse** (EDS), zu den Methoden siehe Kapitel 3.3.3.1. Im Rahmen der Rasterelektronenmikroskopie wurden neben den Sekundärelektronen (SE) zur Erfassung der Topografie der Probe auch die Rückstreuelektronen (BSE, engl. Backscattered Electrons) zur Erfassung des Materialkontrasts detektiert.

Darüber hinaus wurde die Methode der **Auflichtmikroskopie** unter Anwendung des Mikroskops Leica DM6000 M mit der Kamera Leica DFC320, beides Geräte des Herstellers Leica Microsystems, für die Untersuchungen eingesetzt. Weiterführende Informationen zu den Grundlagen der Auflichtmikroskopie sind z. B. in [8] dargelegt.

Am hochfesten Beton HPC-2 wurden aus Zeit- und Kostengründen keine mikroskopischen Untersuchungen durchgeführt.

3.5.2.2 Ergebnisse

Erscheinungsbild der Probekörper nach dem chemischen Angriff

In Abbildung 3-37 ist das Erscheinungsbild der Betonoberflächen nach 80-wöchigem Angriff durch salzaures Wasser (HCl mit pH 5, pH 3, pH 1) dargestellt. Das Aussehen der Betonoberflächen beim Angriff schwefelsaurer Wässer war vergleichbar. Deutlich erkennbar war die Ablagerung von Eisenoxidphasen beim faserbewehrten Beton UHPC infolge der Stahlfaserkorrosion insbesondere beim Angriff von HCl, pH 5. Beim Angriff von HCl, pH 1 des stahlfaserbewehrten Betons sowie beim Angriff des faserlosen Betons $UHPC_{o.\,F.}$ waren keine Eisenoxidablagerungen auf der Angriffsfläche erkennbar.

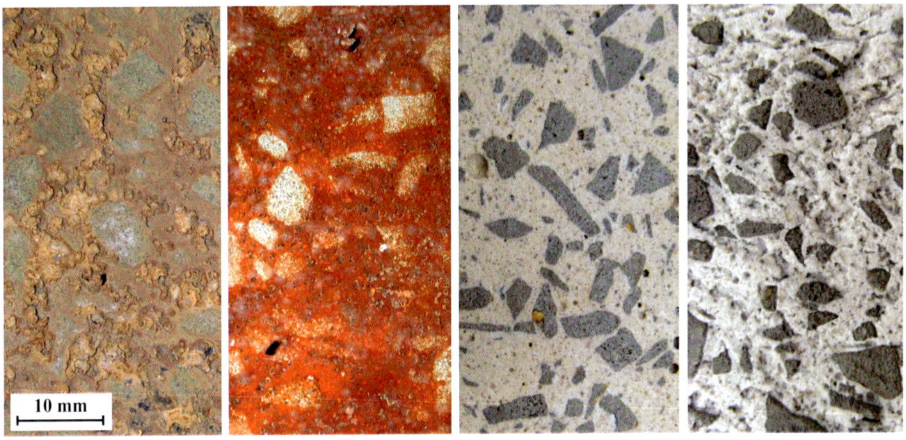

Abb. 3-37: Betonoberflächen (UHPC, $UHPC_{o.\,F.}$) nach 80-wöchigem Angriff durch salzsaures Wasser (HCl mit pH 5, pH 3, pH 1)

Die Abbildungen 3-38 und A3-29 (Anhang 3) zeigen zudem exemplarisch einen Schnitt senkrecht zur Angriffsfläche durch die mit mineralsauren Wässern (HCl, H_2SO_4) beaufschlagten, faserbewehrten Prüfkörper (RPC, UHPC) nach 80-wöchigem Angriff. Das Erscheinungsbild der mit schwefelsaurem Wasser beaufschlagten Prüfkörper war wiederum mit dem Korrosionsbild infolge des salzsauren Angriffs vergleichbar.

Aus den Abbildungen 3-38 und A3-29 deutlich zu erkennen ist jeweils die calciumausgelaugte Korrosionsfront, die durch einen hellen Saum gekennzeichnet ist. Erkennbar ist auch, dass die Korrosionsfront nicht gleichmäßig in das Probeninnere vordringt, sondern insbesondere in der Umgebung von Stahlfasern tiefer eindringt (vgl. Abbildung 3-38). Diese Beobachtung untermauert die aus den Untersuchungen zum Porenraum (vgl. Kapitel 3.3.4) resultierende Annahme, dass die Verbundzone zwischen Faser und Matrix eine Schwachstelle im ultrahochfesten Beton darstellt.

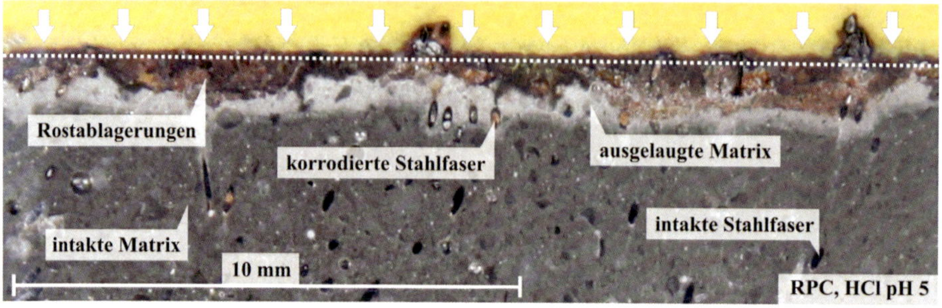

Abb. 3-38: Schnitt senkrecht zur Angriffsfläche des ultrahochfesten Feinkornbetons RPC nach 80-wöchigem salzsaurem Angriff bei pH 5; gestrichelte Linie: ursprüngliche Angriffsfläche, Pfeile: Angriffsrichtung, gelb: Einbettmasse zur Stabilisierung; Auflichtmikroskopie

Die ausgelaugte Randzone ist für den Angriff bei pH 5 und pH 3 durch die Ablagerung von Eisenoxiden bzw. -hydroxiden gekennzeichnet, wie auch an der Rotfärbung der Korrosionszone deutlich erkennbar ist, vgl. Abbildungen 3-38 und A3-29 (oben und Mitte). Bei diesen Eisenablagerungen handelt es sich um Eisenphasen zum einen aus der Auslaugung des Zementsteins und zum anderen aus den Korrosionsprodukten der Stahlfasern. Infolge des Angriffs bei pH 1 waren die Eisenphasen vollständig in Lösung gegangen, so dass hier lediglich am Korrosionssaum eine Ablagerung der Eisenphasen erkennbar war (Abbildung A3-29, unten).

Ausbildung von Korrosionsschichten in der Betonrandzone

Der Schichtenaufbau in der Betonrandzone infolge des salzsauren Angriffs bei pH 3 wurde in Versuchen am faserlosen Beton $UHPC_{o.\,F.}$ untersucht und den im Rahmen von [55] an Zementstein erzielten Ergebnissen gegenübergestellt (siehe hierzu auch Kapitel 2.2.4). In Anhang 3, Abbildung A3-30 ist ein Schnitt durch den Beton $UHPC_{o.\,F.}$ senkrecht zur Angriffsfläche nach 143-wöchigem Angriff dargestellt. Visuell unterscheidbar waren vier aufeinander folgende Schichten, die mithilfe des REM (BSE- und SE-Aufnahmen) und der energiedispersiven Röntgenmikroanalyse (EDS) jeweils genauer untersucht wurden. Die der Analyse der Phasenzusammensetzung der Schichten zugrunde liegenden EDS-Spektren wurden auf den Untergrund normiert und sind dem Anhang 3, Abbildung A3-31 bzw. A3-32 zu entnehmen. Diesbezüglich ist zu erwähnen, dass aufgrund des hohen Quarzmehl- und Mikrosilikagehalts des ultrahochfesten Betons der Silizium-Peak in allen Schichten dominiert. Außerdem kann die Normierung der Spektren aufgrund von Inhomogenitäten der Matrix zu Fehlern führen. Daher sind anhand der hier dargelegten Untersuchungen mittels EDS nur qualitative Aussagen möglich, die allerdings dennoch Rückschlüsse auf die Phasenzusammensetzung in den jeweiligen Schichten zulassen.

Die Gegenüberstellung der detektierten Schichten zeigte zunächst den im Vergleich zu den übrigen Schichten erhöhten Silikagehalt in **Schicht 1**. Dies geht auch aus den BSE-Aufnahmen zu Schicht 1 hervor, in denen deutlich eine Akkumulation freigelegter Mikrosilika-Kugeln erkennbar ist (siehe Anhang 3, Abbildung A3-30). Diese bleiben in der unmittelbar dem Angriffsmedium ausgesetzten Schicht 1 neben dem von Herold beschriebenen [55] wasserreichen SiO_2-Netzwerk zurück, das aus den hydrolytisch zersetzten CSH-Phasen resultiert. Neben dem dominanten Siliziumvorkommen waren in Schicht 1 außerdem Aluminiumphasen und – wie von Herold beschrieben – ausgefällte Eisenphasen erkennbar, die ausschließlich aus der Auslaugung des Zementsteins stammen, da es sich bei der untersuchten Probe um einen faserlosen Beton handelte. Calciumphasen waren in Schicht 1 nicht nachweisbar.

In **Schicht 2** war ein stärkeres Vorkommen an Aluminium- und Eisenphasen identifizierbar, was darauf schließen lässt, dass in diesem Bereich intakte AFm- bzw. AFt-Phasen vorlagen. In dieser Schicht war ein geringer Gehalt an Calciumphasen nachweisbar, weshalb eine vollständige Lösung des CH und eine deutliche Lösung der CSH-Phasen vermutet wird. Wie aus den BSE-Aufnahmen hervorgeht (siehe hierzu Abbildung A3-30), waren auch in Schicht 2 die Konturen von Mikrosilika-Kugeln zu erkennen, die in unreagiertem Zustand im Zementstein vorlagen, hier jedoch wesentlich stärker in die Matrix eingebunden sind als in Schicht 1.

Gut erkennbar war die Korrosionsfront des CH bzw. der CSH-Phasen, die sich an **Schicht 3** anschließt. Schicht 3 wies neben den Aluminium- und Eisenphasen auch Calciumphasen auf. Es wird angenommen, dass in Schicht 3 das im UHPC in geringem Umfang vorhandene CH vollständig gelöst und die CSH-Phasen noch weitgehend intakt sind. Auch hier waren in den BSE-Aufnahmen (siehe Abbildung A3-30) die gut in die Matrix eingebundenen Mikrosilika-Kugeln erkennbar.

Bei **Schicht 4** handelt es sich um weitestgehend intakten Zementstein.

Anhand der Topografie der Probe (SE-Aufnahmen mittels REM) zeigte sich außerdem, dass die Porosität im ausgelaugten Bereich – und hierbei vor allem in Schicht 1 – gegenüber dem (weitgehend) unveränderten Zementstein (Schicht 4) deutlich erhöht ist.

Die Abgrenzung der alkaliextrahierten Zone wurde am untersuchten $UHPC_{o.\,F.}$ nicht vorgenommen.

Eine Gegenüberstellung mit dem Schichtenmodell nach Herold [55] zeigt, dass die Schichtenfolge für normalfesten Beton und ultrahochfesten Beton – zumindest für den salzsauren Angriff – grundsätzlich vergleichbar ist, siehe auch Abbildung 2-20. Eine Differenzierung zwischen eisenreicher, brauner Schicht und SiO_2-reicher Schicht in

Analogie zu Herold [55] war beim untersuchten $UHPC_{0.\,F.}$ allerdings nicht möglich. Vielmehr war die SiO_2-reiche Randschicht durchgängig mit Eisenphasen durchsetzt.

Stahlfaserkorrosion infolge des chemischen Angriffs

Mithilfe der Rasterelektronenmikroskopie (REM) wurden die ultrahochfesten Betone untersucht, die einem Angriff bei pH 5 und pH 3 (HCl, H_2SO_4) ausgesetzt waren. Die rasterelektronenmikroskopische Untersuchung des bei pH 1 angegriffenen Betons war nicht möglich, da es aufgrund der hohen Porosität des ausgelaugten Randbereichs der Probe nicht gelang, ein ausreichendes Vakuum zu generieren.

In den Untersuchungen wurde festgestellt, dass der Angriff der eingebetteten Stahlfasern durchgängig "von innen nach außen" erfolgte, d. h. zunächst wurde das Innere der Fasern korrodiert, bevor schließlich die Außenhülle angegriffen wurde. Häufig war zu beobachten, dass das Faserinnere regelrecht ausgehöhlt war, während die Außenhülle noch intakt war (vgl. Abbildung 3-39).

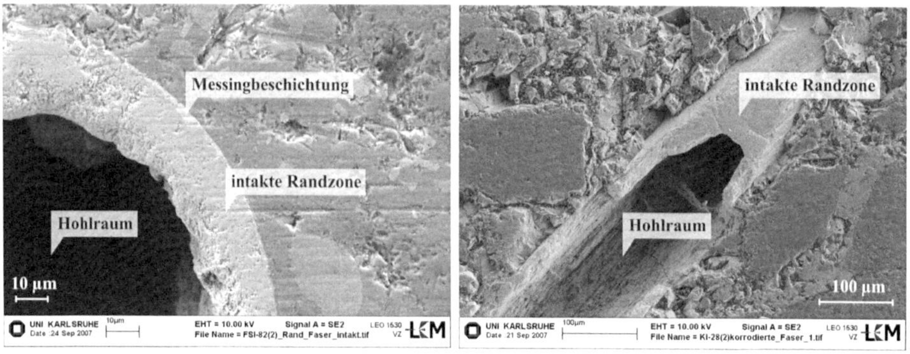

Abb. 3-39: REM-Aufnahmen der intakten Außenhülle von korrodierten Stahlfasern nach 80-wöchigem Angriff bei HCl, pH 5

Die Ursache für die im Innern des Faserquerschnitts beginnende Korrosion der Stahlfasern war im Herstellungsprozess der vorliegenden Stahlfasern zu finden. Bei der Produktion der Fasern wird laut Hersteller als Ziehmittel Messingvitriol eingesetzt. Dieses liegt zunächst wie ein Schutzfilm auf der Faseroberfläche, während die Schnittfläche der Fasern nicht überzogen ist (siehe hierzu Abbildungen 3-39 und Anhang 3, Abbildung A3-34). Beim Zutritt des angreifenden Mediums auf die Faserschnittfläche korrodiert zunächst der unedlere, innen liegende Stahl, der – bei beginnender Korrosion des Messings – als Opferanode für das Messing fungiert. Hierdurch wird die Stahlkorrosion zusätzlich beschleunigt.

Unabhängig vom angreifenden Medium war zu beobachten, dass mit stärker werdendem sowie länger andauerndem Angriff zunächst das ausgehöhlte Faserinnere und anschließend auch die Faserrandzone mit einem siliziumreichen Füllmaterial ausgefüllt wurde, siehe auch Abbildung A3-33 (Anhang 3). Demnach reichert sich das aus der

Matrix mobilisierte Silizium bevorzugt in dem aus benachbarten Stahlfasern entstehenden Hohlraum an. Auch Herold beobachtete eine siliziumreiche Gelschicht in der ausgelaugten Randzone des angegriffenen Betons, welche als Schutzschicht wirkt [55]. Ein weiterer Angriff der Betonoberfläche ist somit nur noch nach einer Diffusion der Ionen durch diese versiegelnde Siliziumschicht sowie durch die in den stahlfaserbewehrten Betonen zusätzlich vorhandene Eisenoxidablagerung auf der Angriffsfläche möglich.

Auslaugung des Basalts

Der Angriff der Intensität pH 1 war so stark, dass auch der Basalt deutlich sichtbar ausgelaugt wurde (vgl. Anhang 3, Abbildung A3-29, unten). Aus diesem Grund wurden in Analogie zu den Auslaugversuchen am Beton zusätzlich orientierende Versuche zur Basaltauslaugung durchgeführt (Versuchsaufbau siehe Anhang 3, Abbildung A3-35). Hierzu wurde die flächenbezogene CaO-Auslaugung von drei Basaltstücken (Körnung 5/8 mm) mit definierter Angriffsfläche ermittelt und der CaO-Auslaugung des unbewehrten ultrahochfesten Feinkornbetons ohne Faserbewehrung ($RPC_{o.\,F.}$) gegenübergestellt. Wie diese Versuche zeigten, war die Calciumauslaugung des Basalts so gering, dass deren Einfluss auf die Ermittlung der Auslaugtiefe des Zementsteins anhand von Gleichung (3-6) vernachlässigt werden konnte, siehe hierzu Abbildung A3-36 (Anhang 3).

Zeitliche Entwicklung der Korrosionstiefe

Die experimentell unter Zugrundelegung von Gleichung (3-6) ermittelte Entwicklung der Korrosionstiefe $x_{korr,\,exp}(t)$ beim chemischen Angriff der untersuchten Betone ist in Anhang 3, Abbildungen A3-24 bis A3-26 dargestellt.

Mithilfe der energiedispersiven Röntgenmikroanalyse (EDS), die im Rahmen der Rasterelektronenmikroskopie Anwendung fand, konnte verifiziert werden, dass die mithilfe von Gleichung (3-6) ermittelte Auslaugtiefe für CaO mit der tatsächlich vorliegenden Auslaugtiefe des Calciums übereinstimmte. Hierzu wurde ein sogenannter Linescan senkrecht zur angegriffenen Betonoberfläche durchgeführt (siehe exemplarisch Abbildung 3-40).

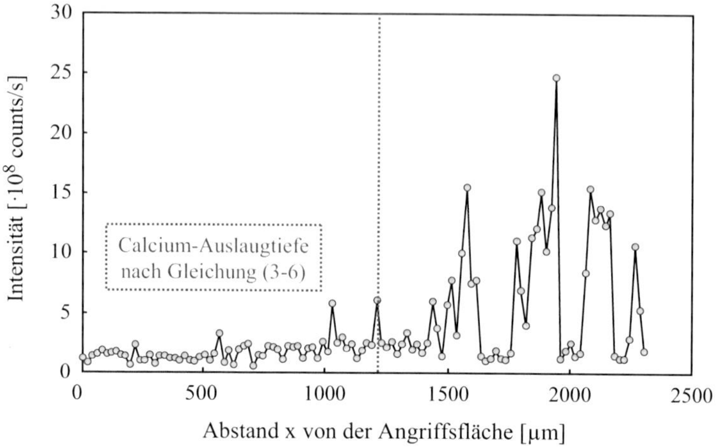

Abb. 3-40: Mithilfe der EDS ermittelte Calciumverteilung des Betons UHPC nach 80-wöchigem Angriff bei HCl, pH 3 im Vergleich zur Calcium-Auslaugtiefe nach Gleichung (3-6)

Im Untersuchungszeitraum (maximal 680 Tage) wurden lediglich für den stark salzsauren Angriff bei pH 1 annähernd konstante Lösungsraten erreicht (vgl. hierzu Abbildungen A3-27 und A3-28, Anhang 3). Für diesen Angriff wurde die Abhängigkeit der experimentell ermittelten, calciumbasierten Korrosionstiefe von der Expositionsdauer t in Anlehnung an [55] daher durch folgende Regressionsgleichung (3-7) beschrieben (siehe hierzu auch Kapitel 2.2.4.2), wobei $x_{korr,\ prog}$ [µm], t [d]:

$$x_{korr,\ prog}(t) = A \cdot \sqrt{t} + B \cdot t \quad \textbf{(3-7)}$$

Für alle übrigen Versuchsreihen (HCl/H_2SO_4 bei pH 5/pH 3), für die keine konstanten Lösungsraten erreicht wurden, erfolgte die Prognose der zeitlichen Entwicklung der Korrosionstiefe $x_{korr,\ prog}$ in Anlehnung an [55] nach Gleichung (3-8), wobei wiederum $x_{korr,\ prog}$ [µm], t [d]:

$$x_{korr,\ prog}(t) = A \cdot \sqrt{t} \quad \textbf{(3-8)}$$

Die zur jeweiligen Serie gehörenden Parameter A [$\mu m/\sqrt{d}$] bzw. B [µm/d], die jeweilige Versuchsdauer [d] sowie der Standardschätzfehler $s_{y,x}$ [µm] sind Tabelle 3-8 zu entnehmen.

Die Tatsache, dass der Angriff bei pH 3 und pH 5 nicht wie der Angriff bei pH 1 durch Gleichung (3-7) beschrieben werden kann, zeigt auf, dass der Korrosionsprozess im Versuchszeitraum ausschließlich diffusionskontrolliert und noch nicht oberflächenkontrolliert war. Für sehr lange Versuchsdauern würde sich auch hier ein oberflächenkontrollierter Prozess einstellen und die Entwicklung der Korrosionstiefe $x_{korr,\ prog}$ würde sich durch Gleichung (3-7) beschreiben lassen. Dies bedeutet, dass bei einer Langzeitprognose mithilfe der für den Angriff bei pH 5 und pH 3 ermittelten Regressionsgleichungen die sich einstellende Korrosionstiefe unterschätzt würde.

Tab. 3-8: Parameter A [$\mu m/\sqrt{d}$] bzw. B [µm/d] nach Regressionsgleichung (3-7) für pH 1 bzw. nach Regressionsgleichung (3-8) für pH 3 und pH 5 (in Klammern: Standardschätzfehler $s_{y,x}$ [µm]; Versuchsdauer [d])

Angriff/ Beton	HCl			H_2SO_4	
	pH 5	pH 3	pH 1	pH 5	pH 3
NPC-2 [1)]	A: 74,9 (51,4; 1.456)	A: 125,3 (42,6; 1.204)	A: 813,5 B: 3,32 (306,0; 1.218)	-	-
HPC-2 [2)]	-	A: 125,0 (29,4; 250)	-	-	-
RPC	A: 41,9 (4,2; 560)	-	-	-	-
UHPC	A: 42,7 (10,6; 560)	A: 53,4 (24,1; 550)	A: 454,8 B: 1,66 (76,2; 680)	A: 40,7 (34,8; 550)	A: 77,1 (15,1; 510)
$UHPC_{90\,°C}$	-	A: 63,8 (3,3; 365)	-	-	-
$UHPC_{o.\,F.}$	-	A: 99,4 (12,4; 325)	-	-	-

[1)] untersucht durch Herold im Rahmen von [55]

[2)] orientierende Versuche zur Verifikation des Modells zur rechnerischen Abschätzung des Korrosionswiderstands (siehe hierzu Kapitel 4)

Am Beispiel des salzsauren Angriffs bei pH 1 wurde abgeschätzt, in welcher Größenordnung der hierbei entstehende Fehler liegt. Hierfür wurde zunächst auch für den salzsauren Angriff bei pH 1 eine Regressionsanalyse unter Zugrundelegung von Gleichung (3-8) durchgeführt. Diese ergab: A = 484,1 $\mu m/\sqrt{d}$, $s_{y,x}$ = 150,2 µm.

Eine Gegenüberstellung dieses Ergebnisses mit dem Ergebnis nach Gleichung (3-7) (A = 454,8 $\mu m/\sqrt{d}$, B = 1,66 µm/d, $s_{y,x}$ = 76,2 µm, vgl. Tabelle 3-8) für eine praxisrelevante Expositionsdauer von beispielsweise 100 Jahren zeigt:

nach Gleichung (3-7): $x_{korr,\,prog}(t = 100\ a) = 147.479\ \mu m = 147{,}5\ mm$

nach Gleichung (3-8): $x_{korr,\,prog}(t = 100\ a) = 92.487\ \mu m = 92{,}5\ mm$

Maximal ist also mit einem Fehler von 55 mm zu rechnen. Die tatsächliche Korrosionstiefe liegt also um 60 % höher, als die anhand von Gleichung (3-8) prognostizierte. Für den deutlich schwächeren Angriff bei pH 3 und pH 5 ist von einer weniger ausgeprägten Unterschätzung der Korrosionstiefe auszugehen.

In Tabelle 3-9 ist auch für die übrigen Angriffsarten eine Abschätzung der jeweiligen Korrosionstiefen nach einer Expositionsdauer von 100 Jahren vorgenommen.

Tab. 3-9: Prognostizierte Korrosionstiefen [mm] nach einer Expositionsdauer von 100 Jahren

Angriff/ Beton	HCl			H_2SO_4	
	pH 5	pH 3	pH 1	pH 5	pH 3
NPC-2 [1)]	14,3	23,9	276,6	-	-
HPC-2	-	23,9	-	-	-
RPC	8,0	-	-	-	-
UHPC	8,2	10,2	147,5	7,8	14,7
$UHPC_{90\,°C}$	-	12,2	-	-	-
$UHPC_{o.\,F.}$	-	19,0	-	-	-

[1)] untersucht durch Herold im Rahmen von [55]
Angriff bei pH 3 und pH 5: Prognose nach Gleichung (3-8)
Angriff bei pH 1: Prognose nach Gleichung (3-7)

Wie aus Tabelle 3-9 hervorgeht, wird bei einem Angriff des ultrahochfesten Betons durch saure Wässer mit pH 3 bzw. pH 5 nach einer Angriffsdauer von 100 Jahren die Betonoberfläche maximal bis in eine Tiefe von 19 mm abgetragen.

Für die Praxisanwendung der ultrahochfesten Betone wird allerdings empfohlen, die zuvor erläuterte Unterschätzung der ermittelten Korrosionstiefe für einen Angriff bei pH 3 oder pH 5 (auf der sicheren Seite liegend) durch Multiplikation mit dem für pH 1 hergeleiteten Faktor 1,6 zu berücksichtigen. Bezieht man diesen Sicherheitsfaktor in die Betrachtungen ein, so ergibt sich eine maximale Korrosionstiefe von 30 mm nach 100 Jahren. Für einen Angriff bei pH 1 wird eine Korrosionstiefe von etwa 150 mm erreicht, wie zuvor bereits dargelegt. Da die Berechnung für den Angriff bei pH 1 auf Grundlage von Gleichung (3-7) erfolgte, muss der Sicherheitsfaktor hier nicht berücksichtigt werden.

Gegenüberstellung des Korrosionswiderstands

Zum Vergleich der Widerstände der untersuchten Betone wurde die prognostizierte Korrosionstiefe für eine Expositionsdauer von 100 Jahren $x_{korr,\,prog}(t = 100\ a)$ herangezogen, die Tabelle 3-9 zu entehmen ist. Je kleiner die ermittelte Korrosionstiefe ist, umso größer ist der Widerstand des betrachteten Betons gegenüber dem Angriff saurer Wässer.

Die derartige Gegenüberstellung der Korrosionstiefen zeigte, dass der Widerstand des faserbewehrten ultrahochfesten Betons gegenüber dem salzsauren Angriff (pH 5, pH 3, pH 1) etwa doppelt so hoch war, wie der Widerstand des unbewehrten normalfesten Betons NPC-2 ($x_{korr, prog, NPC} / x_{korr, prog, UHPC} \approx 2$). Eine Verdopplung des Korrosionswiderstands des ultrahochfesten Betons UHPC verglichen mit dem Beton NPC-2 erscheint zunächst gering. Nach einer von Herold [55] abgeleiteten Faustformel zieht jedoch die Abnahme des w/z-Werts um 0,1 beim Angriff mineralsaurer Wässer jeweils eine Abnahme der Korrosionstiefe um ca. 25 % nach sich. Infolge des Absenkens des Wasserzement- bzw. Wasserbindemittelwerts von 0,50 (NPC-2) auf 0,21 (UHPC) war somit ein Anstieg des Korrosionswiderstands im Bereich von 75 % bis maximal 100 % zu erwarten.

Der ultrahochfeste Beton ohne Stahlfaserbewehrung zeigte lediglich einen um etwa 20 % höheren Widerstand als der normalfeste Beton gemessen an den Korrosionstiefen. Der höhere Widerstand der stahlfaserbewehrten Betone beim salzsauren Angriff mit pH 3 ist auf die Ablagerung der Korrosionsprodukte der Stahlfasern in der korrodierten Randzone des Betons und somit auf die Verdichtung dieses durch Auslaugung geschwächten Bereichs zurückzuführen. Dies erschwert die Diffusion der angreifenden Ionen hin zur unveränderten Betonschicht und erhöht so den Korrosionswiderstand des Betons. Hinzu kommen feine Risse (Rissbreite bis ca. 2 µm, vgl. Kapitel 3.3.3), die den faserlosen ultrahochfesten Beton infolge des autogenen Schwindens schwächen. Sie führen zu einer indirekten Erhöhung der Angriffsfläche des Betons und somit zu einer Beschleunigung des Korrosionsfortschritts.

Ferner war der Widerstand des hochfesten Betons gegenüber dem chemischen Angriff nicht höher als der Widerstand des normalfesten Betons ($x_{korr, prog, NPC} / x_{korr, prog, HPC} \approx 1$). Es ist sehr wahrscheinlich, dass das Gefüge des hochfesten Betons ebenfalls durch Mikrorisse geschwächt war, wie z. B. auch von Guse und Hilsdorf [50] beobachtet. Da zur Korrosion des Betons HPC-2 allerdings nur orientierende Versuche stattfanden, wurden hierzu keine weiterführenden Untersuchungen (z. B. Mikroskopie) durchgeführt.

Infolge der Wärmebehandlung ging der Widerstand des faserbewehrten ultrahochfesten Betons $UHPC_{90\,°C}$ gegenüber dem Angriff durch salzsaure Wässer (pH 3) im Vergleich zum wassergelagerten Beton UHPC um etwa 20 % zurück. Dies ist maßgeblich auf eine Schwächung des Gefüges durch Mikrorisse (Rissbreiten bis ca. 100 µm, vgl. Kapitel 3.3.3) infolge der Wärmebehandlung zurückzuführen, was – wie beim faserlosen Beton – zu einer indirekten Erhöhung der Angriffsfläche führt. Die Schwächung ist allerdings weniger deutlich ausgeprägt als beim faserlosen Beton, da hier wiederum eine Verdichtung der ausgelaugten Randzone durch Eisenoxidablagerungen stattfindet.

Der Einfluss der Säureart (HCl, H_2SO_4) auf den Widerstand der faserbewehrten ultrahochfesten Betone gegenüber dem Angriff durch saure Wässer war abhängig vom pH-Wert. Während bei pH 5 ein ähnlicher Widerstand des Betons zu verzeichnen war,

war bei pH 3 eine um 44 % stärkere Korrosion gemessen an der Korrosionstiefe infolge des schwefelsauren Angriffs zu beobachten. Nach Herold [55] sind deutliche Unterschiede im Korrosionsfortschritt von mit HCl und H_2SO_4 beaufschlagten Betonen erst bei kleineren pH-Werten (pH < 3) zu erwarten. Weshalb in den dargelegten Versuchen diejenigen Probekörper eine höhere Korrosionsrate zeigten, die mit schwefelsaurem Wasser beaufschlagt wurden, konnte nicht zweifelsfrei geklärt werden.

Der Einfluss des Größtkorndurchmessers auf den Widerstand gegenüber dem Angriff durch salzsaure Wässer (pH 5) war vernachlässigbar. Dies ist dadurch erklärbar, dass die mit zunehmendem Größtkorndurchmesser ansteigende Tortuosität aufgrund der sehr geringen Konnektivität des Porensystems im ultrahochfesten Beton anders als im normalfesten Beton für Transportprozesse von untergeordneter Bedeutung ist (siehe hierzu auch Kapitel 2.1.4).

Vergleich der Ergebnisse mit Literaturdaten

Untersuchungen zum Verhalten von ultrahochfestem Beton beim Angriff mineralsaurer Wässer wurden auch an der Technischen Universität Hamburg-Harburg von Franke et al. im Rahmen des Schwerpunktprogramms 1182 der Deutschen Forschungsgemeinschaft (DFG) durchgeführt [33, 34, 117]. Die Zusammensetzung der untersuchten Betone ist vergleichbar. Franke et al. untersuchten jedoch ausschließlich ultrahochfeste Betone ohne Stahlfaserbewehrung. Im von ihnen gewählten Versuchsaufbau wurde zudem kein eindimensionaler, sondern ein mehrdimensionaler Angriff nachgestellt, und die Berechnung der Korrosionstiefe erfolgte anhand des Protonenverbrauchs im Auslaugversuch, siehe hierzu [37] und Tabelle A1-6 (Anhang 1). Als Angriffsmedium dienten Schwefelsäure (pH 3, pH 4) sowie organische Milchsäure (pH 4).

Die von Franke et al. ermittelten Korrosionstiefen lagen in der gleichen Größenordnung, wie die im Rahmen der vorliegenden Arbeit erzielten Ergebnisse. Jedoch stellten sie eine um bis zu 27 % höhere Korrosionstiefe für den untersuchten Grobkornbeton im Vergleich zum Feinkornbeton fest. In den Untersuchungen der vorliegenden Arbeit wurde hingegen kein signifikanter Unterschied zwischen Grobkornbeton und Feinkornbeton beobachtet (vgl. Tabelle 3-8). Allerdings wies der von Franke et al. untersuchte Grobkornbeton – anders als in den hier präsentierten Untersuchungen – eine vom ebenfalls untersuchten Feinkornbeton abweichende Mörtelmatrix auf, so dass hier mehrere Parameter gleichzeitig variiert wurden.

Ebenso wie im Rahmen dieser Dissertation wurde von Franke et al. ein Rückgang des Korrosionswiderstands um bis zu 19 % infolge einer thermischen Nachbehandlung bei 90 °C nachgewiesen, der auf Mikrorisse (Rissbreiten bis zu 750 nm) zurückzuführen war. Außerdem wurde auch von Franke et al. beobachtet, dass der Korrosionswiderstand des ultrahochfesten Betons gemessen an der Korrosionstiefe lediglich etwa doppelt so hoch war, wie derjenige des normalfesten Referenzbetons. Der Einfluss einer

Stahlfaserbewehrung auf das Korrosionsverhalten infolge des chemischen Angriffs wurde von Franke et al. nicht untersucht.

3.5.2.3 Fazit

Die Gegenüberstellung der für eine Expositionsdauer von 100 Jahren ermittelten Korrosionstiefen $x_{korr,\, prog}(t = 100\ a)$ sowie die übrigen Versuchsergebnisse zum Angriff durch mineralsaure Wässer lassen folgende maßgebliche Folgerungen zu:

- Der Widerstand der faserbewehrten ultrahochfesten Betone war für die betrachtete Versuchsdauer etwa doppelt so hoch wie derjenige des unbewehrten normalfesten Betons.
- Die Stahlfaserbewehrung trägt – zumindest bei Angriffen bis maximal pH 3 – deutlich zur Erhöhung des Widerstands gegenüber dem Angriff durch mineralsaure Wässer bei, indem die Korrosionsprodukte der Stahlfasern zu einer Verdichtung der ausgelaugten Betonrandzone sowie der Angriffsfläche führen. Der Widerstand des unbewehrten ultrahochfesten Betons war nur noch um etwa 20 % höher als derjenige des unbewehrten normalfesten Betons.

  Ultrahochfesten Betonen, die für den Einsatz in chemisch aggressiver Umgebung vorgesehen sind, sollten daher Stahlfasern zur Steigerung des Korrosionswiderstands beigesetzt werden.
- Infolge der Wärmebehandlung ging der Widerstand des faserbewehrten ultrahochfesten Betons im Vergleich zum wassergelagerten ultrahochfesten Beton aufgrund von Mikrorissen (Rissbreiten 30 bis 100 µm) um etwa 20 % zurück.
- Die Kontaktzone zwischen Stahlfaserbewehrung und Matrix begünstigt den Fortschritt der Korrosionsfront in diesen Bereichen. Die lokale Schwächung der Matrix infolge der Faserbewehrung wird aber durch die günstige Wirkung der Stahlfasern auf die Abdichtung der ausgelaugten Randzone dominiert.
- Werden bei der Faserherstellung Ziehmittel eingesetzt, die edler sind als der für die Faserproduktion verwendete Stahl (z. B. Messingvitriol), so fungiert der Stahl beim Korrosionsprozess als Opferanode. Dies verursacht das „Aushöhlen“ der Stahlfasern. Im entstehenden Hohlraum setzen sich bevorzugt siliziumreiche Korrosionsprodukte ab.
- Die Abfolge der entstehenden Korrosionsschichten im ultrahochfesten Beton ist grundsätzlich mit derjenigen im normalfesten Beton vergleichbar.

- Nach einer Expositionsdauer von 100 Jahren ist für einen Angriff der ultrahochfesten Betone durch mineralsaure Wässer bis zu einer Intensität von pH 3 maximal mit einer Korrosionstiefe von 30 mm und bei einer Intensität von pH 1 maximal mit einer Korrosionstiefe von 150 mm zu rechnen.

3.5.3 Karbonatisierung

3.5.3.1 Methoden und Versuchsdurchführung

Die Untersuchung der Karbonatisierung der ultrahochfesten Betone erfolgte an Prismen (160/40/40 mm). Bei der Herstellung der Prismen wurde auf die Benutzung von Schalöl verzichtet, da dieses die Eindringung von CO_2 in den Festbeton behindern kann.

Die Probekörper wurden bis zu einer Dauer von drei Jahren im Normklima (20 °C, 65 % r. F.) sowie im Freien (Außenlagerung) gelagert. Die vom Deutschen Wetterdienst für den Zeitraum der Außenlagerung zur Verfügung gestellten Wetterdaten (Bereich Karlsruhe, Wetterstation 10727) sind dem Anhang 3 zu entnehmen (Abbildung A3-37). Die Probekörper waren während der Lagerung vor direkter Beregnung und Sonneneinstrahlung geschützt. Abbildung 3-41 zeigt eine Übersicht über das Versuchsprogramm.

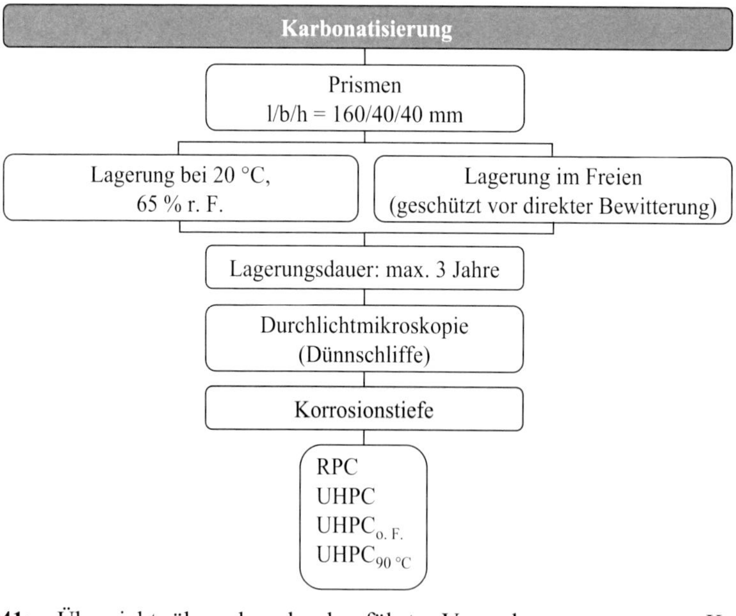

Abb. 3-41: Übersicht über das durchgeführte Versuchsprogramm zur Karbonatisierung

Da die Visualisierung der Karbonatisierungsfront mithilfe des Indikators Phenolphthalein aufgrund ihrer sehr geringen Ausdehnung nicht möglich war, wurde die Karbonatisierungtiefe mithilfe der Durchlichtmikroskopie anhand von mit Kunstharz imprägnierten Dünnschliffen (Schliffdicke 30 µm) bestimmt (zur Methode siehe Kapitel 3.3.3.1).

3.5.3.2 Ergebnisse

Die Ergebnisse der Untersuchungen zur Karbonatisierung sind in Tabelle 3-10 zusammengestellt. Die angegebene Karbonatisierungstiefe stellt jeweils den Mittelwert aus mehreren Einzelwerten dar, die mithilfe des Mikroskops erfasst wurden.

Tab. 3-10: Karbonatisierungstiefen der untersuchten ultrahochfesten Betone nach ein-, zwei- bzw. dreijähriger Lagerungsdauer (in Klammern: Standardabweichung; Anzahl der Einzelwerte)

Beton	Lagerungsbedingung	Lagerungsdauer [a]	Karbonatisierungstiefe [µm]
RPC	20 °C, 65 % r. F.	1	102 (14,2; 15)
		3	150 (35,2; 19)
	Außenlagerung	1	32 (4,5; 14)
		2	103 (14,5; 20)
UHPC	20 °C, 65 % r. F.	1	0
		3	0
	Außenlagerung	3	0
$UHPC_{90\,°C}$	Außenlagerung	3	nur in randnahen Rissen
$UHPC_{o.\,F.}$	20 °C, 65 % r. F.	3	0
	Außenlagerung	3	0

Die im Freien gelagerten Prismen zeigten durchgängig einen geringeren Karbonatisierungsgrad als diejenigen, die im Normklima gelagert worden waren. Generell war im betrachteten Lagerungszeitraum bei keinem der untersuchten Grobkornbetone eine Karbonatisierung festzustellen. Allerdings waren infolge der Wärmebehandlung des Betons $UHPC_{90\,°C}$ insbesondere im Randbereich der untersuchten Prismen Mikrorisse erkennbar, die randnah mit Karbonat ausgefüllt waren (siehe Abbildung A3-38, Anhang 3). Das gleiche Phänomen wurde in Untersuchungen von Möser und Pfeifer beobachtet [84].

Im Gegensatz dazu konnte bei den Prismen aus ultrahochfestem Feinkornbeton (RPC) an allen untersuchten Proben eine – wenn auch sehr geringfügige – Karbonatisierung nachgewiesen werden. Festgestellt wurde außerdem eine verstärkte Karbonatisierung im Bereich oberflächennaher Stahlfasern oder Quarzkörner, wie auch aus den Abbildungen 3-42 und A3-39 (Anhang 3) hervorgeht.

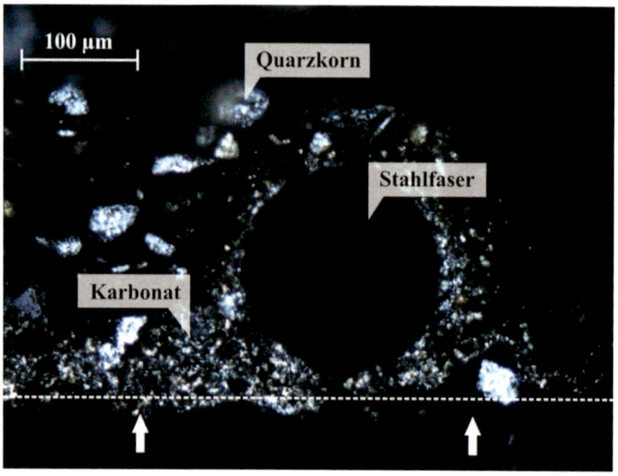

Abb. 3-42: Karbonatisierung in unmittelbarer Umgebung einer oberflächennahen Stahlfaser nach 6-monatiger Außenlagerung (vor direkter Bewitterung geschützt; gestrichelte Linie: ursprüngliche Angriffsfläche, Pfeile: Angriffsrichtung); Durchlichtmikroskopie

Auch Fehling et al. [30] beobachteten eine stärkere Karbonatisierung des ultrahochfesten Feinkornbetons, als es beim untersuchten Grobkornbeton der Fall war (vgl. Kapitel 2.2.2). Verglichen mit den Ergebnissen, die an der Universität Kassel von Fehling et al. an wärmebehandelten ultrahochfesten Feinkornbetonen erzielt wurden (maximal 1,7 mm nach dreijähriger Lagerung bei 20 °C, 65 % r. F.), sind die im Rahmen der vorliegenden Arbeit ermittelten Karbonatisierungstiefen jedoch deutlich geringer. Die Ursache hierfür ist nicht bekannt, es ist allerdings denkbar, dass eine verstärkte Rissbildung infolge der Wärmebehandlung die Karbonatisierung der in [30] untersuchten Probekörper begünstigte.

Grundsätzlich untermauern die Ergebnisse der vorliegenden Arbeit jedoch das Modell nach Papadakis [96], wonach für Betone mit einem Wasserzementwert $w/z \leq 0{,}30$ die Karbonatisierung quasi unterbunden ist (vgl. Kapitel 2.2.2).

Eine Aussage zum Zeitgesetz der Karbonatisierung von ultrahochfestem Beton lassen die in Tabelle 3-10 wiedergegebenen Versuchsergebnisse aufgrund des vergleichsweise geringen Serienumfangs und der damit verbundenen Streuung der Prüfergebnisse nicht zu.

3.5.3.3 Fazit

Die im Rahmen der vorliegenden Arbeit erzielten Ergebnisse lassen die Aussage zu, dass bei Bauwerken aus ultrahochfestem Beton – sofern sie nicht durch oberflächennahe Mikrorisse geschwächt sind – bei praxisrelevanten Nutzungsdauern von maximal 100 Jahren (DIN EN 1990 [N13]) keine signifikanten Schädigungen infolge von Karbonatisierung zu erwarten sind.

3.5.4 Kombinierte Beanspruchung

3.5.4.1 Methoden und Versuchsdurchführung

Ein weiterer Bestandteil der Untersuchungen war der Probenaustausch zwischen dem IMB und der Technischen Universität Delft (TU Delft) zur Untersuchung einer kombinierten Beanspruchung (Frost ↔ Ermüdung, Ermüdung → Chlorideindringung). Hierbei war es experimentell nicht möglich, eine zeitgleiche Einwirkung mechanischer und physikalischer Beanspruchungen zu realisieren (Frostzyklen bzw. Chloridbeaufschlagung während der Ermüdungsbeanspruchung). Vielmehr mussten die Einwirkungen zeitlich entkoppelt und an verschiedenen Orten aufgebracht werden.

Eine Übersicht über das durchgeführte, sehr umfangreiche und im Folgenden erläuterte Versuchsprogramm ist in Abbildung 3-43 dargestellt.

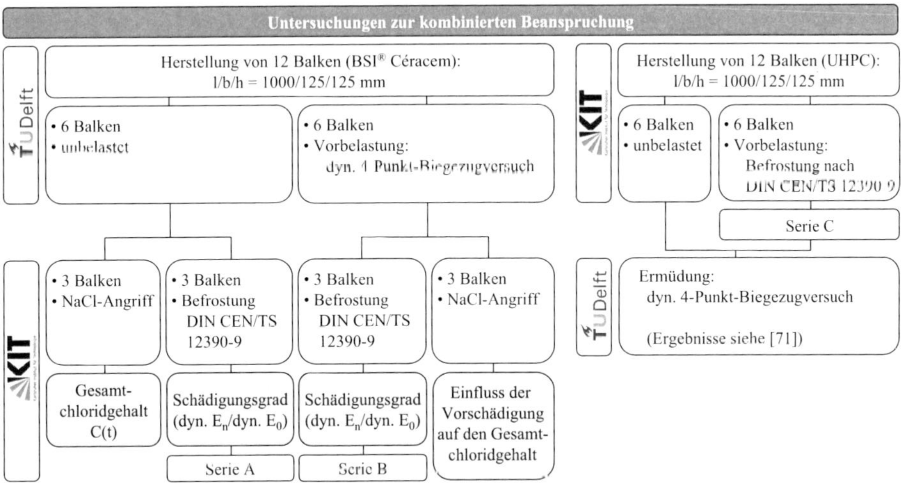

Abb. 3-43: Übersicht über das durchgeführte Versuchsprogramm zur kombinierten Beanspruchung

Wie aus Abbildung 3-43 hervorgeht, stellte die TU Delft sechs unbelastete (Serie A) und sechs vorbelastete (Serie B) Balken (l/b/h = 1000/125/125 mm) bereit. Zur Herstellung der Balken setzte die TU Delft den UHPC-Compound BSI®/Céracem mit einem Größtkorn von 7 mm (Bauxit) ein, dem 2,5 Vol.-% Fasern (l = 20 mm, d = 0,3 mm) beigemischt wurden. Die Zusammensetzung des Betons ist [71] zu entnehmen. Der Beton wies nach 27-tägiger Lagerung bei 20 °C und 99 % r. F. eine mittlere Druckfestigkeit von 220 N/mm² auf.

Die Balken wurden einer zyklischen Belastung im dynamischen 4-Punkt-Biegezugversuch (Stützweite 750 mm) ausgesetzt. Hierbei wurden 2.000.000 Lastwechsel bei einer Frequenz von 10 Hz durchgeführt. Die Oberlast betrug 32,2 kN (50 % der Bruchlast) bzw. 38,7 kN (60 % der Bruchlast) und die Unterlast 6,4 kN (10 % der Bruchlast) bzw. 7,7 kN (12 % der Bruchlast), siehe hierzu auch [71]. Keiner der Balken wies eine sichtbare Rissbildung infolge der Vorbelastung auf.

Jeweils drei der unbelasteten und drei der vorbelasteten Balken wurden am IMB einer Befrostung in Anlehnung an DIN CEN/TS 12390-9 [N8] unterzogen. Der Versuchsaufbau wurde hierbei an das Würfelprüfverfahren angelehnt. Dieses Verfahren ermöglichte die vergleichsweise einfache Anpassung des Versuchsaufbaus an die vorhandene Prüfkörpergeometrie.

Die Prüfkörper wurden vor der Befrostung für einen Zeitraum von 7 Tagen in 3%iger NaCl-Lösung eingelagert.

Aufgrund der hohen Dichtigkeit des ultrahochfesten Betons war ein sehr hoher Frostwiderstand zu erwarten. Daher wurde die Temperatur-Zeit-Kurve in Anlehnung an das Plattenprüfverfahren gewählt, um einen größeren Temperaturgradienten zu erzielen, als es das Würfelprüfverfahren vorsieht.

Das vorgesehene und das tatsächliche Temperaturregime sind für einen Frost-Tauwechsel exemplarisch in Anhang 3, Abbildung A3-40 dargestellt. Abbildung 3-44 zeigt die Probenlagerung vor bzw. während des Frost-Tauversuchs. Um eine gleichmäßige Befrostung der Balken zu gewährleisten, erfolgte ein wöchentlicher Positionswechsel der Prüfbehälter in der Klimatruhe.

Die Schädigung der Balken wurde anhand der Abwitterung und der Änderung des dynamischen Elastizitätsmoduls (E-Modul) in fünf Durchschallungsachsen quantifiziert (siehe Anhang 3, Abbildung A3-41), die unter Berücksichtigung des Momentenverlaufs bei der Vorbelastung gewählt wurden (vgl. auch Abbildung 3-48).

Als Maß für den Schädigungsgrad wurde der Quotient aus dem dynamischen E-Modul nach n Frost-Tauwechseln (dyn. E_n) und dem dynamischen E-Modul vor der Befrostung (dyn. E_0) herangezogen. Durch die Betrachtung der Einzelergebnisse der jeweiligen Balkenserien konnte der Einfluss einer aus dem Herstellungsprozess und der Vorschädigung resultierenden Streuung der Prüfergebnisse eliminiert werden.

Die übrigen sechs aus Delft angelieferten Balken (3 x vorbelastet, 3 x unbelastet) wurden zunächst in Würfel zersägt und diese mit einer Eintauchtiefe von 2 bis 3 mm auf Dreikantleisten in eine 3%ige NaCl-Lösung eingestellt. Die Seitenflächen der Würfel wurden mit Epoxidharz versiegelt (vgl. Abbildung 3-45).

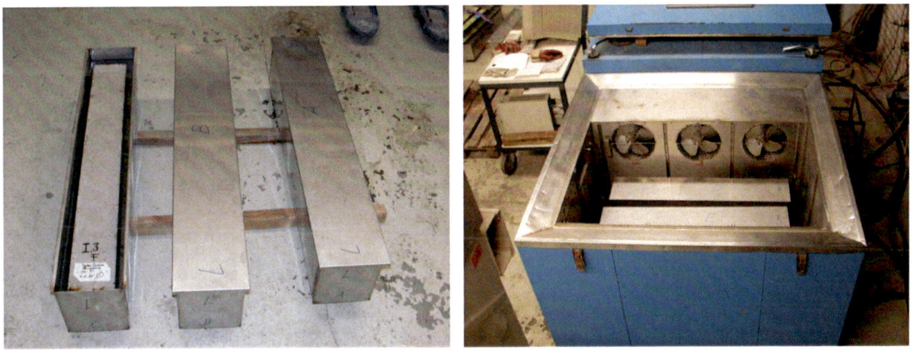

Abb. 3-44: Balken (1000/125/125 mm) in den Prüfbehältern vor der Befrostung (links) und Prüfbehälter in der Klimatruhe (rechts)

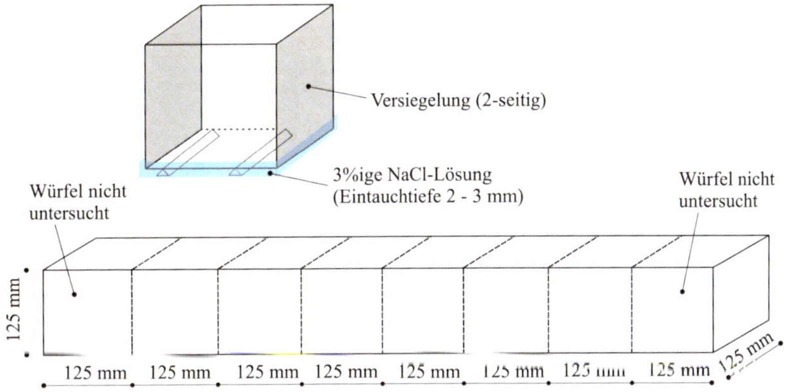

Abb. 3-45: In Würfel zersägter Balken (unten) und in NaCl-Lösung eingestellte Probe (oben), Prinzipskizze

Die mit NaCl beaufschlagten Würfel wurden für einen Zeitraum von bis zu 44 Monaten vor Verdunstung geschützt in einem Klimaraum (20 °C, 65 % r. F.) eingelagert. Die mechanisch unbelasteten Balkenenden wurden nicht untersucht. Nach der Entnahme aus der Angriffslösung wurde eine Scheibe (Scheibendicke = 30 mm) parallel zur beaufschlagten Fläche abgesägt, und der Chloridgehalt der Scheibe wurde mittels potentiometrischer Titration bestimmt. Durch das Sägen vergleichsweise dicker Scheiben sollte berücksichtigt werden, dass die Vorbelastung gegebenenfalls eine Mikrorissbildung verursacht hatte, die ein lokal tieferes Eindringen der Chloridionen in das Betoninnere ermöglicht. Die auf den Bindemittelgehalt BM (BM = Massensumme aus

Zement und Mikrosilika) bezogene Chloridbelastung ergab sich jeweils aus der aufgenommenen Chloridmenge abzüglich des Chloriduntergrundwerts, also des Chloridgehalts, der aus den Betonausgangsstoffen resultierte.

Außerdem stellte das IMB der TU Delft sechs durch 200 Frost-Tauwechsel vorbelastete Balken (Serie C, l/b/h = 1000/125/125 mm) und sechs unbelastete Balken aus ultrahochfestem Beton (UHPC, Zusammensetzung siehe Anhang 2, Tabelle A2-1) zur Verfügung. Die Balken dienten teilweise der Ermittlung der statischen Biegezugfestigkeit, teilweise wurden sie einer Ermüdungsbeanspruchung unterzogen. Ziel war es, den Einfluss einer Vorbelastung durch Befrostung auf das Ermüdungsverhalten von ultrahochfestem Beton zu untersuchen. Die Ergebnisse zu den an der TU Delft durchgeführten Versuchen sind umfassend in [71] dargelegt und in der vorliegenden Arbeit nur zusammenfassend wiedergegeben.

3.5.4.2 Ergebnisse

Kombination von Ermüdungs- und Frostbeanspruchung

Der dynamische E-Modul in den jeweiligen Achsen vor Beginn der Befrostung (dyn. E_0) ist Anhang 3, Tabelle A3-4 zu entnehmen. Hierbei lag bei allen Balken der dynamische E-Modul in den Achsen 1 und 2 leicht über dem E-Modul, der in den Achsen 3 bis 5 ermittelt wurde. Dies ist wahrscheinlich auf die unterschiedliche Länge der Durchschallungsachsen zurückzuführen (Achsen 1 und 2: 1000 mm, Achsen 3 bis 5: 125 mm, vgl. Abbildung A3-41, Anhang 3). Die Probenserien A und B (TU Delft) wiesen mit Werten zwischen 67.600 bis 78.100 N/mm² einen höheren E-Modul auf als die am IMB hergestellten Balken der Serie C (62.100 bis 67.100 N/mm²). Der maßgebliche Grund hierfür ist der Einsatz einer unterschiedlichen Gesteinsart als grobe Gesteinskörnung (TU Delft: Bauxit, IMB: Basalt). Ein signifikanter Unterschied zwischen dem dynamischen E-Modul der Balken ohne Vorbelastung (Serie A) und dem E-Modul der durch Ermüdung vorbelasteten Balken (Serie B) war nicht zu erkennen, was darauf hindeutet, dass der Schädigungsgrad – wenn überhaupt vorhanden – nur gering war.

In Tabelle 3-11 ist die Änderung des dynamischen E-Moduls infolge der Befrostung in den Durchschallungsachsen 1 bis 5 anhand des Verhältnisses aus dynamischem E-Modul nach n Frost-Tauwechseln (dyn. E_n) und dynamischem E-Modul vor der Befrostung (dyn. E_0) dargestellt. Bei einer Schädigung der Balken infolge der Frostbeaufschlagung fällt dieser Quotient dyn. E_n/dyn. E_0 unter einen Wert von 1,00.

Wie aus Tabelle 3-11 hervorgeht, war für die am IMB hergestellten, nicht vorbelasteten Proben (Serie C) selbst nach 195 Frost-Tauwechseln (FTW) noch keine signifikante Abnahme des dynamischen E-Moduls und somit keine Schädigung infolge der Befrostung zu erkennen. Die Befrostung musste nach 195 FTW abgebrochen werden, damit die sich anschließenden Versuche zur Ermüdung in Delft noch innerhalb der Projektlaufzeit des niederländischen Projekts durchgeführt werden konnten.

Tab. 3-11: Änderung des dynamischen E-Moduls infolge der Befrostung in den Durchschallungsachsen 1 bis 5, vgl. Abbildung A3-41

Balken		dynamischer E-Modul nach n FTW[1)] dyn. E_n/dyn. E_0 [-] in den Achsen 1 bis 5									
		n = 195 FTW					n = 413 FTW				
		1	2	3	4	5	1	2	3	4	5
Serie A: keine Vorbelastung (Delft)	A.1	keine Messung					1,03	1,02	0,98	1,00	1,03
	A.2						1,04	1,02	1,01	1,03	1,02
	A.3						1,02	1,01	0,98	1,00	1,01
Serie B: Vorbelastung durch Ermüdung (Delft)[2)]	B.1						1,00	1,01	1,02	0,99	1,01
	B.2						1,01	1,01	0,99	1,00	0,97
	B.3						1,01	1,01	1,06	1,05	1,03
Serie C: keine Vorbelastung (Karlsruhe)	C.1	1,00	0,99	0,91	1,02	1,02	–[3)]				
	C.2	1,00	1,02	0,89	1,01	0,98					
	C.3	1,00	1,00	0,94	0,98	0,98					
	C.4	1,00	0,98	0,98	0,98	0,98					
	C.5	1,01	0,99	0,98	0,96	1,00					
	C.6	0,98	0,99	0,97	0,96	0,99					

[1)] FTW: Frost-Tauwechsel

[2)] 2.000.000 Lastzyklen;
Oberlast 32,2 kN (50 % der Bruchlast); Unterlast 6,4 kN (10 % der Bruchlast)

[3)] Balken nach abgeschlossener Befrostung in Delft hinsichtlich Ermüdung geprüft

Wie zu erwarten war, zeigten die Ermüdungsversuche an der TU Delft, dass sich die Vorbelastung der Balken der Serie C nicht negativ auf deren Ermüdungsverhalten auswirkte. Nähere Informationen zur Durchführung der Ermüdungsversuche sowie zu den Versuchsergebnissen sind [71] zu entnehmen.

Die in Delft hergestellten Balken der Serie B, die im Vorfeld der Befrostung einer Ermüdungsbeanspruchung ausgesetzt worden waren, zeigten ebenso wie die nicht vorbelasteten Balken der Serie A selbst nach 413 FTW keine signifikante Abnahme des dynamischen E-Moduls, vgl. Tabelle 3-11. Demnach war bei den vorbelasteten Balken ebenfalls keine Zunahme des Schädigungsgrads infolge der Befrostung zu erkennen.

Der Mittelwert der Abwitterung sowohl der nicht vorbelasteten Serie A als auch der vorbelasteten Serie B betrug nach 413 FTW 0,1 M.-%, das heißt die Abwitterung war vernachlässigbar. Lediglich im Bereich von oberflächennahen Stahlfasern oder Ecken und Kanten zeigten sich Abwitterungserscheinungen. In der unmittelbaren Umgebung von oberflächennahen Stahlfasern war eine Rostbildung erkennbar. Abbildung 3-46 zeigt exemplarisch den Balken A.1 nach Versuchsende.

Abb. 3-46: Balken A.1 nach 413 Frost-Tauwechseln mit Detail (abgewitterte Ecke)

Wie bereits von Fehling et al. [30] beobachtet, kam es somit auch im aufgezeigten Versuchsprogramm zu einer Korrosion oberflächennaher Stahlfasern, die allerdings nicht zu einer verstärkten Abwitterung führte.

Der bereits in Kapitel 2.2.1.3 beschriebene sehr hohe Frostwiderstand des ultrahochfesten Betons wird durch die vorliegenden Versuchsergebnisse bestätigt. Die im Vorfeld der Frostbelastung aufgebrachte Ermüdungsbelastung führte nicht zu einer Reduktion dieses Frostwiderstands.

Kombination von Ermüdungs- und Chloridbeanspruchung

Neben den Untersuchungen zur Kopplung von Ermüdung und Frost wurde auch die Kopplung von Ermüdung und Chlorideindringung untersucht. Als Referenz wurde zunächst die Entwicklung des Gesamtchloridgehalts Cl [M.-% v. BM] nicht vorbelasteter Balken in Abhängigkeit von der Expositionsdauer t [a] erfasst. Wie zuvor beschrieben erfolgte die Bestimmung des Chloridgehalts an Scheiben (Scheibendicke = 30 mm), die der angegriffenen Randzone des Betons entnommen wurden. Hierbei ergab sich für die Messwerte eine Abhängigkeit nach Abbildung 3-47.

Jeder der Datenpunkte in Abbildung 3-47 stellt dabei den Mittelwert aus mindestens drei Einzelexperimenten dar. Die vergleichsweise niedrigen Gesamtchloridgehalte des Betons sind darauf zurückzuführen, dass der Chloridgehalt als integraler Wert an Scheiben von 30 mm Dicke bestimmt wurde, und nicht wie im Versuchsprogramm zur Chlorideindringung an sehr geringen Schichtdicken. Außerdem diente hier die geschalte Würfeloberfläche als Angriffsfläche und nicht die Sägefläche, was einen höheren Eindringwiderstand nach sich zieht.

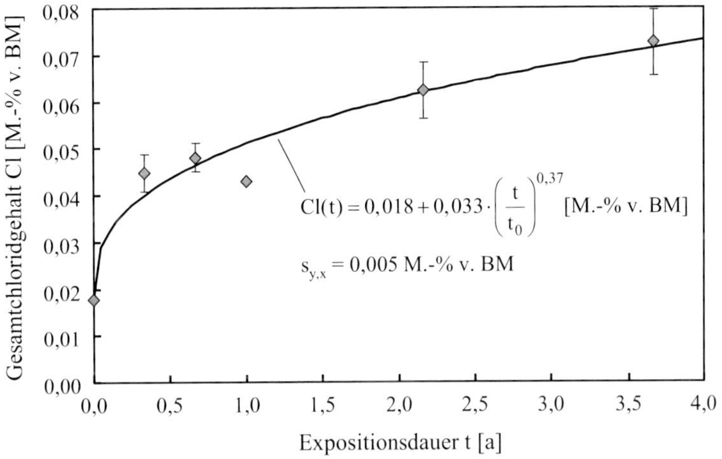

Abb. 3-47: Experimentell ermittelter Gesamtchloridgehalt Cl des nicht vorbelasteten Betons in Abhängigkeit von der Expositionsdauer t mit Regressionskurve (t_0 = 1 a, Standardschätzfehler der Regression $s_{y,x}$ = 0,005 M.-% v. BM)

Die Untersuchung der durch Ermüdung vorbelasteten Balken erfolgte wie zuvor geschildert an Würfeln, die aus den Balken herauspräpariert wurden. Abbildung 3-48 zeigt die Chloridbelastung der jeweiligen NaCl-beaufschlagten Würfel für eine Expositionsdauer von 12 und 26 Monaten. Somit ergab sich die Chloridverteilung über die Balkenlänge.

Vergleicht man die Chloridverteilung mit der Belastung aus der Ermüdungsbeanspruchung (Momentenverlauf siehe Abbildung 3-48), so lässt sich erkennen, dass im Bereich der maximalen Beanspruchung eine leicht erhöhte Chloridkonzentration festzustellen war. Dies ließ darauf schließen, dass die Ermüdungsbeanspruchung hier tatsächlich zu einer Mikrorissbildung und demnach zu einer verstärkten Aufnahme der NaCl-Lösung geführt hat.

Zur Überprüfung dieser Vermutung wurden Dünnschliffe (Schliffdicke 30 µm) aus dem in Abbildung 3-48 gekennzeichneten Bereich der Balken präpariert und nach einer Druckimprägnierung mit Kunstharz unter Anwendung der Durchlichtmikroskopie untersucht (zur Methode siehe Kapitel 3.3.3). Tatsächlich zeigten die untersuchten Dünnschliffe Mikrorisse mit Rissbreiten von bis zu ca. 10 µm (siehe Abbildung 3-49), die das Eindringen der NaCl-Lösung vermutlich begünstigten und zu einem erhöhten Chloridgehalt der Balken im Bereich der maximalen mechanischen Beanspruchung führten.

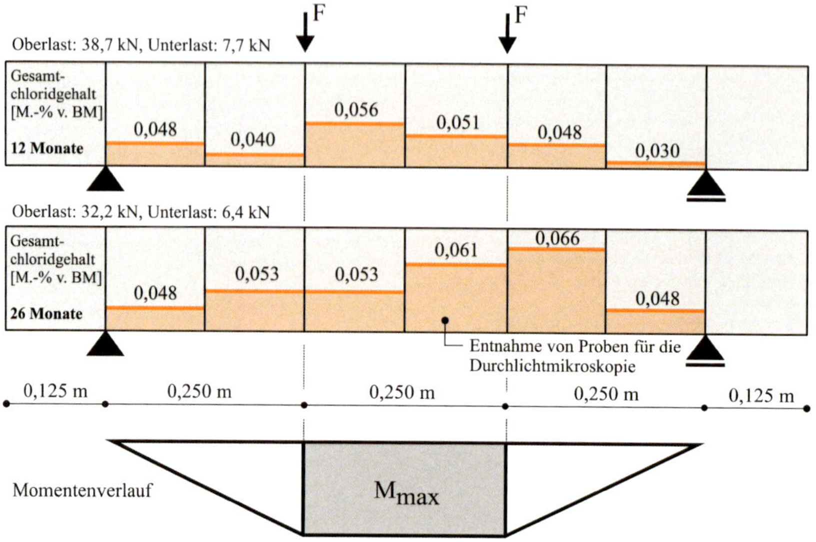

Abb. 3-48: Chloridverteilung in der Randzone der durch Ermüdung vorbelasteten Balken (2.000.000 Lastzyklen, Ober- und Unterlast siehe Abbildung) nach 12- bzw. 26-monatiger NaCl-Beaufschlagung

Generell war der Chloridgehalt aller untersuchten Balken jedoch so gering, dass maximal eine leichte Eisenoxidbildung an der beaufschlagten Balkenoberfläche zu beobachten war, siehe auch Abbildung 3-50. Im Betoninnern war keine Faserkorrosion erkennbar.

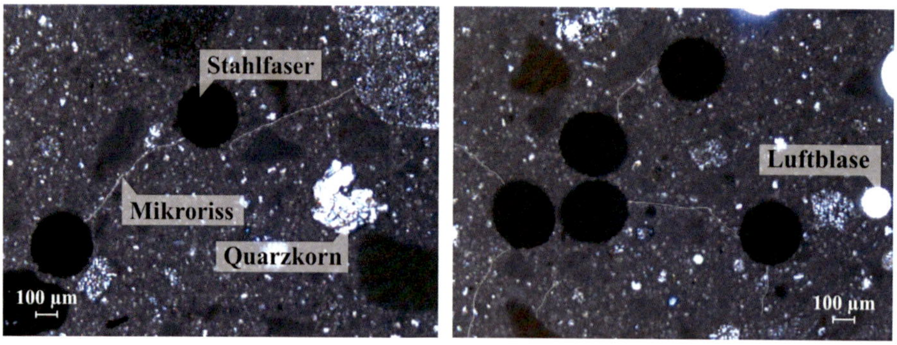

Abb. 3-49: Mikrorisse in der Randzone der durch Ermüdung vorbelasteten Balken nach 26-monatiger NaCl-Beaufschlagung (Durchlichtmikroskopie)

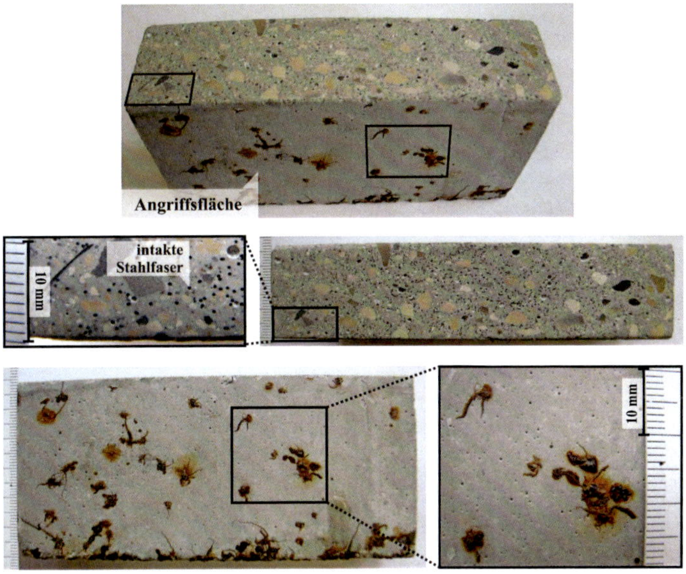

Abb. 3-50: Ausschnitt des durch Ermüdung vorbelasteten Balkens nach 26-monatiger Chloridbeaufschlagung (exemplarisch)

3.5.4.3 Fazit

Die im Rahmen der vorliegenden Arbeit untersuchten Balken aus ultrahochfestem Beton zeigten – trotz einer Vorbelastung durch Ermüdung (2.000.000 Lastwechsel, Oberlast: 50 % bzw. 60 % der Bruchlast, Unterlast: 10 % bzw. 12 % der Bruchlast) – keine Abnahme des Frostwiderstands. Umgekehrt war infolge einer Vorbelastung der Balken durch 195 Frost-Tauwechsel in Anlehnung an das Würfelprüfverfahren kein Einfluss auf das Ermüdungsverhalten erkennbar.

Der Widerstand gegenüber einer Chlorideindringung wurde infolge der Vorbelastung hingegen geringfügig reduziert. Dies konnte auf die Entstehung von Mikrorissen als Folge der Ermüdungsbeanspruchung zurückgeführt werden. Allerdings war die Chlorideindringung dennoch so gering, dass zwar auf der Betonoberfläche eine aus der Korrosion der Stahlfaserbewehrung resultierende Eisenoxidbildung erkennbar war, im Betoninnern allerdings keine Stahlfaserkorrosion nachgewiesen werden konnte.

Keine der untersuchten Beanspruchungskombinationen (Frost $\leftrightarrow$ Ermüdung, Ermüdung $\rightarrow$ Chlorideindringung) führte somit zu einer Beeinträchtigung der Tragfähigkeit der untersuchten Probekörper. Zu beachten ist hierbei jedoch, dass der Vorschädigungsgrad infolge Ermüdung bei beginnender Befrostung bzw. Chloridbeaufschlagung gering war.

Ein Nachteil des Versuchsaufbaus lag zwangsläufig in der zeitlichen und örtlichen Entkopplung der untersuchten Lastfälle. Eine Kopplung konnte im beschriebenen Versuchsprogramm nicht realisiert werden. Zukünftige Versuchsprogramme sollten jedoch eine unmittelbare Überlagerung der Beanspruchungen berücksichtigen, um praxisnähere Verhältnisse abzubilden. Insbesondere ist bei simultan einwirkender Ermüdung und Lösungsbeaufschlagung ein stärkeres Eindringen der Lösung zu erwarten, da während der Ermüdungsbeanspruchung größere Rissbreiten auftreten können, als es nach der Entlastung der Fall ist.

3.6 Maßgebende Ergebnisse der experimentellen Untersuchungen

Die Schlussfolgerungen aus den Untersuchungen zur Gefügestruktur, zu den Transportkenngrößen und zur Dauerhaftigkeit wurden in den vorangegangenen Kapiteln jeweils ausführlich dargelegt. Nachfolgend sind die wichtigsten Erkenntnisse noch eimal zusammengefasst.

Durch das vorgestellte Untersuchungsprogramm konnte die bisher gängige Annahme widerlegt werden, dass die **Kontaktzone** zwischen Zementstein und Stahlfaserbewehrung für ultrahochfeste Betone vernachlässigbar ist. Lediglich in den bei 90 °C thermisch behandelten ultrahochfesten Betonen wies die Kontaktzone keine erhöhte Porosität auf.

Die erhöhte Kontaktzonenporosität führte dazu, dass beim korrosiven Angriff (Karbonatisierung, Chlorideindringung, Angriff mineralsaurer Wässer) durchgängig ein schnelleres Fortschreiten der Korrosionsfront entlang der Stahlfasern feststellbar war. Jedoch nur im Falle der Karbonatisierung und der Chlorideindringung bedeutete dies eine Minderung des Korrosionswiderstands der faserbewehrten Betone. Vielmehr war zu beobachten, dass die **Stahlfaserbewehrung** beim Angriff mineralsaurer Wässer zu einer Steigerung des Korrosionswiderstands führen kann, indem sich die Korrosionsprodukte der Stahlfasern im ausgelaugten Randbereich des Betons sowie auf der Angriffsfläche ablagerten und somit eine Verdichtung dieser geschwächten Randzone bewirkten.

Zudem zeigte sich der signifikante Einfluss von **Mikrorissen**, die das dichte Gefüge des ultrahochfesten Betons empfindlich schwächen. Insbesondere die ultrahochfesten Betone ohne Stahlfaserbewehrung sowie die thermisch behandelten Betone zeigten eine Neigung zur Mikrorissbildung infolge des autogenen Schwindens (Rissbreiten 0,5 bis 2,0 µm) bzw. infolge des entstehenden Temperaturgradienten (Rissbreiten 30 bis 100 µm). Die Mikrorisse zogen einen erheblichen Rückgang des Eindringwiderstands der Betone gegenüber den Angriffsmedien nach sich. Dies machte sich insbesondere bei den Versuchen zum Angriff mineralsaurer Wässer bemerkbar.

Aufgrund dieser Erkenntnisse muss dem Einfluss der Stahlfaserbewehrung sowie der Schwächung durch Mikrorisse eine maßgebende Bedeutung bei der Quantifizierung des Korrosionswiderstands ultrahochfester Betone zukommen (siehe hierzu Kapitel 4).

Die Untersuchungen zur **Karbonatisierung** haben die Ergebnisse der Literatursichtung bestätigt, wonach ultrahochfeste Betone einen sehr hohen Widerstand gegenüber der Eindringung von Kohlenstoffdioxid zeigen. Selbst nach dreijähriger Lagerung ließ sich im durchgeführten Veruchsprogramm nur eine sehr geringe Korrosionstiefe von maximal 150 µm nachweisen. Einbußen der Tragfähigkeit sind demnach auch bei Nutzungsdauern von bis zu 100 Jahren nicht zu erwarten. Allerdings war im Bereich randnaher Stahlfasern aufgrund der zuvor erwähnten erhöhten Kontaktzonenporosität ein lokal tieferes Eindringen der Karbonatisierungsfront erkennbar, so dass eine optische Beeinträchtigung des Bauwerks nicht auszuschließen ist.

Wie die Versuche zur **Chlorideindringung** zeigten, konnte der charakteristische Verlauf der Chloridprofile – also der Anstieg des Gesamtchloridgehalts auf ein Maximum und der anschließende Abfall – auf die randnahe Calciumauslaugung des Betons zurückgeführt werden. Zur Prognose des Profilverlaufs im Bereich bis zum maximalen Gesamtchloridgehalt wurde eine Regressionsgleichung abgeleitet. Die Prognose des Profilverlaufs für den sich anschließenden Bereich kann mit hinreichender Genauigkeit unter Zugrundelegung des *Zweiten Fick'schen Gesetzes* erfolgen. Es konnte gezeigt werden, dass neuere, meist sehr komplexe Modelle zur Chlorideindringung nicht zu einer signifikanten Verbesserung der Prognosegüte führen (siehe hierzu Kapitel 2).

Auf Grundlage der experimentell ermittelten Chloridprofile wurde ein Zusammenhang für die zeitliche Entwicklung des Chloriddiffusionskoeffizienten hergeleitet, der das Erreichen eines Endwerts für den Diffusionskoeffizienten einbezieht. Dieser Zusammenhang gilt sowohl für Diffusionskoeffizienten aus Echtzeitversuchen als auch für diejenigen, die in beschleunigten Versuchen ermittelt wurden.

Die Gegenüberstellung der Versuchsergebnisse zur Chlorideindringung mit der nationalen Normung (DIN EN 206-1 [N11], DIN 1045-2 [N1], DIN EN 1992-1-1 [N14]) zeigte eine deutliche Unterschätzung des Korrosionswiderstands von ultrahochfestem Beton bei unveränderter Anwendung der Norm, die allerdings nur für Betone mit einer maximalen Festigkeitsklasse von C100/115 gültig ist. Unter Einbezug des tatsächlichen Betonwiderstands ist eine Reduktion der erforderlichen Betondeckung um mindestens 25 % möglich. Bei einer Ausweitung der Gültigkeit der Normung auf ultrahochfeste Betone sollte dies berücksichtigt werden.

Die Untersuchungen zum **Angriff mineralsaurer Wässer** dienten hauptsächlich der Prognose des Korrosionsfortschritts. Hierbei zeigte sich, dass der Korrosionswiderstand ultrahochfester Betone (gemessen an der prognostizierten Korrosionstiefe für eine Expositionsdauer von 100 Jahren) nur etwa doppelt so hoch war, wie der Widerstand konventioneller normalfester Betone. Das lediglich Absenken des Wasserzementwerts zieht demnach nur eine vergleichsweise geringe Erhöhung des Korrosionswiderstands nach sich. Geeignetere Maßnahmen zur Steigerung der chemischen Beständigkeit von Betonbauteilen sind u. a. die Minimierung des Bindemittelgehalts und die Maximierung der chemischen Beständigkeit des Bindemittels.

Die Korrosion der Stahlfasern infolge des chemischen Angriffs erfolgte durchgängig „von innen nach außen“, d. h. die Fasern wurden regelrecht ausgehöhlt. Dieses ungewöhnliche Korrosionsverhalten war auf die Verwendung des Ziehmittels Messingvitriol bei der Faserherstellung zurückzuführen, das sich auf der Mantelfläche der Fasern abgelagert hatte. Der innen liegende Stahl auf der Schnittfläche der Fasern fungiert als Opferanode für das außen liegende edlere Messing und beschleunigt so die Faserkorrosion. Dieser Zusammenhang sollte bereits bei der Faserherstellung berücksichtigt werden, um ein vorzeitiges Faserversagen beim korrosiven Betonangriff zu vermeiden.

In Kooperation mit der TU Delft wurden Untersuchungen zu einer **kombinierten Beanspruchung** (Frost $\leftrightarrow$ Ermüdung, Ermüdung $\rightarrow$ Chlorideindringung) durchgeführt. Wie sich zeigte, führte auch die Kombination dieser beiden Beanspruchungsarten nicht zu einer Beeinträchtigung der Tragfähigkeit der untersuchten Probekörper. Da die Versuche zeitlich und örtlich entkoppelt stattfinden mussten, ist die Übertragung auf Praxisverhältnisse allerdings nur bedingt möglich.

Kapitel 4
Rechnerische Abschätzung des Korrosionswiderstands von Betonen

4.1 Ziel und Vorgehen

Innerhalb der vorliegenden Dissertation wurde zunächst weitreichend Literatur gesichtet und die Grundlagen herausgearbeitet, die im Zusammenhang mit dem Korrosionswiderstand vor allem ultrahochfester Betone stehen (Kapitel 2). Zudem wurde eine Vielzahl experimenteller Untersuchungen an normalfesten, hochfesten und insbesondere ultrahochfesten Betonen durchgeführt (Kapitel 3). Diese dienten der Beschreibung der Gefügebeschaffenheit (z. B. Porosität), der Bestimmung von Transportkenngrößen (z. B. Permeabilität) und der Charakterisierung der Dauerhaftigkeit (z. B. beim chemischen Angriff durch mineralsaure Wässer).

Aus den in Kapitel 2 erarbeiteten Grundlagen sowie auf Basis der in Kapitel 3 generierten Versuchsergebnisse konnten die nachfolgend aufgeführten Einflussparameter identifiziert werden, die für den Widerstand von Beton gegenüber dem Eindringen von Agenzien bzw. für den Korrosionswiderstand als maßgebend erachtet werden:

- die Kapillarporosität,
- die Konnektivität des Porensystems,
- die Tortuosität des Betons,
- die Gelporosität,
- der maximal erreichbare Hydratationsgrad,
- der Zementsteingehalt,
- die chemische Beständigkeit des Bindemittels,
- Mikrorisse und
- die Stahlfaserbewehrung.

Ziel war nun die Entwicklung eines Modells zur rechnerischen Abschätzung des Korrosionswiderstands, in das nach Möglichkeit alle zuvor genannten Einflussparameter einfließen sollten. Das zu entwickelnde Modell sollte physikalisch begründbar sein und sich durch eine möglichst einfache Handhabung und somit hohe Praxistauglichkeit auszeichnen.

Im Folgenden wird ein mögliches Vorgehen zur Quantifizierung des Korrosionswiderstands von Beton anhand eines Modells exemplarisch für den chemischen Angriff der im Rahmen dieser Arbeit untersuchten Betone (NPC-2, HPC-2, UHPC, $UHPC_{90\,°C}$ und $UHPC_{o.\,F.}$) aufgezeigt.

In einem ersten Schritt erfolgt die Quantifizierung der oben genannten und in das Modell eingehenden Einflussparameter (Kapitel 4.2). Es werden Diagramme zur Verfügung gestellt, die zu einer näherungsweisen Abschätzung dieser Einflussparameter in Abhängigkeit der Betondruckfestigkeit $f_{cm,cube,28}$ herangezogen werden können. Dieses Vorgehen soll dem Praktiker, der in der Regel nur beschränkt Zugriff auf zeit- und kostenintensive Untersuchungsmethoden hat, die Anwendung des Modells ermöglichen. Angemerkt sei in diesem Zusammenhang jedoch, dass Betone gleicher Festigkeit unterschiedliche Matrixmerkmale aufweisen können, so dass die Betonfestigkeit über Schwächen der Betonstruktur hinwegtäuschen kann. Die Ableitung der Einflussparameter aus den beschriebenen physikalischen Untersuchungen ist der Anwendung der Diagramme daher vorzuziehen.

Im Anschluss an die Quantifizierung der Einflussparameter wird das Modell zur rechnerischen Abschätzung des Korrosionswiderstands $\omega_{korr,\,chem}$ unter Einbezug eines hierzu definierten Gefügewiderstands $\omega_{Gefüge}$ und verschiedener Einflussfaktoren ε hergeleitet (Kapitel 4.3.1). Hierauf folgt eine Grenzwertbetrachtung (Kapitel 4.3.2) und die Verifikation des Modells (Kapitel 4.3.3). Abschließend wird auf die Gültigkeit des Modells eingegangen (Kapitel 4.3.4). Zur Veranschaulichung der Handhabung des Modells in der Praxis ist außerdem in Anhang 4, Kapitel A4.4 ein Beispiel gegeben.

Obwohl die Forderung nach einer hohen Praxistauglichkeit des Modells mit erheblichen Vereinfachungen einhergeht, gelingt durch das aufgezeigte Vorgehen eine Quantifizierung des Korrosionswiderstands von Beton und damit eine vergleichende Bewertung des Ausmaßes einzelner Einflüsse. Eine derartige Quantifizierung des Korrosionswiderstands kann Eingang in Lebenszyklusbetrachtungen eines Bauteils oder Bauwerks finden und somit einen Beitrag zur Erhöhung der Wirtschaftlichkeit leisten.

4.2 Quantifizierung der maßgebenden Einflussparameter

4.2.1 Kapillarporosität

Das Eindringen von Flüssigkeiten oder Gasen in das intakte Betongefüge erfolgt über den Kapillarporenraum. Demnach steigt der Korrosionswiderstand eines Betons mit abnehmendem **Kapillarporengehalt V_{kap}** an.

Innerhalb der vorliegenden Arbeit wurde der Porenraum der untersuchten Betone hauptsächlich unter Anwendung der Methode der Quecksilberdruckporosimetrie charakterisiert. Dies lieferte umfassende Ergebnisse zur vorhandenen Porosität und hierbei insbesondere zur Kapillarporosität (vgl. Kapitel 3.3.4). Da die Untersuchungen an Kleinbohrkernen (d/h = 15/20 mm) durchgeführt wurden, die aus den Betonen entnommen worden waren, schließen die Ergebnisse auch die Porosität der im Beton auftretenden Kontaktzonen zwischen Zementstein und Gesteinskörnung bzw. Stahlfaserbewehrung mit ein. Die separate Erfassung des Einflusses der Kontaktzonen auf den Korrosionswiderstand war somit nicht erforderlich.

Tab. 4-1: Kenngrößen zur Ermittlung des Kapillarporengehalts V_{kap} [dm³/dm³ Beton] im Beton

Kennwert/ Beton	Zementsteingehalt V_{ZS} 1) [dm³/dm³ Beton]	Kapillarporengehalt	
		V_{kap} 2) [Vol.-% v. ZS]	**V_{kap} [dm³/dm³ Beton]**
NPC-2	0,33	8,3	**0,027**
HPC-2	0,33	4,9	**0,016**
UHPC	0,41	1,0	**0,004**
$UHPC_{90\,°C}$	0,41	0,8	**0,003**
$UHPC_{o.\,F.}$	0,42	1,2	**0,005**

1) $V_{ZS} \approx V_{BL}$, vgl. Tabellen A2-1 und A2-2, Anhang 2

2) vgl. Abbildungen 3-14 und Anhang 3, Abbildung A3-5

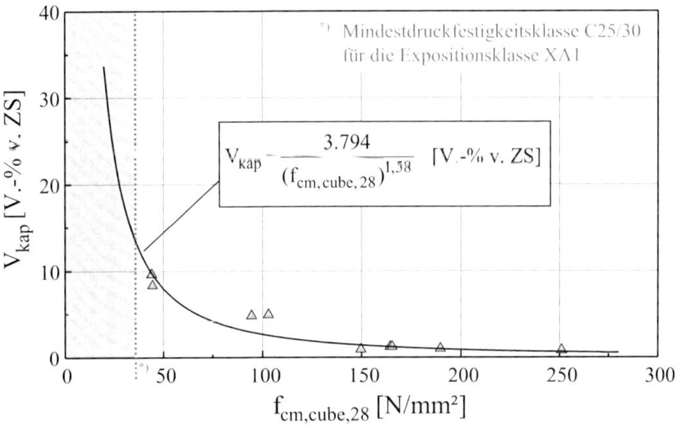

Abb. 4-1: Diagramm zur Abschätzung des Kapillarporengehalts V_{kap} in Abhängigkeit von der Druckfestigkeit $f_{cm,cube,28}$ (Regression: Standardschätzfehler $s_{y,x}$ = 1,18 Vol.-% v. ZS, $f_{cm,cube,28}$ [N/mm²])

Aus Tabelle 4-1 ist der anhand der Ergebnisse der Quecksilberdruckporosimetrie experimentell ermittelte Kapillarporengehalt V_{kap}[1] [dm³/dm³ Beton] der betrachteten Betone zu entnehmen. Der Kennwert V_{kap} [dm³/dm³ Beton] geht in die Quantifizierung des Korrosionswiderstands ein (siehe hierzu Kapitel 4.3)

Sofern dem Anwender keine experimentell ermittelten Kennwerte vorliegen, kann V_{kap} [Vol.-% v. ZS] unter Zugrundelegung der im Rahmen der vorliegenden Arbeit ermittelten Kennwerte (vgl. Kapitel 3.3.4) in Abhängigkeit von der Druckfestigkeit $f_{cm, cube, 28}$ des Betons aus Abbildung 4-1 abgeschätzt werden. Hierzu sei angemerkt, dass bei einer Abweichung der Bindemittelzusammensetzung von den hier untersuchten Betonen (CEM I + Mikrosilika) eine experimentelle Bestimmung von V_{Kap} vorzuziehen ist.

4.2.2 Konnektivität des Porensystems

Nach Modelluntersuchungen von Bentz und Garboczi [10] liegt im Beton nur dann ein vernetztes Kapillarporensystem vor, wenn der Kapillarporenanteil bei mehr als 18 Vol.-% des Zementsteins liegt (siehe hierzu auch Kapitel 2.1.4). Ab diesem Wert ist die Durchströmung des Zementsteins theoretisch möglich.

Die Untersuchungen zum Widerstand der Betone gegenüber Transportprozessen (Wasseraufnahme, Permeabilität) im Rahmen der vorliegenden Arbeit haben jedoch gezeigt, dass auch im normalfesten Beton NPC mit einem Kapillarporenvolumen von weniger als 10 Vol.-% des Zementsteins ein deutlicher Gas- bzw. Flüssigkeitstransport stattfindet, siehe hierzu Kapitel 3.4. Von einer Unterbindung des Transportvorgangs infolge mangelnder Vernetzung kann also nicht ausgegangen werden.

Zur Quantifizierung des Korrosionswiderstands der untersuchten Betone wird daher nachfolgend die **relative Konnektivität κ_{rel}** eingeführt, siehe Gleichung (4-1). Sie beschreibt das Verhältnis zwischen dem ermittelten spezifischen Permeabilitätskoeffizienten K_{stat} (vgl. Kapitel 3.4.1) des jeweils betrachteten Betons und demjenigen des normalfesten Betons NPC-2. Letzterer wurde im Rahmen der vorliegenden Arbeit untersucht und wird hier zur Normierung herangezogen.

$$\kappa_{rel} = \frac{K_{stat,\ Beton}}{K_{stat,\ NPC\text{-}2}} \qquad \textbf{(4-1)}$$

mit

κ_{rel}	relative Konnektivität [-]
$K_{stat,\ Beton}$	spezifischer Permeabilitätskoeffizient des betrachteten Betons [m²]
$K_{stat,\ NPC\text{-}2}$	spezifischer Permeabilitätskoeffizient des Betons NPC-2 [m²] ($K_{stat,\ NPC\text{-}2} = 114{,}36 \cdot 10^{-18}\ m^2$)

1. V_{kap} = Mikrokapillarporosität (50-2.000 nm) + Kapillarporosität (2.000-40.000 nm)

Der experimentell ermittelte spezifische Permeabilitätskoeffizient der untersuchten Betone K_{stat} und die resultierende relative Konnektivität κ_{rel} ist Tabelle 4-2 zu entnehmen. Bei der Quantifizierung des Korrosionswiderstands findet die relative Konnektivität κ_{rel} [-] Eingang.

Ist dem Anwender die Durchführung experimenteller Untersuchungen zur Ermittlung des spezifischen Permeabilitätskoeffizienten nicht möglich, so kann der Kennwert $K_{stat,\ Beton}$ auf Basis der Versuchsergebnisse der vorliegenden Arbeit nach Abbildung 4-2 abgeschätzt werden. Es ist wiederum anzumerken, dass bei einer Abweichung der Bindemittelzusammensetzung von den hier untersuchten Betonen (CEM I + Mikrosilika) die experimentelle Bestimmung von $K_{stat,\ Beton}$ empfohlen wird.

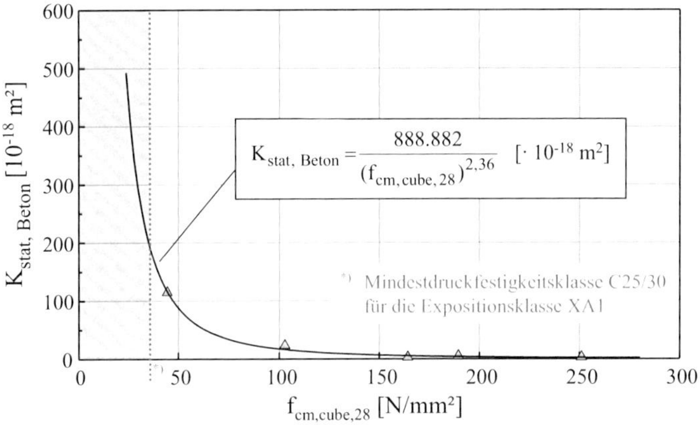

Abb. 4-2: Diagramm zur Abschätzung des spezifischen Permeabilitätskoeffizienten $K_{stat,\ Beton}$ in Abhängigkeit von der Druckfestigkeit $f_{cm,cube,28}$ (Regression: Standardschätzfehler $s_{y,x} = 3{,}78 \cdot 10^{-18}\ m^2$, $f_{cm,cube,28}$ [N/mm²])

Im Vergleich zur Abschätzung von $K_{stat,\ Beton}$ unter Zuhilfenahme weiterer, gängiger Prognosemodelle – z. B. nach Model Code 2010 [N27] – zeigt sich, dass die Prognose nach Abbildung 4-2 eine hohe Genauigkeit des geschätzten Kennwerts bietet, während der Model Code 2010 [N27] zu einer teilweise erheblichen Unterschätzung der Permeabilität führen kann (vgl. Tabelle 4-2).

Vergleicht man die Messergebnisse zum spezifischen Permeabilitätskoeffizienten, die im Rahmen anderer Forschungsarbeiten (z. B. [50]) erzielt wurden, mit den nach den beiden Ansätzen prognostizierten Werten, so zeigt sich ebenfalls eine deutliche Unterschätzung der Permeabilität durch den Model Code 2010 [N27]. Die Prognose unter Zuhilfenahme von Abbildung 4-2 führt auch hier zu genaueren Prognosewerten, siehe Tabelle 4-3 (exemplarisch).

Tab. 4-2: Spezifischer Permeabilitätskoeffizient K_{stat} und relative Konnektivität κ_{rel} der untersuchten Betone

Kennwert/ Beton	$f_{cm,cube,28}$ [1)] [N/mm²]	$K_{stat, Beton}$ [1)] [10^{-18} m²]	$K_{stat, prog}$ [2)] [10^{-18} m²]	$K_{stat, MC}$ [3)] [10^{-18} m²]	**relative Konnektivität κ_{rel} [-]**
NPC-2	44,4	114,36	115,09	51,46	**1,000**
HPC-2	103,0	22,75	15,80	1,78	**0,199**
UHPC	189,6	4,70	3,74	0,15	**0,041**
$UHPC_{90\,°C}$	251,1	2,49	1,93	0,05	**0,022**
$UHPC_{o.\,F.}$	164,4	2,57	5,24	0,27	**0,022**

1) experimentell ermittelt, vgl. Tabellen 3-3 und 3-4 bzw. A3-3

2) prognostiziert anhand von Abbildung 4-2

3) prognostiziert nach Model Code 2010 [N27]: $K_{stat} = \frac{2 \cdot 10^8}{(f_{cm,cube,28})^4}$ $[10^{-18}\,m^2]$

Tab. 4-3: Experimentell ermittelter [50] und prognostizierter spezifischer Permeabilitätskoeffizient K_{stat}

Kennwert/ Beton nach [50]	$f_{cm,cube,28}$ [1)] [N/mm²]	$K_{stat, Beton}$ [1)] [10^{-18} m²]	$K_{stat, prog}$ [2)] [10^{-18} m²]	$K_{stat, MC}$ [3)] [10^{-18} m²]
Beton 32	62,5	80	51,35	13,11
Beton 11	112,5	40	12,83	1,25

1) experimentell ermittelt, siehe hierzu [50]

2) prognostiziert anhand von Abbildung 4-2

3) prognostiziert nach Model Code 2010 [N27]

4.2.3 Tortuosität des Betons

Mit zunehmender Tortuosität eines Betons nimmt dessen Widerstand gegenüber der Weiterleitung von Agenzien deutlich zu (siehe hierzu Kapitel 2.1.4).

Die Tortuosität eines Zementsteins kann anhand von dessen Kapillarporosität V_{kap} abgeschätzt werden (vgl. Abbildung 2-7). Im Beton wird die Tortuosität zusätzlich vom Gehalt und von der Korngrößenverteilung der groben Gesteinskörnung beeinflusst.

Innerhalb der vorliegenden Arbeit wurde auf Basis theoretischer Überlegungen ein Diagramm zur Abschätzung der **Tortuosität von Beton τ_{Beton}** aus der Tortuosität des Zementsteins τ_{ZS} in Abhängigkeit vom Volumenanteil der Gesteinskörnung V_{GK} hergeleitet (siehe Kapitel 2, Abbildung 2-9). Unter Anwendung dieses Diagramms kann die Tortuosität τ_{Beton} für die untersuchten Betone bestimmt werden. Die hierbei relevanten Kennwerte sind Tabelle 4-4 zu entnehmen.

Auch die Tortuosität τ_{Beton} [-] geht in die Quantifizierung des Korrosionswiderstands ein.

Tab. 4-4: Betonkennwerte zur Abschätzung der Tortuosität des Betons τ_{Beton}

Kennwert/ Beton	V_{kap} 1) [Vol.-% v. ZS]	$\tau_{ZS}(V_{kap})$ 2) [-]	V_{GK} 3) [Vol.-%]	$\tau_{Beton}(V_{GK})/\tau_{ZS}$ 4) [-]	τ_{Beton} [-]
NPC-2	8,3	1.689	66	2,5	**4.223**
HPC-2	4,9	16.842	66	2,5	**42.105**
UHPC	1,0	306.789	55	2,7	**828.330**
$UHPC_{90\,°C}$	0,8	306.789	55	2,7	**828.330**
$UHPC_{o.\,F.}$	1,2	306.789	56	2,7	**828.330**

1) vgl. Abbildungen 3-14 und A3-5

2) vgl. Abbildung 2-7
(Prognose nach Bentz et al.; NPC-2: 0 % MS, HPC-2: 10 % MS, UHPC: 30 % MS)

3) vgl. Tabellen A2-1 und A2-2

4) vgl. Abbildung 2-9

4.2.4 Gelporosität

Tritt Wasser über die Kapillarporen in den Beton ein, erfolgt eine Umverteilung des Wassers in den Gelporenraum, wodurch es zu einer Abdichtung des Porenraums infolge von Quellvorgängen kommt (vgl. Kapitel 2.2.1.2). Dieser Mechanismus ist maßgeblich für die sogenannte Selbstabdichtung des Betons verantwortlich.

Ein geringer Kapillar- und hoher Gelporenanteil – wie er in den untersuchten ultrahochfesten Betonen vorlag (vgl. Kapitel 3.3.4) – bewirkt eine schnelle Umverteilung des kapillar aufgenommenen Wassers in die Gelporen, somit ein schnelles Quellen der Gelpartikel und letztlich eine ausgeprägte Selbstabdichtung des Betons.

Das Potenzial eines Betons zur Selbstabdichtung und damit auch der Korrosionswiderstand nehmen demach zu, je höher der Anteil des Gelporenvolumens am Gesamtporenraum ist.

Bei der Quantifizierung des Korrosionswiderstands ist die Berücksichtigung des Gelporenraums daher unerlässlich. In Tabelle 4-5 ist der experimentell ermittelte **Gelporenanteil am Gesamtporenraum v_{gel}** [-] der untersuchten Betone zusammengestellt.

Tab. 4-5: Anteil des Gelporenraums am Gesamtporenraum v_{gel} [-]

Kennwert/ Beton	v_{gel} [1)] [-]
NPC-2	**0,672**
HPC-2	**0,770**
UHPC	**0,891**
$UHPC_{90\,°C}$	**0,856**
$UHPC_{o.\,F.}$	**0,892**
[1)] vgl. Abbildungen A3-6 und A3-7	

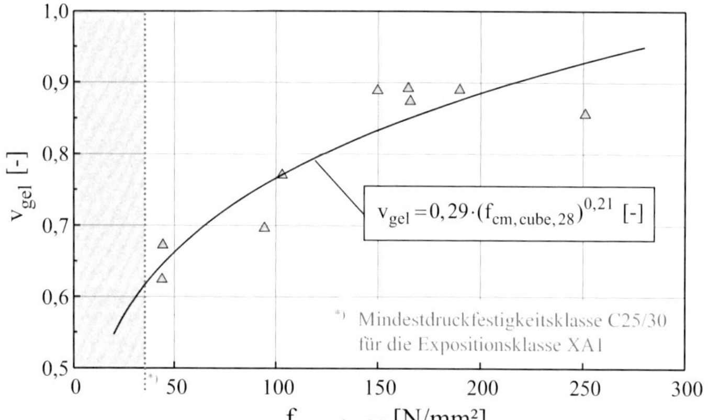

Abb. 4-3: Diagramm zur Abschätzung des Anteils des Gelporenraums am Gesamtporenraum v_{gel} in Abhängigkeit von der Druckfestigkeit $f_{cm,cube,28}$ (Regression: Standardschätzfehler $s_{y,x} = 0,04$, $f_{cm,cube,28}$ [N/mm²])

Besteht für den Anwender keine Möglichkeit, die Untersuchung des Porenraums mithilfe der Quecksilberdruckporosimetrie durchzuführen, so kann auch hier eine Abschätzung des Kennwerts v_{gel} auf Grundlage der im Rahmen der vorliegenden

Arbeit ermittelten Datenbasis erfolgen, siehe hierzu Abbildung 4-3. Auch an dieser Stelle sei darauf hingewiesen, dass bei einer Abweichung der Bindemittelzusammensetzung von den hier untersuchten Betonen (CEM I + Mikrosilika) die experimentelle Bestimmung von v_{gel} erfolgen sollte.

4.2.5 Maximal erreichbarer Hydratationsgrad

Der **maximal erreichbare Hydratationsgrad α_{max}** eines Betons ist vor allem abhängig vom vorliegenden Wasserzementwert. Er ist ein Maß für den Anteil an nicht hydratisiertem Zementklinker, der im Beton vorliegt (vgl. Kapitel 2.1.2).

Tritt Wasser in den erhärteten Beton ein, so ist der unreagierte Zementklinker in der Lage, nachträglich zu hydratisieren und trägt somit – ebenso wie ein hoher Gelporenanteil – zu einer Abdichtung des Betons bei (vgl. Kapitel 2.2.1.2). Je geringer der ohne Feuchtezufuhr von außen maximal erreichbare Hydratationsgrad ist, umso größer ist das Potenzial zur Selbstabdichtung.

Der für die untersuchten Betone jeweils maximal erreichbare Hydratationsgrad α_{max} [-] ist Tabelle 4-6 zu entnehmen. Die Ermittlung von α_{max} kann rechnerisch nach den Empfehlungen von Mills [81] (Gleichung (2-3), Kapitel 2.1.2) erfolgen.

Tab. 4-6: Wasserzementwert w/z und maximal erreichbarer Hydratationsgrad α_{max} der untersuchten Betone

Kennwert/ Beton	w/z[1)] [-]	α_{max} [2)] [-]
NPC-2	0,50	**0,74**
HPC-2	0,33	**0,65**
UHPC	0,27	**0,60**
$UHPC_{90\,°C}$	0,27	**0,60**
$UHPC_{o.\,F.}$	0,27	**0,60**

[1)] vgl. Tabellen A2-1 und A2-2
[2)] ermittelt nach Mills [81], Gleichung (2-3)

4.2.6 Zementsteingehalt

Verglichen mit der Gesteinskörnung stellt das **Zementsteinvolumen V_{ZS}** – zumindest bei Verwendung einer dichten Gesteinskörnung mit hoher Beständigkeit gegenüber korrosivem Angriff – den schwächeren Bestandteil des Betons dar. Insbesondere bei chemischem Angriff steigt daher die Beständigkeit des Betons mit abnehmendem Zementsteingehalt (vgl. Kapitel 2.2.4).

Der Zementsteingehalt V_{ZS} [dm³/dm³ Beton] der untersuchten Betone wird bei der Quantifizierung des Korrosionswiderstands daher ebenfalls berücksichtigt. Er ergibt sich aus der Zusammensetzung des Betons und kann Tabelle 4-1 entnommen werden. Näherungsweise wird angenommen, dass der Zementsteingehalt dem Bindemittelleimgehalt entspricht ($V_{ZS} \approx V_{BL}$).

4.2.7 Bindemittel

Die Beständigkeit des Zements beim chemischen Angriff wird nach Herold [55] durch den K-Wert quantifiziert, der durch Gleichung (2-38) beschrieben wird, und der in Kapitel 2.2.4 erläutert ist. Eine Deckschichtbildung erfolgt hauptsächlich durch die Ablagerung der ausgelaugten Elemente Silizium, Aluminium und Eisen auf der angegriffenen Betonoberfläche, während Calcium und Magnesium vorwiegend in Lösung gehen.

Der Zusatz puzzolanischer Stoffe wie Mikrosilika oder Flugasche, die hochfesten und ultrahochfesten Betonen in teilweise erheblichen Mengen zugegeben werden, erhöhen den Gehalt an deckschichtbildenden bzw. ausgelaugten Bestandteilen im Bindemittel. In Gleichung (2-38) sollte daher neben dem Elementoxidgehalten des Zements auch der Gehalt an Elementoxiden berücksichtigt werden, die aus der Puzzolanzugabe resultieren. Daher wird nachfolgend der erweiterte K-Wert K_{erw} nach Gleichung (4-2) definiert:

$$K_{erw} = \frac{SiO_{2,\,CEM+Puzz} + Al_2O_{3,\,CEM+Puzz} + Fe_2O_{3,\,CEM+Puzz}}{CaO_{CEM+Puzz} + MgO_{CEM+Puzz}} \qquad \textbf{(4-2)}$$

Tab. 4-7: Ermittlung des erweiterten K-Werts K_{erw} aus der chemischen Zusammensetzung des Bindemittels

<table>
<tr><th>Kennwert/
Beton</th><th>Al_2O_3 1)
[kg/m³]</th><th>Fe_2O_3 1)
[kg/m³]</th><th>$SiO_{2,\,CEM}$ 1)
[kg/m³]</th><th>$SiO_{2,\,Puzz}$ 1)2)
[kg/m³]</th><th>CaO 1)
[kg/m³]</th><th>MgO 1)
[kg/m³]</th><th>K_{erw}
[-]</th></tr>
<tr><td>NPC-2</td><td>21,12</td><td>12,56</td><td>82,00</td><td>0,00</td><td>248,00</td><td>10,36</td><td>0,45</td></tr>
<tr><td>HPC-2</td><td>16,78</td><td>6,25</td><td>106,60</td><td>46,06</td><td>312,13</td><td>4,79</td><td>0,55</td></tr>
<tr><td>UHPC</td><td rowspan="2">22,23</td><td rowspan="2">32,65</td><td rowspan="2">125,94</td><td rowspan="2">174,44</td><td rowspan="2">375,39</td><td rowspan="2">4,77</td><td rowspan="3">0,93</td></tr>
<tr><td>$UHPC_{90\,°C}$</td></tr>
<tr><td>$UHPC_{o.\,F.}$</td><td>22,81</td><td>33,49</td><td>129,19</td><td>178,36</td><td>385,07</td><td>4,90</td></tr>
</table>

1) siehe hierzu Tabellen A2-1, A2-2 und A2-4

2) SiO_2-Gehalt des Mikrosilikas: 98 M.-% (Herstellerangabe)

Die Ermittlung des erweiterten K-Werts K_{erw} für die untersuchten Betone kann anhand von Tabelle 4-7 nachvollzogen werden. Als puzzolanischer Zusatzstoff wurde ausschließlich Mikrosilika verwendet, so dass lediglich ein veränderter SiO_2-Gehalt des Bindemittels zu berücksichtigen ist.

Anhand des erweiterten K-Werts wird ersichtlich, dass die Mikrosilikazugabe zu einer deutlichen Erhöhung des SiO_2-Gehalts und damit des K-Werts führt.

Die Beständigkeit eines Betons gegenüber dem chemischen Angriff nimmt mit zunehmendem K-Wert K_{erw} sowie mit abnehmendem Bindemittelgehalt zu. Es ist daher sinnvoll, einen **Einflussfaktor ε_{BM}** entsprechend Gleichung (4-3) zu definieren, in den neben dem erweiterten K-Wert K_{erw} [-] auch das Bindemittelvolumen V_{BM} [dm³/dm³ Beton] des Betons Eingang findet:

$$\varepsilon_{BM} = \frac{K_{erw}}{V_{BM}} \qquad \textbf{(4-3)}$$

Zur Erfassung des Einflusses des Bindemittels wird der Einflussfaktor ε_{BM} in die Quantifizierung des Korrosionswiderstands einbezogen.

Die für die untersuchten Betone resultierenden Einflussfaktoren ε_{BM}, die sich aus der chemischen Zusammensetzung des Bindemittels und der Betonzusammensetzung ergeben, sind Tabelle 4-8 zu entnehmen.

Tab. 4-8: Ermittlung des Einflussfaktors ε_{BM} der untersuchten Betone

Kennwert/ Beton	K_{erw} [-]	M_{BM} 1) [kg/dm³ Beton]	V_{BM} 2) [dm³/dm³ Beton]	ε_{BM} [-]
NPC-2	0,45	0,400	0,129	**3,49**
HPC-2	0,55	0,517	0,171	**3,22**
UHPC	0,93	0,760	0,256	**3,63**
$UHPC_{90\,°C}$		0,760	0,256	**3,63**
$UHPC_{o.\,F.}$		0,779	0,262	**3,55**

1) vgl. Tabellen A2-1 und A2-2, BM = Zement + Mikrosilika
2) Rohdichten siehe Tabelle A2-3

4.2.8 Mikrorisse

4.2.8.1 Mikrorisse infolge der thermischen Nachbehandlung

Der Widerstand ultrahochfester Betone gegenüber dem Eindringen aggressiver Agenzien kann durch Mikrorisse signifikant herabgesetzt werden. Besonders wärmebehandelte und unbewehrte ultrahochfeste Betone neigen zur Mikrorissbildung (vgl. Kapitel 3.3.3).

Wie in Kapitel 3.5.2 dargelegt ist, werden für den stahlfaserbewehrten Beton UHPC und für den stahlfaserbewehrten und wärmebehandelten Beton $UHPC_{90\,°C}$ nach einer Beaufschlagung mit mineralsauren Wässern (HCl, pH 3) für eine Expositionsdauer von 100 Jahren folgende Korrosionstiefen prognostiziert (vgl. Tabelle 3-9, Kapitel 3):

UHPC: $x_{korr,\,prog}(t = 100\ a) = 10{,}2\ mm$

$UHPC_{90\,°C}$: $x_{korr,\,prog}(t = 100\ a) = 12{,}2\ mm$

Der Vergleich der Korrosionstiefen zeigt, dass die Wärmebehandlung eine Zunahme der Korrosionstiefe um ca. 20 % bewirkte, was auf Mikrorisse (Rissbreite 30 bis 100 µm, vgl. Kapitel 3.3.3) im thermisch behandelten $UHPC_{90\,°C}$ zurückzuführen war.

Der Korrosionswiderstand (gemessen an der Korrosionstiefe) des gerissenen, wärmebehandelten Betons beträgt also nur ca. 80 % des Widerstands eines nicht thermisch behandelten UHPC. Bei der Quantifizierung des Korrosionswiderstands kann dies durch einen **Einflussfaktor $\varepsilon_{Riss,\,WB}$** zur Berücksichtigung des Einflusses der Mikrorisse infolge der Wärmebehandlung Eingang finden ($\varepsilon_{Riss,\,WB} = 0{,}80$).

4.2.8.2 Mikrorisse infolge des autogenen Schwindens

Ausgehend von den Beobachtungen zur Rissbildung infolge der thermischen Behandlung des ultrahochfesten Betons werden folgende Schlussfolgerungen zum Einfluss der Rissbildung infolge des autogenen Schwindens gezogen:

Die im Vergleich zur thermischen Nachbehandlung geringeren Rissbreiten (0,5 bis 2 µm, vgl. Kapitel 3.3.3) führen zu einer geringeren Abminderung des Eindringwiderstands. Es wird daher angenommen, dass die Reduktion des Korrosionswiderstands lediglich ca. 10 % beträgt (statt 20 % infolge thermischer Behandlung, vgl. Kapitel 4.2.8.1).

Diese Reduktion des Korrosionswiderstands durch Mikrorisse infolge des autogenen Schwindens kann durch einen hierfür definierten **Einflussfaktor $\varepsilon_{Riss,\,AS}$** berücksichtigt werden ($\varepsilon_{Riss,\,AS} = 0{,}90$).

Auch für den nicht näher mikroskopisch untersuchten hochfesten Beton HPC-2 wurde – ausgehend von den Beobachtungen durch Guse und Hilsdorf [50] – angenommen, dass das Gefüge des vergleichsweise wasserarmen Betons infolge des autogenen Schwindens durch Mikrorisse geschwächt ist ($\varepsilon_{Riss,\,AS} = 0{,}90$).

4.2.9 Stahlfaserbewehrung

In Kapitel 3.5.2 wurde aufgezeigt, dass die Korrosion der Stahlfasern beim chemischen Angriff bis pH 3 zu einer Ablagerung der Rostphasen in der ausgelaugten Randschicht und hierdurch zu einer Verdichtung dieses Randbereichs führt. Nach Tabelle 3-9 (Kapitel 3) ergeben sich für den stahlfaserbewehrten Beton UHPC und für den faserlosen Beton $UHPC_{o.\,F.}$ nach dem chemischen Angriff durch HCl, pH 3 folgende Korrosionstiefen nach 100-jähriger Beaufschlagung:

UHPC: $x_{korr,\,prog}(t = 100\ a) = 10{,}2\ mm$

$UHPC_{o.\,F.}$: $x_{korr,\,prog}(t = 100\ a) = 19{,}0\ mm$

Vergleicht man wiederum die prognostizierten Korrosionstiefen, so wird der um ca. 90 % höhere Widerstand (gemessen an der Korrosionstiefe) des faserbewehrten Betons UHPC deutlich. Dies ist zum einen auf die Ablagerung der Korrosionsprodukte der Stahlfasern zurückzuführen, was den Widerstand des Betons gegenüber der Auslaugung erhöht. Berücksichtigt man, dass diese Widerstandssteigerung durch eine Schwächung des Gefüges des faserlosen Betons aufgrund von Mikrorissen infolge des autogenen Schwindens überlagert wird (die mit etwa 10 % angesetzt wird, siehe Kapitel 4.2.8.2), so resultiert hieraus eine Erhöhung des Korrosionswiderstands um insgesamt ca. 100 % bei Einsatz einer Stahlfaserbewehrung im ungerissenen Beton.

Die Erhöhung des Korrosionswiderstands durch die Stahlfaserbewehrung kann bei der Quantifizierung des Korrosionswiderstands folglich mit einem **Einflussfaktor ε_{Faser}** ($\varepsilon_{Faser} = 2{,}0$) berücksichtigt werden.

4.3 Modell zur rechnerischen Abschätzung des Korrosionswiderstands

4.3.1 Gefügewiderstand und Korrosionswiderstand gegenüber chemischem Angriff

Anhand der in Kapitel 4.2 dargelegten Einflussparameter lässt sich der Korrosionswiderstand $\omega_{korr,\,chem}$ bei chemischem Angriff definieren und abschätzen. Er ergibt sich nach Gleichung (4-4) aus der Multiplikation eines hier ebenfalls definierten Gefügewiderstands $\omega_{Gefüge}$ mit den entsprechenden Einflussfaktoren aus Stahlfaserbewehrung (ε_{Faser}) und Mikrorissen infolge der Wärmebehandlung ($\varepsilon_{Riss,\,WB}$) bzw. infolge des autogenen Schwindens ($\varepsilon_{Riss,\,AS}$) sowie aus der Beständigkeit des Bindemittels (ε_{BM}):

$$\omega_{korr,\,chem} = \omega_{Gefüge} \cdot \varepsilon_{BM} \cdot \varepsilon_{Faser} \cdot \varepsilon_{Riss,\,WB} \cdot \varepsilon_{Riss,\,AS} \quad \textbf{(4-4)}$$

mit

$\omega_{korr,\,chem}$	Korrosionswiderstand bei chemischem Angriff [-]
$\omega_{Gefüge}$	Gefügewiderstand [-]
ε_{BM}	Faktor zur Berücksichtigung der Beständigkeit des Bindemittels [-], siehe Kapitel 4.2.7
ε_{Faser}	Faktor zur Berücksichtigung des Einflusses der Stahlfaserbewehrung [-], siehe Kapitel 4.2.9
$\varepsilon_{Riss,\,WB}$	Faktor zur Berücksichtigung des Einflusses von Mikrorissen aus der Wärmebehandlung [-], siehe Kapitel 4.2.8
$\varepsilon_{Riss,\,AS}$	Faktor zur Berücksichtigung des Einflusses von Mikrorissen aus dem autogenen Schwinden [-], siehe Kapitel 4.2.8

Der Gefügewiderstand $\omega_{Gefüge}$ ergibt sich in erster Näherung aus dem Reziprokwert der Summe derjenigen Parameter, die sich schwächend auf das Gefüge auswirken, siehe Gleichung (4-5):

$$\omega_{Gefüge} = \left[V_{kap} \cdot \kappa_{rel} + \frac{1}{\tau_{Beton}} + \frac{\alpha_{max}}{v_{gel}} + V_{ZS} \right]^{-1} \quad \textbf{(4-5)}$$

mit

V_{kap}	Kapillarporengehalt [dm^3/dm^3 Beton], siehe Kapitel 4.2.1
κ_{rel}	relative Konnektivität des Kapillarporensystems [-], siehe Kapitel 4.2.2
τ_{Beton}	Tortuosität des Betons [-], siehe Kapitel 4.2.3

α_{max} maximal erreichbarer Hydratationsgrad [-], siehe Kapitel 4.2.5

v_{gel} Gelporenanteil am Gesamtporenraum [-], siehe Kapitel 4.2.4

V_{ZS} Zementsteingehalt [dm³/dm³ Beton], siehe Kapitel 4.2.6

Der Gefügewiderstand $\omega_{Gefüge}$ nimmt demnach zu mit:

- abnehmendem Kapillarporengehalt V_{kap} und abnehmender relativer Konnektivität κ_{rel} des Kapillarporensystems,
- zunehmender Tortuosität des Betons τ_{Beton},
- abnehmendem maximal erreichbaren Hydratationsgrad α_{max} und zunehmendem Gelporenanteil am Gesamtporenraum v_{gel}, d. h. also mit zunehmendem Selbstabdichtungspotenzial,
- abnehmendem Zementsteingehalt V_{ZS}.

Für die im Rahmen der vorliegenden Arbeit untersuchten Betone erfolgte die rechnerische Abschätzung des Gefügewiderstands $\omega_{Gefüge}$ und des Korrosionswiderstands $\omega_{korr,\ chem}$ auf Grundlage der in Kapitel 4.2 hergeleiteten Zusammenhänge. Der jeweils resultierende Gefügewiderstand $\omega_{Gefüge}$ ist in Tabelle 4-9, der Korrosionswiderstand $\omega_{korr,\ chem}$ ist in Tabelle 4-10 aufgeführt.

Tab. 4-9: Rechnerische Abschätzung des Gefügewiderstands $\omega_{Gefüge}$ gemäß Gleichung (4-5)

Kennwert/ Beton	V_{kap} [1] [dm³/dm³]	κ_{rel} [1] [-]	τ_{Beton} [1] [-]	v_{gel} [1] [-]	α_{max} [1] [-]	V_{ZS} [1] [dm³/dm³]	$\omega_{Gefüge}$ **[-]**
NPC-2	0,027	1,000	4.223	0,672	0,74	0,33	**0,69**
HPC-2	0,016	0,199	42.105	0,770	0,65	0,33	**0,85**
UHPC	0,004	0,041	828.330	0,891	0,60	0,41	**0,92**
$UHPC_{90\,°C}$	0,003	0,022	828.330	0,856	0,60	0,41	**0,90**
$UHPC_{o.\,F.}$	0,005	0,022	828.330	0,892	0,60	0,42	**0,92**

[1] siehe hierzu Kapitel 4.2

Tab. 4-10: Rechnerische Abschätzung des Korrosionswiderstands bei chemischem Angriff $\omega_{korr,\,chem}$ gemäß Gleichung (4-4)

Kennwert/ Beton	$\omega_{Gefüge}$ [-]	ε_{BM} [1)] [-]	ε_{Faser} [1)] [-]	$\varepsilon_{Riss,\,WB}$ [1)] [-]	$\varepsilon_{Riss,\,AS}$ [1)] [-]	$\boldsymbol{\omega_{korr,\,chem}}$ **[-]**
NPC-2	0,69	3,49	1,0	1,0	1,0	**2,41**
HPC-2	0,85	3,22	1,0	1,0	0,9	**2,46**
UHPC	0,92	3,63	2,0	1,0	1,0	**6,68**
$UHPC_{90\,°C}$	0,90	3,63	2,0	0,8	1,0	**5,23**
$UHPC_{o.\,F.}$	0,92	3,55	1,0	1,0	0,9	**2,94**

[1)] siehe hierzu Kapitel 4.2

4.3.2 Grenzwertbetrachtung

Aus einer Grenzwertbetrachtung der einzelnen Parameter der Gleichungen (4-4) bzw. (4-5) folgt, dass sowohl der Gefügewiderstand $\omega_{Gefüge}$ als auch der Korrosionswiderstand $\omega_{korr,\,chem}$ sich grundsätzlich im Bereich zwischen null und unendlich bewegen:

$$\omega_{Gefüge} \in [0, \infty[$$

$$\omega_{korr,\,chem} \in [0, \infty[$$

Wie aus Tabelle 4-9 hervorgeht, liegt der Gefügewiderstand $\omega_{Gefüge}$ der untersuchten Betone im Bereich zwischen etwa 0,7 und 1,0. Der Korrosionswiderstand $\omega_{korr,\,chem}$ der untersuchten Betone nach Berücksichtigung der Einflussfaktoren aus Rissbildung, Stahlfaserbewehrung und Bindemittelwiderstand liegt im Bereich zwischen etwa 2,0 und 7,0 (Tabelle 4-10).

Die hier untersuchten normal-, hochfesten- und ultrahochfesten Betone repräsentieren mit Festigkeiten $f_{cm,cube,28}$ zwischen 44 N/mm² und 251 N/mm² (vgl. Kapitel 3.2.3) eine große Bandbreite der baupraktisch relevanten Festigkeitsklassen. Berücksichtigt man außerdem, dass Betone mit Festigkeiten $f_{cm,cube,28} < 44$ N/mm² geringere Widerstände gegenüber eindringenden Medien aufweisen, und darüber hinaus den höheren Korrosionswiderstand ungerissener ultrahochfester Betone z. B. mit maximiertem Widerstand des Bindemittels gegenüber chemischem Angriff ($\varepsilon_{BM} \approx 8$, vgl. Anhang 4, Kapitel A4.4), so lassen sich der Gefüge- bzw. Korrosionswiderstand folgendermaßen eingrenzen:

$$\omega_{Gefüge} \in [0, 1]$$

$$\omega_{korr,\,chem} \in [0, 15]$$

Diese Grenzwertbetrachtung gilt für den Lastfall des chemischen Angriffs. Für abweichende Angriffsarten ergibt sich ein abweichender Grenzwertbereich (siehe hierzu auch Kapitel 4.3.4).

4.3.3 Verifizierung des Modells

Das hergeleitete Modell zur rechnerischen Abschätzung des Korrosionswiderstands infolge des chemischen Angriffs $\omega_{korr,\,chem}$ soll nachfolgend anhand der experimentell gewonnenen Versuchsergebnisse verifiziert werden, indem der Korrosionswiderstand des normalfesten Betons NPC-2 (Referenzbeton) mit dem Korrosionswiderstand der untersuchten hochfesten bzw. ultrahochfesten Betone gegenüber einem Angriff durch HCl, pH 3 verglichen wird.

Zu diesem Zweck wurden zunächst die auf Grundlage der Experimente prognostizierten Korrosionstiefen der Betone für eine Expositionsdauer von 100 Jahren herangezogen, die Tabelle 3-9, Kapitel 3, zu entnehmen sind. Diese wurden als Maß für den Widerstand betrachtet (mit zunehmender Korrosionstiefe nimmt der Widerstand ab, siehe hierzu auch Kapitel 3.5.2.2) und einander im Vergleich zur Korrosionstiefe des normalfesten Betons NPC-2 ($x_{korr,\,prog,\,NPC\text{-}2}$ / $x_{korr,\,prog,\,Beton}$) gegenübergestellt.

Ferner wurde der Korrosionswiderstand des jeweils betrachteten Betons im Vergleich zum Beton NPC-2 unter Verwendung des Modells nach Gleichung (4-4) berechnet. Im Anschluss wurde in Analogie zum oben beschriebenen Vorgehen das Verhältnis der Korrosionswiderstände ermittelt ($\omega_{korr,\,chem,\,Beton}$ /$\omega_{korr,\,chem,\,NPC\text{-}2}$). Das Ergebnis ist in Abbildung 4-4 im Vergleich zu den Ergebnissen der experimentellen Untersuchung dargestellt.

Wie aus Abbildung 4-4 hervorgeht, gibt das Modell nach Gleichung (4-4) die aus den Experimenten resultierenden Tendenzen eindeutig wieder. Auch in der Modellprognose weist der faserbewehrte ultrahochfeste Beton maximal den 2- bis 2,7-fachen Korrosionswiderstand auf, der Widerstand des hochfesten Betons und des ultrahochfesten Betons ohne Faserbewehrung liegt nur geringfügig höher als der Widerstand des normalfesten Betons.

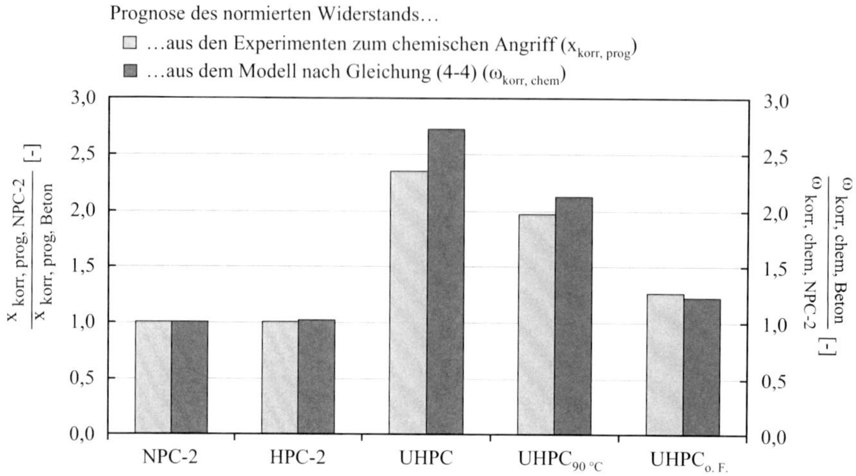

Abb. 4-4: Gegenüberstellung der Prognosen der normierten Korrosionswiderstände aus den Experimenten zum chemischen Angriff und aus dem Modell nach Gleichung (4-4)

Somit konnten die experimentell gewonnenen Ergebnisse anhand des hier vorgestellten Modells grundsätzlich bestätigt werden, woraus folgt, dass das Modell eine realistische Abschätzung des Korrosionswiderstands gewährleistet.

Ein Beispiel bezüglich der Anwendung des Modells zur rechnerischen Abschätzung des Korrosionswiderstands in der Praxis ist dem Anhang 4, Kapitel A4.4 zu entnehmen.

4.3.4 Gültigkeit des Modells

Beim zuvor dargelegten Modell handelt es sich um ein vergleichsweise einfach nachvollziehbares Ingenieurmodell auf Basis physikalischer Zusammenhänge, anhand dessen eine Quantifizierung des Korrosionswiderstands von Beton erfolgen kann. Es ermöglicht insbesondere die Gegenüberstellung des Korrosionswiderstands unterschiedlicher Betone und kann dem potentiellen Anwender die Auswahl eines für den betrachteten Lastfall geeigneten Betons erleichtern.

Während der Gefügewiderstand $\omega_{Gefüge}$ nach Gleichung (4-5) unabhängig von der Angriffsart ist, besitzt der nach Gleichung (4-4) definierte Korrosionswiderstand $\omega_{korr, chem}$ ausschließlich für den chemischen Angriff Gültigkeit.

Die Quantifizierung der Einflussparameter $\varepsilon_{Riss, WB}$ und ε_{Faser} in Gleichung (4-4) erfolgte im Rahmen der vorliegenden Arbeit lediglich für den Angriff durch HCl, pH 3, da sich die experimentellen Untersuchungen zum Einfluss der Wärmebehandlung und der Stahlfaserbewehrung auf diesen Angriff beschränkten. Es ist nicht auszuschließen, dass sich die Einflussfaktoren ε für den Angriff durch weitere Säurearten und pH-

Werte, und hierbei insbesondere für pH < 3, von den in Tabelle 4-10 aufgezeigten Einflussfaktoren hinsichtlich ihrer Größe unterscheiden. Zur Ausweitung der Gültigkeit des Modells für den chemischen Angriff werden somit weitere Versuche zur Abschätzung der Einflussparameter ε benötigt, deren Durchführung zukünftigen Forschungsarbeiten vorbehalten ist.

Zur Betrachtung weiterer Angriffsarten (z. B. Chloridangriff) kann das Modell durch Berücksichtigung der jeweils maßgebenden Einflussparameter beliebig erweitert werden. So sollte bei der Prognose des Korrosionswiderstands gegenüber Chloridangriff $\omega_{korr,\,Chlorid}$ anstelle der chemischen Beständigkeit (ε_{BM}) die Chloridbindekapazität des Bindemittels Eingang finden (z. B. anhand des C_3A-Gehalts). Außerdem muss berücksichtigt werden, dass die Stahlfaserbewehrung hier eine Reduktion des Korrosionswiderstands darstellt (vgl. Kapitel 3.5.1) und dass die Selbstabdichtung des Zementgels in Anwesenheit von gelöstem NaCl ausgeprägter ist (vgl. Kapitel 2.2.1.2), wodurch diese Parameter in geeigneter Weise zu koppeln sind.

Kapitel 5
Zusammenfassung

5.1 Wesentliche Erkenntnisse

Im Rahmen der vorliegenden Dissertation wurde ein experimentelles Programm zur Dauerhaftigkeit von ultrahochfestem Beton durchgeführt mit dem primären Ziel, das Langzeitverhalten dieser Betone umfassend zu charakterisieren und dem Verhalten konventioneller Betone gegenüberzustellen. Außerdem sollten diejenigen Mechanismen identifiziert werden, von denen der Korrosionswiderstand von Beton maßgebend abhängt.

Der Schwerpunkt des Versuchsprogramms lag auf der Untersuchung des Betonverhaltens bei Chloridbeaufschlagung sowie beim Angriff mineralsaurer Wässer. Daneben erfolgte die Charakterisierung des Betonverhaltens bei Karbonatisierung und bei kombinierter Beanspruchung (Frost $\leftrightarrow$ Ermüdung, Ermüdung $\rightarrow$ Chlorideindringung). Soweit möglich wurden jeweils einfache, praxistaugliche Prognosemodelle zur Beschreibung des zeitabhängigen Korrosionsfortschritts bzw. der zeitabhängigen Entwicklung wesentlicher Materialkennwerte (z. B. Diffusionskoeffizient der Chloridionen) abgeleitet. Von Interesse war stets auch die spezifische Korrosion der Stahlfaserbewehrung.

Um ein weitreichendes Verständnis der ablaufenden Prozesse zu gewinnen, wurden außerdem die Gefügestruktur (chemisch-mineralogische Zusammensetzung, Hydratationsgrad, Mikrostruktur, Porenraum) sowie das Transportverhalten (Gaspermeabilität, Wasseraufnahme) der Betone untersucht.

Im Vergleich mit den ebenfalls untersuchten normal- und hochfesten Betonen bestätigte sich grundsätzlich die deutlich höhere Dichtigkeit und daraus resultierend die höhere Dauerhaftigkeit der ultrahochfesten Betone. Allerdings zeigte sich, dass verschiedene Einflussfaktoren die Struktur ultrahochfester Betone empfindlich schwächen können.

Insbesondere Mikrorisse führen zu einer Schwächung des ansonsten sehr dichten Betongefüges. Diese entstehen vor allem in faserlosen ultrahochfesten Betonen aufgrund des ausgeprägten autogenen Schwindens (Rissbreiten 0,5 bis 2,0 µm) sowie in thermisch behandelten Betonen aufgrund von Temperaturgradienten (Rissbreiten 30 bis 100 µm). Auch wenn bei der Wärmebehandlung – deren Ziel eigentlich eine Steigerung der Gefügedichtigkeit bzw. Festigkeit ist – sehr geringe Aufheiz- und Abkühlraten gewählt werden, ist eine Mikrorissbildung nicht immer gänzlich vermeidbar. So zeigte der hier im Rahmen des Angriffs mineralsaurer Wässer untersuchte thermisch behandelte ultrahochfeste Beton aufgrund von Mikrorissen einen geringeren Korrosionswiderstand als der unbehandelte Beton. Somit gelingt durch die Wärmebehandlung zwar eine Steigerung der Festigkeit, allerdings können mit der thermischen Beaufschlagung gleichzeitig Einbußen bezüglich der Dauerhaftigkeit einhergehen. Bei der Planung von Bauteilen oder Bauwerken aus faserlosem oder wärmebehandeltem ultrahochfestem Beton sind Voruntersuchungen zur Ausbildung von Mikrorissen daher zwingend notwendig, um eine realistische Lebensdauerabschätzung vornehmen zu können.

Die Untersuchungen zeigten außerdem, dass die Anwesenheit einer Stahlfaserbewehrung zwar zu einer Erhöhung der Duktilität führt, darüber hinaus allerdings – unabhängig von deren Beitrag zur Vermeidung von Mikrorissen – sowohl eine Steigerung als auch eine Reduktion des Korrosionswiderstands bewirken kann.

Zum einen wurde aufgezeigt, dass die Kontaktzone zwischen Stahlfaserbewehrung und Zementstein in thermisch unbehandelten ultrahochfesten Betonen nicht die Dichtigkeit aufweist, von der man bisher ausgegangen ist. Die erhöhte Porosität der Kontaktzone ermöglicht einen verstärkten Eintritt angreifender Medien, so dass sich eine Schädigung des Betons vor allem in unmittelbarer Faserumgebung bemerkbar macht und zu einem stärkeren Vordringen der Korrosionsfront in diesem Bereich führt. Dies konnte zum Beispiel in den Versuchen zur Chlorideindringung beobachtet werden, in denen die Anwesenheit der Stahlfaserbewehrung zu deutlich höheren Chloridgehalten führte.

In den Versuchen zum Angriff mineralsaurer Wässer wurde hingegen beobachtet, dass sich die Korrosionsprodukte der Fasern in der ausgelaugten Randzone sowie auf der Angriffsfläche ablagerten und somit eine Verdichtung dieser geschwächten Zone bewirkten. Der Korrosionsfortschritt wurde hier durch die Stahlfasern verlangsamt.

Auf Basis der Ergebnisse der Literatursichtung sowie auf Grundlage des experimentellen Programms wurde schließlich ein Modell zur rechnerischen Abschätzung des Korrosionswiderstands von Betonen am Beispiel des Widerstands gegenüber dem Angriff mineralsaurer Wässer hergeleitet. Hierzu wurden zunächst die maßgebenden Einflussparameter ermittelt und quantifiziert.

Ausgehend davon wurde der sogenannte Korrosionswiderstand $\omega_{korr,\,chem}$ bei chemischem Angriff eingeführt, der vom Gefügewiderstand $\omega_{Gefüge}$ abhängt. Der Gefügewiderstand ist unabhängig von der vorliegenden Angriffsart. Er wird unter Berücksichtigung der maßgebenden Gefügekennwerte (z. B. Kapillarporenvolumen, Tortuosität, maximal erreichbarer Hydratationsgrad) ermittelt.

Die Angriffsart – in diesem Fall der chemische Angriff – geht in die Berechnung des Korrosionswiderstands $\omega_{korr,\,chem}$ anhand verschiedener Einflussfaktoren ε ein. Diese berücksichtigen, welche spezifischen Umstände den Widerstand des Betons schwächen (z. B. Mikrorisse) oder erhöhen (z. B. die Verwendung einer Stahlfaserbewehrung).

Der so ermittelte Korrosionswiderstand $\omega_{korr,\,chem}$ dient der Bewertung von Betonen hinsichtlich ihrer Eignung für den Einsatz in chemisch aggressiver Umgebung. Das hergeleitete, deterministische Modell zur Prognose der Dauerhaftigkeit wurde anhand der eigenen Versuchsergebnisse sowie anhand von Literaturdaten verifiziert. Es zeigte sich eine sehr gute Prognosegüte des Modells sowohl für ultrahochfeste als auch für normal- und hochfeste Betone.

Das Modell basiert auf physikalischen Zusammenhängen und zeichnet sich durch seine vergleichsweise einfache Handhabung aus. Die breite Datenbasis, die im Rahmen dieser Dissertation generiert wurde, ermöglicht die Modellprognose auch dann, wenn dem Anwender nur wenige, rudimentäre Angaben zum Beton vorliegen (Zusammensetzung und Druckfestigkeit des Betons, chemische Zusammensetzung des Bindemittels).

5.2 Offene Fragen

Aufgrund von zeitlichen und monetären Einschränkungen ist es meist nicht möglich, alle Fragen zu klären, die sich bei der Bearbeitung eines Forschungsprogramms ergeben. Eine Dissertation kann demnach zwar Wissenslücken schließen, wirft aber immer auch Fragestellungen auf. Die Klärung der nachfolgend aufgeführten Sachverhalte bleibt daher zukünftigen Forschungsarbeiten vorbehalten.

Auf Basis theoretischer Überlegungen wurde ein Zusammenhang zwischen der Tortuosität von Beton τ_{Beton} und der Tortuosität von Zementstein τ_{ZS} hergeleitet. Leider existieren nur in sehr eingeschränktem Maße Literaturdaten zu Experimenten, anhand derer dieser Zusammenhang bestätigt werden konnte. Die experimentelle Datenbasis sollte zur Verifikation des Zusammenhangs ausgeweitet werden, wobei neben dem Einfluss des Volumens der Gesteinskörnung auch der Einfluss der Korngrößenverteilung untersucht werden sollte.

Bei der Untersuchung der Gefügestruktur zeigte sich wie beschrieben die erhöhte Porosität der Kontaktzone zwischen Stahlfaser und Zementstein. Hier wäre es wünschenswert, die Ausbildung dieser Kontaktzone in Abhängigkeit vom Fasermaterial (z. B. Stahl, Kohlenstoff, Kunststoff) sowie von der Fasergeometrie zu charakterisieren.

Leider war es nicht möglich, im Rahmen des Versuchsprogramms zur Bestimmung der Permeabilität des ultrahochfesten Betons unter instationären Bedingungen eine ausreichende Menge an Probekörpern mithilfe des Zweikammerverfahrens zu prüfen. Der Serienumfang war jeweils auf zwei Probekörper beschränkt. Zur Verifikation der Versuchsergebnisse sowie zur Erfassung der Prüfstreuung des Verfahrens sollten diese Versuche aufgegriffen und der Serienumfang ausgeweitet werden.

Das Diagramm, das zur Abschätzung der zeitabhängigen kapillaren Wasseraufnahme abgeleitet wurde, basiert auf den Ergebnissen der vorliegenden Arbeit sowie auf Daten zu hochfesten Betonen, die in früheren Forschungsarbeiten am IMB generiert worden waren. Zur Absicherung der Prognose sollte das Diagramm um Versuchsergebnisse zu normalfesten Betonen erweitert werden.

Die Versuche zur kombinierten Beanspruchung sollten zukünftig unter zeitlicher und örtlicher Kopplung durchgeführt werden. Nur das zeitgleiche Aufbringen von z. B. Ermüdungs- und Chloridbeanspruchung gewährleistet die uneingeschränkte Übertragbarkeit auf Praxisverhältnisse. Die Kopplung der Beanspruchungen hätte auch den Vorteil, dass die Ermüdungsbeanspruchung bis zum Versagen der Probekörper aufgebracht werden kann.

Das Modell zur rechnerischen Abschätzung des Korrosionswiderstands bei chemischem Angriff $\omega_{korr,\ chem}$ sollte für weitere Lastfälle (z. B. Chlorideindringung) modifiziert werden. Dies kann durch die Berücksichtigung der jeweils für den Lastfall maßgebenden Einflussparameter ε erfolgen. So kann beispielsweise anstelle der chemischen Beständigkeit des Bindemittels ε_{BM} die Chloridbindekapazität des Bindemittels (z. B. anhand des C_3A-Gehalts) Eingang finden.

Ferner sollte überprüft werden, wie die Einflussparameter ε zur Abschätzung von $\omega_{korr,\ chem}$ variieren, wenn die Säureart oder der pH-Wert in der Versuchsdurchführung abgeändert werden.

Um die Anwendung des Modells auch bei Ermangelung experimenteller Ergebnisse (z. B. zum Porenraum) zu ermöglichen, wurden außerdem Diagramme zu den erforderlichen Eingangsgrößen in Abhängigkeit von der Druckfestigkeit $f_{cm,cube,28}$ zur Verfügung gestellt. Zur Absicherung dieser Diagramme sollte deren Datenbasis – vor allem unter Berücksichtigung weiterer Zemente (CEM II, CEM III) und Zusatzstoffe (z. B. Flugasche, Hüttensand) – erweitert werden.

Nicht zuletzt wird die Weiterentwicklung des hier vorgestellten, deterministischen Modells hin zu einem probabilistischen Modell empfohlen, um mit diesem letztlich ingenieurmäßig hinsichtlich der Dauerhaftigkeit bemessen zu können.

„Ernst zu nehmende Forschung erkennt man daran, dass plötzlich zwei Probleme existieren, wo es vorher nur eines gegeben hat.“

Thorstein Bunde Veblen (1857-1929)
amerik. Soziologe und Ökonom

Literaturverzeichnis

[1] AFGC/SETRA.: Bétons fibrés à ultra-hautes performances – Recommandations provisoires. Documents scientifiques et techniques. Association Française de Génie Civil (AFGC), Service d'études techniques des routes et autoroutes (SETRA) (Hrsg.), Bagneux Cedex, Frankreich, 2002

[2] ALARCON-RUIZ, L., PLATRET, G., MASSIEU, E., EHRLACHER, A.: The use of thermal analysis in assessing the effect of temperature on a cement paste. In: Cement and Concrete Research 35 (2005), Nr. 3, S. 609-613

[3] ALDEA, C.-M., SHAH, S. P., KARR, A.: Permeability of cracked concrete. In: Materials and Structures 32 (1999), Nr. 3, S. 370-376

[4] ALIGIZAKI, K. K.: Pore Structure of Cement-Based Materials. Testing, Interpretation and Requirements. Taylor & Francis Verlag , Abingdon, England, 2006

[5] ARCHIE, G. E.: The Electrical Resistivity Log as an Aid in Determining Some Reservoir Characterisitcs. In: Petroleum Technology 1 (1942), S. 54-62

[6] BADMANN, R., STOCKHAUSEN, N., SETZER, M. J.: The Statistical Thickness and the Chemical Potential of Adsorbed Water Films. In: Journal of Colloid and Interface Science 82 (1981), Nr. 2, S. 534-542

[7] BÁRDOSSY, A., BECK, F.: Skriptum zur Vorlesung Statistik. Institut für Wasserbau, Universität Stuttgart, 2006

[8] BELL, S., MORRIS, K.: An Introduction to Microscopy. CRC Press, Boca Raton, Florida, USA, 2010

[9] BENTZ, D. P.: Influence of water-to-cement ratio on hydration kinetics: Simple models based on spatial considerations. In: Cement and Concrete Research 36 (2006), Nr. 2, S. 238-244

[10] BENTZ, D. P., GARBOCZI, E. J.: Percolation of phases in a three-dimensional cement paste microstructural model. In: Cement and Concrete Research 21 (1991), Nr. 2-3, S. 325-344

[11] BENTZ, D. P., GARBOCZI, E. J., LAGERGREN, E. S.: Multi-Scale Microstructural Modeling of Concrete Diffusivity: Identification of Significant Varibles. In: Journal of Cement, Concrete and Aggregates 20 (1998), Nr. 1, S. 129-139

[12] BENTZ, D. P., JENSEN, O. M., COATS, A. M., GLASSER, F. P.: Influence of silica fume on diffusivity in cement-based materials. I. Experimental and computer modeling studies on cement pastes. In: Cement and Concrete Research 30 (2000), Nr. 6, S. 953-962

[13] BERTSCH, R.: Messung der Gaspermeation von ultrahochfesten Grob- und Feinkornbetonen. Studienarbeit, Institut für Massivbau und Baustofftechnologie, Universität Karlsruhe (TH), 2007

[14] BOURDETTE, B., RINGOT, E., OLLIVIER, J. P.: Modelling of the transition zone porosity. In: Cement and Concrete Research 25 (1995), Nr. 4, S. 741-751

[15] BREIT, W.: Säurewiderstand von Beton. In: Beiträge zum 41. Forschungskolloquium des DAfStb, Verein Deutscher Zementwerke e. V. (Hrsg.), Beuth Verlag, Berlin, 2002, S. 55-66

[16] BREIT, W., DAUBERSCHMIDT, C., GEHLEN, C., SODEIKAT, C., TAFFE, A., WIENS, U.: Zum Ansatz eines kritischen Chloridgehaltes bei Stahlbetonbauwerken. In: Beton- und Stahlbetonbau 106 (2011), Nr. 5, S. 290-298

[17] BREITENBÜCHER, R., SIEBERT, B.: Concrete Damage caused by Sulphate and Acid Attack in Ground Containing Pyrite. In: Proceedings of the 5th Int. Essen Workshop on Transport in Concrete (TRANSCON), Setzer, M. J. (Hrsg.), Aedificatio Verlag, Freiburg, 2007, S. 317-325

[18] BUDELMANN, H., KRAUß, M., EWERT, J.: Abschlussbericht zu den DFG-Geschäftszeichen BU 730/16-1 und BU 730/16-2 (Werkstoffverhalten von ultrahochfestem Beton im jungen Alter). Technische Universität Braunschweig, Institut für Baustoffe, Massivbau und Brandschutz, 2010

[19] BUIL, M., REVERTEGAT, E., OLIVER, J.: A Model of the Attack of Pure Water or Undersaturated Lime Solutions on Cement. In: Stabilization and Solidification of Hazardous, Radioactive, and Mixed Wastes, 2nd Volume, STP 1123, Gilliam, T. M., Wiles, C. C. (Hrsg.), ASTM, Philadelphia, Pennsylvania, USA, 1992, S. 227-241

[20] CARÉ, S.: Influence of aggregates on chloride diffusion coefficient into mortar. In: Cement and Concrete Research 33 (2003), Nr. 7, S. 1021-1028

[21] CERNÝ, R., ROVNANÍKOVÁ, P.: Transport Processes in Concrete. Spon Press, London, England, 2002

[22] CRANK, J.: The Mathematics of Diffusion – Second Edition. Oxford University Press, Oxford, England, 1975

[23] CWIRZEN, A., PENTTALA, V., HABEMEHL-CWIRZEN, K.: The effect of heat treatment on the salt freeze-thaw durability of UHSC. In: Proceedings of the 2nd International Symposium on Ultra High Performance Concrete, Fehling, E., Schmidt, M., Stürwald, S. (Hrsg.), kassel university press, Kassel, 2008, S. 221-230

[24] CWIRZEN, A., PENTTALA, V., VORNANEN, C.: Reactive powder based concretes: Mechanical properties, durability and hybrid use with OPC. In: Cement and Concrete Research 38 (2008), Nr. 10, S. 1217-1226

[25] DAUBERSCHMIDT, C.: Untersuchungen zu den Korrosionsmechanismen von Stahlfasern in chloridhaltigem Beton. Rheinisch-Westfälische Technische Hochschule Aachen, Institut für Bauforschung, Dissertation, 2006

[26] DE LARRARD, F. (HRSG.): Concrete Mixture Proportioning – A Scientific Approach. E & FN Spon, London, England, 1999

[27] EDVARDSEN, C. K.: Wasserdurchlässigkeit und Selbstheilung von Trennrissen in Beton. Heft 455, Deutscher Ausschuss für Stahlbeton (Hrsg.), Beuth Verlag, Berlin, 1996

[28] ELSHARIEF, A., COHEN, M. D., OLEK, J.: Influence of aggregate size, water cement ratio and age on the microstructure of the interfacial transition zone. In: Cement and Concrete Research 33 (2003), Nr. 11, S. 1837-1849

[29] EPPERS, S., MÜLLER, C.: Autogenous Shrinkage Strain of Ultra-High-Performance Concrete (UHPC). In: Proceedings of the 2nd International Symposium on Ultra High Performance Concrete, Fehling, E., Schmidt, M., Stürwald, S. (Hrsg.), kassel university press, Kassel, 2008, S. 433-441

[30] FEHLING, E., SCHMIDT, M., TEICHMANN, T., BUNJE, K., BORNEMANN, R., MIDDENDORF, B.: Entwicklung, Dauerhaftigkeit und Berechnung Ultrahochfester Betone (UHPC). Forschungsbericht zum DFG Geschäftszeichen FE 497/1-1. Schriftenreihe Baustoffe und Massivbau, Heft 1, Universität Kassel, kassel university press, 2005

[31] FONTANA, P.: Einfluss der Mischungszusammensetzung auf die frühen autogenen Verformungen der Bindemittelmatrix von Hochleistungsbetonen. Technische Universität Braunschweig, Institut für Baustoffe, Massivbau und Brandschutz, Dissertation, 2006

[32] FORDHAM, C. J., SMALLEY, I. J.: A simple thermogravimetric study of hydrated cement. In: Cement and Concrete Research 15 (1985), Nr. 1, S. 141-144

[33] FRANKE, L., DECKELMANN, G., SCHMIDT, H.: Zwischenbericht zur 1. Förderperiode im Rahmen des SPP 1182, DFG Geschäftszeichen Fr 493/29-1. Institut für Bauphysik und Werkstoffe im Bauwesen, Technische Universität Hamburg-Harburg, Hamburg-Harburg, 2007

[34] FRANKE, L., DECKELMANN, G., SCHMIDT, H.: Zwischenbericht zur 2. Förderperiode im Rahmen des SPP 1182, DFG Geschäftszeichen Fr 493/29-2. Institut für Bauphysik und Werkstoffe im Bauwesen, Technische Universität Hamburg-Harburg, Hamburg-Harburg, 2009

[35] FRANKE, L., KIEKBUSCH, J.: Behaviour of high-performance concrete under acid attack. In: Proceedings of the Int. Conference on Durability of HPC and Final Workshop of CONLIFE, Setzer, M. J., Palecki, S. (Hrsg.), Aedificatio Verlag, Essen, 2004, S. 311-320

[36] FRANKE, L., OLY, M., WITT, S.: Richtlinie für die Prüfung von Mörteln für den Einsatz im Sielbau, Fassung 2001. Technische Universität Hamburg-Harburg, Lehr- und Forschungsbereich Bauphysik und Werkstoffe im Bauwesen, Hamburg-Harburg, 2001

[37] FRANKE, L., SCHMIDT, H., SCHMIDT-DÖHL, F.: Prüfung der Beständigkeit von Mörtelprodukten gegenüber saurem Angriff bis pH 3 und Einstufung in Expositionsklassen. In: beton (2010), Nr. 1+2, S. 20-31

[38] GARBOCZI, E. J., BENTZ, D. P.: Computer simulation of the diffusivity of cement-based materials. In: Journal of Materials Science 27 (1992), Nr. 8, S. 2083-2092

[39] GEHLEN, C.: Probabilistische Lebensdauerbemessung von Stahlbetonbauwerken. Zuverlässigkeitsbetrachtungen zur wirksamen Vermeidung von Bewehrungskorrosion. Heft 510, Deutscher Ausschuss für Stahlbeton (Hrsg.), Beuth Verlag, Berlin, 2000

[40] GLASSER, F. P., PEDERSEN, J., GOLDTHORPE, K., ATKINS, M.: Solubility reactions of cement components with NaCl solutions: I. $Ca(OH)_2$ and C-S-H. In: Advances in Cement Research 17 (2005), Nr. 2, S. 57-64

[41] GOLDSCHMIDT, M.: Der Angriff der Schwefelsäure. In: UmweltBau 3 (2007), S. 83-85

[42] GOLDSTEIN, J. I., NEWBURY, D. E., ECHLIN, P., JOY, D. C., ROMIG, A. D., LYMAN, C. E., FIORI, C., LIFSHIN, E.: Scanning Electron Microscopy and X-Ray Microanalysis. Plenum Press, New York, USA, 1992

[43] GRÄF, H., GRUBE, H.: Verfahren zur Prüfung der Durchlässigkeit von Mörtel und Beton gegenüber Gasen und Wasser. In: beton 5 (1986), S. 184-187 und beton 6 (1986), S. 222-226

[44] GRANGER, S., LOUKILI, A., PIJAUDIER-CABOT, G., CHANVILLARD, G.: Experimental characterization of the self-healing of cracks in an ultra high performance cementitious material: Mechanical tests and acoustic emission analysis. In: Cement and Concrete Research 37 (2007), Nr. 4, S. 519-527

[45] GRANGER, S., PIJAUDIER-CABOT, G., LOUKILI, A., MARLOT, D., LENAIN, J. C.: Monitoring of cracking and healing in an ultra high performance cementitious material using the time reversal technique. In: Cement and Concrete Research 39 (2009), Nr. 4, S. 296-302

[46] GREGG, S. J., SING, K. S. W.: Adsorption, Surface Area and Porosity. Second Edition. Academic Press, London, England, 1997

[47] GRÖGER, J., HAMER, K., SCHULZ, H. D.: Das Angriffspotential sulfatsaurer Böden in Norddeutschland. Der kombinierte Säure- und Sulfatangriff auf Beton. In: Beton- und Stahlbetonbau 103 (2008), Nr. 8, S. 563-569

[48] GRUBE, H., RECHENBERG, W.: Betonabtrag durch chemisch angreifende saure Wässer. In: beton (1987), Nr. 11, S. 446-451 und Nr. 12, S. 495-498

[49] GRÜBL, P., WEIGLER, H., KARL, S.: Beton – Arten, Herstellung und Eigenschaften. Kupfer, H. (Hrsg.), Ernst & Sohn Verlag, Berlin, 2001

[50] GUSE, U., HILSDORF, H. K.: Dauerhaftigkeit hochfester Betone. Heft 487, Deutscher Ausschuss für Stahlbeton (Hrsg.), Beuth Verlag, Berlin, 1998

[51] GUTSCH, A.-W.: Stoffeigenschaften jungen Betons – Versuche und Modelle. Deutscher Ausschuss für Stahlbeton (Hrsg.), Heft 495, Beuth Verlag, Berlin, 1999

[52] HÄFNER, F., KORNJAEW, A., POHL, A., VOIGT, H.-D.: Permeabilitäts- und Porositätsmessungen an Gesteinsproben mit dem instationären Zweikammerverfahren. In: Erdöl Erdgas Kohle 112 (1996), Nr. 10, S. 401-404

[53] HEARN, N.: Self-sealing, autogenous healing and continued hydration: What is the difference? In: Materials and Structures 31 (1998), Nr. 8, S. 563-567

[54] HEARN, N., MORLEY, C. T.: Self-sealing property of concrete – Experimental evidence. In: Materials and Structures 30 (1997), Nr. 7, S. 404-411

[55] HEROLD, G.: Korrosion zementgebundener Werkstoffe in mineralsauren Wässern. Universität Karlsruhe (TH), Schriftenreihe des Instituts für Massivbau und Baustofftechnologie, Heft 36, Dissertation, 1999

[56] HEROLD, G. ET AL.: Korrosion und Dauerhaftigkeit. Unterlagen zur Vorlesung, Institut für Massivbau und Baustofftechnologie, Karlsruher Institut für Technologie (KIT), 2010

[57] HILL, J., HARRIS, A. W., MANNING, M., CHAMBERS, A., SWANTON, S. W.: The effect of sodium chloride on the dissolution of calcium silicate hydrate gels. In: Waste Management 26 (2006), Nr. 7, S. 758-768

[58] HILLEMEIER, B., BUCHENAU, G., HERR, R., HÜTTL, R., KLÜßENDORF, S., SCHUBERT, K: Spezialbetone. In: BetonKalender 2006, Bergmeister, K., Wörner, J.-D. (Hrsg.), Ernst & Sohn Verlag, Berlin, 2006, S. 521-583

[59] HÜTTL, R., HILLEMEIER, B.: Hochleistungsbeton – Beispiel Säureresistenz. In: Betonwerk und Fertigteil-Technik 66 (2000), Nr. 1, S. 52-60

[60] HÜTTL, R., LYHS, P., SILBEREISEN, R.: Beton auf Basis CEM II mit erhöhtem Widerstand gegenüber Säureangriff. In: Tagungsbericht zur 17. Internationalen Baustofftagung ibausil, CD-ROM (Beitrag 2.80), Weimar, 2009, 9 Seiten

[61] INGENIEURPARTNERSCHAFT FÜR BERGBAU, WASSER- UND DEPONIETECHNIK (IBEWA): Gaspermeabilitätsuntersuchungen an Ultra High Performance Concrete. Ergebnisbericht. Freiberg, 2010

[62] JACOBSEN, S., MARCHAND, J., HORNAIN, H.: SEM Observations of the Microstructure of Frost Deteriorated and Self-Healed Concretes. In: Cement and Concrete Research 25 (1995), Nr. 8, S. 1781-1790

[63] JACOBSEN, S., SELLEVOLD, E. J.: Self Healing of High Strength Concrete after Deterioration by Freeze/Thaw. In: Cement and Concrete Research 26 (1996), Nr. 1, S. 55-62

[64] JONASSON, J.-E.: Slipform construction – calculations for assessing protection against early freezing. Swedish Cement and Concrete Research Institute, Stockholm, 1985

[65] KAMEN, A., DENARIÉ, E., BRÜHWILER, E.: Thermal Effects on Physico-Mechanical Properties of Ultra-High-Performance Fiber-Reinforced Concrete. In: ACI Materials Journal 104 (2007), Nr. 4, S. 415-423

[66] KAPTEINA, G.: Modell zur Beschreibung des Eindringens von Chlorid in Beton von Verkehrsbauwerken. Technische Universität München, Lehrstuhl für Baustoffkunde und Werkstoffprüfung, Dissertation, 2011

[67] KJELLSEN, K. O., HELSING ATLASSI, E.: Pore structure of cement silica fume systems. Presence of hollow-shell pores. In: Cement and Concrete Research 29 (1999), Nr. 1, S. 133-142

[68] KJELLSEN, K. O., DETWILER, R. J.: Reaction Kinetics of Portland Cement Mortars Hydrated at Different Temperatures. In: Cement and Concrete Research 22 (1992), Nr. 1, S. 112-120

[69] KLOSE, A. M.: Beitrag zur wirklichkeitsnahen Prognose chloridinduzierter Bewehrungskorrosion bei bestehenden Infrastrukturbauwerken. Universität Karlsruhe (TH), Institut für Massivbau und Baustofftechnologie, Diplomarbeit, 2008

[70] KORPA, A., KOWALD, T., TRETTIN, R.: Phase development in normal and ultra high performance cementitious systems by quantitative X-ray analysis and thermoanalytical methods. In: Cement and Concrete Research 39 (2009), Nr. 2, S. 69-76

[71] LAPPA, E. S.: High Strength Fibre Reinforced Concrete – Static and Fatigue Behaviour in Bending. Technische Universität Delft, 2007

[72] LAY, S.: Abschätzung der Wahrscheinlichkeit tausalzinduzierter Bewehrungskorrosion – Baustein eines Systems zum Lebenszyklusmanagement von Stahlbetonbauwerken. Heft 568, Deutscher Ausschuss für Stahlbeton (Hrsg.), Beuth Verlag, Berlin, 2007

[73] LEPECH, M., LI, V. C.: Water Permeability of Cracked Cementitious Composites. Proceedings of the 11th International Conference on Fracture, CD ROM (Paper 4539), Turin, 2005, 6 Seiten

[74] LOHAUS, L., PETERSEN, L., GRIESE, R.: Beton mit hohem Säurewiderstand für den Kühlturmbau – eine Zwischenbilanz. In: beton (2009), Nr. 9, S. 370-379

[75] LOUKILI, A., KHELIDJ, A., RICHARD, P.: Hydration kinetics, change of relative humidity, and autogenous shrinkage of ultra-high-strength concrete. In: Cement and Concrete Research 29 (1999), S. 577-584

[76] LOUKILI, A., ROUX, N., ARLOT, D., FEYLESSOUFI, A.: Effects of a High Reduction in the Initial Water Content in Cement Based Matrices. In: Proceedings of the 4th International Symposium on the Utilization of High-Strength/High-Performance Concrete. De Larrard, F., Lacroix, R. (Hrsg.), Presses de l´école nationale des ponts et chaussées, Paris, Frankreich, 1996, S. 1367-1373

[77] LUDWIG, H.-M., THIEL, R.: Dauerhaftigkeit von UHFB. In: Ultrahochfester Beton. Innovationen im Bauwesen. Beiträge aus Praxis und Wissenschaft, König, G., Holschemacher, K., Dehn, F. (Hrsg.), Bauwerk Verlag, Berlin, 2003, S. 89-106

[78] LURA, P., JENSEN, O. M., VAN BREUGEL, K.: Autogenous shrinkage in high-performance cement paste: An evaluation of basic mechanisms. In: Cement and Concrete Research 33 (2003), Nr. 2, S. 223-232

[79] MAAGE, M., POULSEN, E.: Service Life Model for Concrete Structures Exposed to Marine Environment – Initiation Period. LIGHTCON Report No. 2.4, STF70 A94082, SINTEF (Hrsg.), Trondheim, Norwegen, 1995

[80] MENGES, G., HABERSTROH, E., MICHAELI, W., SCHMACHTENBERG, E.: Werkstoffkunde Kunststoffe. Carl Hanser Verlag, München, 2002

[81] MILLS, R. H.: Factors Influencing Cessation of Hydration in Water Cured Cement Pastes. In: Special Report 90, Highway Research Board, Washington, DC, USA, 1966, S. 406-424

[82] MINDESS, S., YOUNG, J. F., DARWIN, D.: Concrete – Second Edition. Pearson Education, Inc., London, England, 2003

[83] MÖNNIG, S.: Modelling of the Hydration of High Performance Concrete with Normal- and Lightweight Aggregates. Otto-Graf-Journal, Vol.14, 2003, S. 79-90

[84] MÖSER, B., PFEIFER, C.: Microstructure and Durability of Ultra-High Performance Concrete. In: Proceedings of the 2nd International Symposium on Ultra High Performance Concrete, Fehling, E., Schmidt, M., Stürwald, S. (Hrsg.), kassel university press, Kassel, 2008, S. 417-424

[85] MONTENY, J., VINCKE, E., BEELDENS, A., DE BELIE, N., TAERWE, L., VAN GEMERT, D., VERSTRAETE, W.: Chemical, microbiological, and in situ test methods for biogenic sulfuric acid corrosion of concrete. In: Cement and Concrete Research 30 (2000), Nr. 4, S. 623-634

[86] MOSEBACH, H., STENGEL, F.: Hochleistungsbeton mit hoher chemischer Beständigkeit. In: beton (2010), Nr. 10, S. 384-387

[87] MÜLLER, H. S.: Baustoffkunde und Konstruktionsbaustoffe. Skriptum zur Vorlesung, Institut für Massivbau und Baustofftechnologie, Karlsruher Institut für Technologie (KIT), 2010

[88] MÜLLER, H. S., SCHEYDT, J. C.: Dauerhaftigkeit und Nachhaltigkeit von ultrahochfestem Beton. Ergebnisse von Laboruntersuchungen In: beton (2011), Nr. 9, S. 336-343

[89] MÜLLER, H. S., SCHEYDT, J. C.: Durability of Ultra High Strength Fibre Reinforced Concrete (UHSFRC) B 150 - B 200. Abschlussbericht zum DFG Geschäftszeichen MU 1368/6-3. Karlsruher Institut für Technologie (KIT), Institut für Massivbau und Baustofftechnologie, 2010

[90] NILSSON, L.-O.: Models for chloride ingress into concrete – from Collepardi to today. In: International Journal of Modelling, Identification and Control 7 (2009), Nr. 2, S. 129-134

[91] NILSSON, L.-O., POULSEN, E., SANDBERG, P., SØRENSEN, H. E., KLINGHOFFER, O.: HETEK, Chloride penetration into concrete, State-of-the-Art, Transport processes, corrosion initiation, test methods and prediction models. Report No. 53, Danish Road Directorate, Kopenhagen, Dänemark, 1996

[92] OH, B. H., JANG, S. Y.: Prediction of diffusivity of concrete based on simple analytic equations. In: Cement and Concrete Research 34 (2004), Nr. 3, S. 463-480

[93] OLLIVIER, J. P., MASO, J. C., BOURDETTE, B.: Interfacial Transition Zone in Concrete. In: Advanced Cement Based Materials 2 (1995), Nr. 1, S. 30-38

[94] PALECKI, S., BEVANDA, I.: Veränderter Frost-Tausalzwiderstand von UHPC bei bestehender Vorschädigung. In: Tagungsbericht zur 17. Internationalen Baustofftagung ibausil, CD-ROM (Beitrag 2.102), Weimar, 2009, 6 Seiten

[95] PALECKI, S., SETZER, M.: Ultra-high-performance concrete under frost and de-icing salt attack. In: Proceedings of the 2nd International Symposium on Ultra High Performance Concrete, Fehling, E., Schmidt, M., Stürwald, S. (Hrsg.), kassel university press, Kassel, 2008, S. 443-451

[96] PAPADAKIS, V. G., FARDIS, M. N., VAYENAS, C. G.: Effect of composition, environmental factors and cement-lime mortar coating on concrete carbonation. In: Materials and Structures 25 (1992), Nr. 5, S. 293-304

[97] PETERSEN, C. G.: RCT Profile Grinding Kit for in-situ Evaluation of the Chloride Diffusion Coefficient and the Remaining Service Life of a Reinforced Concrete Structure. In: Chloride Penetration into Concrete Structures: Nordic Miniseminar, Chalmers University of Technology, Göteborg, Schweden, 1993, S. 182-192

[98] PETERSEN, L., LOHAUS, L.: Entwicklung eines Prüfstandes für Parameterstudien zur Säurebeständigkeit von Hochleistungsbetonen. In: Tagungsbericht zur 16. Internationalen Baustofftagung (ibausil), Stark, J. (Hrsg.), Weimar, 2006, S. 2/0637-2/0644

[99] PFEIFER, C., MÖSER, B., STARK, J.: Hydratation, Phasen- und Gefügeentwicklung von Ultrahochfestem Beton. In: Tagungsbericht zur 17. Internationalen Baustofftagung (ibausil), Stark, J. (Hrsg.), CD-ROM (Beitrag 2.23), Weimar, 2009, 14 Seiten

[100] PFEIFER, C., MÖSER, B., WEBER, C., STARK, J.: Investigations of the Pozzolanic Reaction of Silica Fume in Ultra High Performance Concrete (UHPC). In: Proceedings of the International RILEM Conference on Material Science – MATSCI, Brameshuber, W. (Hrsg.), RILEM Publications S.A.R.L., Aachen, 2010, S. 287-298

[101] POWERS, T. C., BROWNYARD, T. L.: Studies of the Physical Properties of Hardened Portland Cement Paste. Research Laboratories of the Portland Cement Association, Bulletin 22, Chicago, Illinois, USA, 1948

[102] PROMENTILLA, M. A. B., SUGIYAMA, T., HITOMI, T., TAKEDA, N.: Characterizing the 3D Pore Structure of Hardened Cement Paste with Synchrotron Microtomography. In: Journal of Advanced Concrete Technology 6 (2008), Nr. 2, S. 273-286

[103] QUAST, O. S.: Vergleich und Bewertung neuerer Modelle zur Beschreibung der Chlorideindringung in Beton. Karlsruher Institut für Technologie (KIT), Institut für Massivbau und Baustofftechnologie, Studienarbeit, 2010

[104] RAMACHANDRAN, V. S., PAROLI, R. M., BEAUDOIN, J. J., DELGADO, A. H.: Handbook of Thermal Analysis of Construction Materials. Noyes Publications, Norwich, New York, USA, 2002

[105] REDA, M. M., SHRIVE, N. G., GILLOTT, J. E.: Microstructural investigation of innovative UHPC. In: Cement and Concrete Research 29 (1999), Nr. 3, S. 323-329

[106] REINHARDT, H.-W., JOOSS, M.: Permeability and self-healing of cracked concrete as a function of temperature and crack width. In: Cement and Concrete Research 33 (2003), Nr. 7, S. 981-985

[107] REVERTEGAT, E., RICHET, C., GÉGOUT, P.: Effect of pH on the durability of cement pastes. In: Cement and Concrete Research 22 (1992), Nr. 2/3, S. 259-272

[108] ROUQUEROL, J., AVNIR, D., FAIRBRIDGE, C. W., EVERETT, D. H., HAYNES, J. H., PERNICONE, N., RAMSAY, J. D. F., SING, K. S. W., UNGER, K. K.: Recommendations for the Characterization of Porous Solids. In: Pure & Appl. Chem. 66 (1994), Nr. 8, S. 1739-1758

[109] ROUQUEROL, F., ROUQUEROL, J., SING, K.: Adsorption by Powders and Porous Solids. Academic Press, London, England, 1999

[110] RUCKER-GRAMM, P.: Modellierung des Feuchte- und Salztransports unter Berücksichtigung der Selbstabdichtung in zementgebundenen Baustoffen. Heft 579, Deutscher Ausschuss für Stahlbeton (Hrsg.), Beuth Verlag, Berlin, 2010

[111] SAMSON, E., MARCHAND, J.: Multiionic Approaches to Model Chloride Binding in Cementitious Materials. In: Proceedings of the 2nd International Symposium on Advances in Concrete through Science and Engineering, Marchand, J., Bissonnette, B., Gagné, R., Jolin, M., Paradis, F. (Hrsg.), Québec, Kanada, 2006, S. 101-122

[112] SANDBERG, P., TANG, L.: A Field Study of the Penetration of Chlorides and Other Ions into a High Quality Concrete Marine Bridge Column. In: Proceedings of the Third International Conference on the Durability of Concrete, Malhotra, V. M. (Hrsg.), Nizza, Frankreich, 1994, S. 557-571

[113] SANDER, U., GERDES, H., BANDORF, R.: Mess- und Prüfverfahren. In: Lehrbuch Mikrotechnologie für Ausbildung, Studium und Weiterbildung. Globisch, S. et al. (Hrsg.), Fachbuchverlag Leipzig im Carl Hanser Verlag, München, 2011

[114] SAVITZKY, A., GOLAY, M. J. E.: Smoothing and Differentiation of Data by Simplified Least Squares Procedures. In: Analytical Chemistry 36 (1964), Nr. 8, S. 1627-1639

[115] SCHACHINGER, I.: Untersuchungen an Hochleistungs-Feinkorn-Beton. In: Beiträge zum 38. Forschungskolloquium des DAfStb, München, 2000, S. 55-66

[116] SCHIFFER, A.: Abschlussbericht zum Forschungsvorhaben AISIS (Automatisierte Informationsgewinnung und Schutz kritischer Infrastruktur im Katastrophenfall), Teilvorhaben Markt- und Wettbewerbsanalyse, Kosten-Nutzen-Analyse, EmergentActio KG, Ihringen, 2011

[117] SCHMIDT, H.: Korrosionsverhalten von Normalmörtel und UHPC – Experimente und numerische Simulation. Technische Universität Hamburg-Harburg, Institut für Baustoffe, Bauphysik und Bauchemie, Dissertation, 2011

[118] SCHMIDT, M. ET AL.: Sachstandsbericht Ultrahochfester Beton. Deutscher Ausschuss für Stahlbeton (Hrsg.), Heft 561, Beuth Verlag, Berlin, 2008

[119] SCHMIDT-DÖHL, F.: Ein Modell zur Berechnung von kombinierten chemischen Reaktions- und Transportprozessen und seine Anwendung auf die Korrosion mineralischer Baustoffe. Technische Universität Braunschweig, Institut für Baustoffe, Massivbau und Brandschutz, Dissertation, 1996

[120] SCRIVENER, K. L., NEMATI, K. M.: The Percolation of Pore Space in the Cement Paste/Aggregate Interfacial Zone of Concrete. In: Cement and Concrete Research 26 (1996), Nr. 1, S. 35-40

[121] SETZER, M. J.: Transportvorgänge und Porenstruktur – Wassertransport. In: Mitteilungen aus dem Forschungsinstitut des Vereins der Österreichischen Zementfabrikanten, Heft 39 (1987), S. 7-17

[122] SHEN, L., CHEN, Z.: Critical review of the impact of tortuosity on diffusion. In: Chemical Engineering Science 62 (2007), Nr. 14, S. 3748-3755

[123] SING, K. S. W., EVERETT, D. H., HAUL, R. A. W., MOSCOU, L., PIEROTTI, R. A., ROUQUÉROL, J., SIEMIENIEWSKA, T.: Reporting Physisorption Data for Gas/Solid Systems with Special Reference to the Determination of Surface Area and Porosity. IUPAC-Recommendations 1984. In: Pure & Appl. Chem. 57 (1985), Nr. 4, S. 603-619

[124] SOLÉ, V. A., PAPILLON, E., COTTE, M., WALTER, P., SUSINI, J.:A multiplatform code for the analysis of energy-dispersive X-ray fluorescence spectra. In: Spectrochimica Acta Part B 62 (2007), S. 63-68

[125] SORELLI, L., CONSTANTINIDES, G., ULM, F.-J., TOUTLEMONDE, F.: The nanomechanical signature of Ultra High Performance Concrete by statistical nanoindentation techniques. In: Cement and Concrete Research 38 (2008), Nr. 12, S. 1447-1456

[126] SORELLI, L., ULM, F.-J., SEIBERT, P., DAVILA, R., PERRY, V.: Risk Analysis of Early-Age Cracking in UHPC Structures. In: Proceedings of the 2nd International Symposium on Ultra High Performance Concrete, Fehling, E., Schmidt, M., Stürwald, S. (Hrsg.), kassel university press, Kassel, 2008, S. 331-338

[127] SPIEß, L., TEICHERT, G., SCHWARZER, R., BEHNKEN, H., GENZEL, C.: Moderne Röntgenbeugung. Röntgendiffraktometrie für Materialwissenschaftler, Physiker und Chemiker. Vieweg + Teubner, Wiesbaden, 2009

[128] STARK, J., BERNINGER, A. M., FREYBURG, E.: ASR-Sensitive Slow-Late-Aggregates; Macrodamage and Microstructure. In: Proceedings of the 11th Int. Conference on Fracture, Turin, Italien, 2005, 6 Seiten

[129] STARK, J., MÖSER, B., BELLMANN, F.: Nucleation and growth of C-S-H phases on mineral admixtures. In: Advances in Construction Materials 2007, Grosse, C. U. (Hrsg.), Springer Verlag, Berlin, 2007, S. 531-538

[130] STARK, J., WICHT, B.: Zement und Kalk: Der Baustoff als Werkstoff. Birkhäuser Verlag, Basel, Schweiz, 2000

[131] SUGIYAMA, T., RITTHICHAUY, W., TSUJI, Y.: Experimental investigation and numerical modeling of chloride penetration and calcium dissolution in saturated concrete. In: Cement and Concrete Research 38 (2008), Nr. 1, S. 49-67

[132] SUGIYAMA, T., RITTHICHAUY, W., TSUJI, Y.: Simultaneous Transport of Chloride and Calcium Ions in Hydrated Cement Systems. In: Journal of Advanced Concrete Technology 1 (2003), Nr. 2, S. 127-138

[133] TAFFE, A., POHL, M., ROESER, W., SCHWAMBORN, B.: Betonkorrosion durch Schwefelsäure an Abwasserbauwerken. Innovative Schadensdiagnose. In: Beton- und Stahlbetonbau 102 (2007), Nr. 10, S. 691-698

[134] TANG, L.: Chloride Transport in Concrete – Measurement and Prediction. Chalmers University of Technology, Department of Building Materials, Göteborg, Schweden, Dissertation, 1996

[135] TANG, L., GULIKERS, J.: On the mathematics of time-dependent apparent chloride diffusion coefficient in concrete. In: Cement and Concrete Research 37 (2007), Nr. 4, S. 589-595

[136] TRUC, O.: Prediction of chloride penetration into saturated concrete – Multi-species approach. Dissertation, Chalmers University of Technology, Department of Building Materials, Göteborg, 2000

[137] ULM, F.-J., COUSSY, O.: What Is a "Massive" Concrete Structure at Early Ages? Some Dimensional Arguments. In: Journal of Engineering Mechanics 127 (2001), Nr. 5, S. 512-522

[138] UNGRICHT, H.: Wasserhaushalt und Chlorideintrag in Beton – Einfluss der Exposition und der Betonzusammensetzung. Eidgenössische Technische Hochschule Zürich, Institut für Baustoffe, Werkstoffchemie und Korrosion, Dissertation, 2004

[139] VAGGELLI, G., COSSIO, R.: μ-XRF analysis of glasses: a non-destructive utility for cultural heritage applications. In: Analyst 137 (2012), Nr. 3, S. 662-667

[140] VARIAN (HRSG.): Flame Atomic Absorption Spectrometry – Analytical Methods. Publication No 85-100009-00, Mulgrave Victoria, Australien, 1989

[141] VEREIN DEUTSCHER ZEMENTWERKE E. V. (HRSG.): Zement-Taschenbuch 2002. Verlag Bau+Technik, Düsseldorf, 2002

[142] VERNET, C., LUKASIK, J., PRAT, E.: Nanostructure, porosity, permeability, and diffusivity of Ultra High Performance Concretes (UHPC). In: Proceedings of the International Symposium on High-Performance and Reactive Powder Concretes, Sherbrooke, Kanada, 1998, S. 17-35

[143] VOGGENREITER, K.-H., GABLENZ, K. B., GÄNßMANTEL, J.: Risse in Decken und Wänden. Auszug aus dem Loseblattwerk: Risse in Decken und Wänden: Praxisleitfaden zur schnellen Ursachenermittlung, fachgerechten Nachbesserung und sicheren Bestimmung der Verantwortung. Forum Verlag Herkert, Merching, 2009

[144] VOGT, C.: Ultrafine particles in concrete. Influence of ultrafine particles on concrete properties and application to concrete mix design. Royal Institute of Technology, Division of Concrete Structures, Dissertation, Stockholm, Schweden, 2010

[145] VOLKWEIN, A.: Untersuchungen über das Eindringen von Wasser und Chlorid in Beton. Technische Universität München, Lehrstuhl für Baustoffkunde und Werkstoffprüfung, Prüfamt für bituminöse Baustoffe und Kunststoffe, Dissertation, 1991

[146] WALLER, V.: Relations entre composition des bétons, exothermie en cours de prise et résistance en compression. École Nationale des Ponts et Chaussées, Dissertation, Paris, Frankreich, 1999

[147] WANG, K., JANSEN, D., SHAH, S. P., KARR, A. F.: Permeability study of cracked concrete. In: Cement and Concrete Research 27 (1997), Nr. 3, S. 381-393

[148] WEBB, P. A., ORR, C.: Analytical Methods in Fine Particle Technology. Micromeritics Instrument Corporation, Norcross, Georgia, USA, 1997

[149] WIENS, U., MENG, B., FONTANA, P.: Mikrorissbildung in Hochleistungsbeton. Vom Modell zu den Auswirkungen auf Betoneigenschaften. In: beton 6 (2007), S. 256-265

[150] WITTMANN, F. H.: Grundlagen eines Modells zur Beschreibung charakteristischer Eigenschaften des Betons. In: Heft 290, Deutscher Ausschuss für Stahlbeton (Hrsg.), Beuth Verlag, Berlin, 1977, S. 43-101

[151] YANG, Y., LEPECH, M. D., YANG, E.-H., LI, V. C.: Autogenous healing of engineered cementitious composites under wet-dry cycles. In: Cement and Concrete Research 39 (2009), Nr. 5, S. 382-390

[152] ZHENG, J. J., LI, C. Q., ZHOU, X., Z.: Characterization of Microstructure of Interfacial Transition Zone in Concrete. In: ACI Materials Journal 102 (2005), Nr. 4, S. 265-271

Normen und Richtlinien

DIN 1045-2 [N1] Tragwerke aus Beton, Stahlbeton und Spannbeton – Teil 2: Beton – Festlegung, Eigenschaften, Herstellung und Konformität – Anwendungsregeln zu DIN EN 206-1. Beuth Verlag, Berlin, 2008.

DIN 1048-5 [N2] Prüfverfahren für Beton – Teil 5: Festbeton, gesondert hergestellte Probekörper. Beuth Verlag, Berlin, 1991

DIN 4030-1 [N3] Beurteilung betonangreifender Wässer, Böden und Gase – Teil 1: Grundlagen und Grenzwerte. Beuth Verlag, Berlin, 2008

DIN 52102 [N4] Prüfung von Naturstein und Gesteinskörnungen – Bestimmung von Dichte, Trockenrohdichte, Dichtigkeitsgrad und Gesamtporosität. Beuth Verlag, Berlin, 1988

DIN 52103 [N5] Prüfung von Naturstein und Gesteinskörnungen – Bestimmung von Wasseraufnahme und Sättigungswert. Beuth Verlag, Berlin, 1988

DIN 66133 [N6] Bestimmung der Porenvolumenverteilung und der spezifischen Oberfläche von Feststoffen durch Quecksilberintrusion. Beuth Verlag, Berlin, 1993

DIN 66135-1 [N7] Partikelmesstechnik – Mikroporenanalyse mittels Gasadsorption – Teil 1: Grundlagen und Messverfahren. Beuth Verlag, Berlin, 2001

DIN CEN/TS 12390-9 [N8] Prüfung von Festbeton – Teil 9: Frost- und Frost-Tausalz-Widerstand – Abwitterung (Vornorm). Beuth Verlag, Berlin, 2006

DIN EN 196-1 [N9] Prüfverfahren für Zement – Teil 1: Bestimmung der Festigkeit. Beuth Verlag, Berlin, 2005

DIN EN 196-2 [N10] Prüfverfahren für Zement – Teil 2: Chemische Analyse von Zement. Beuth Verlag, Berlin, 2005

DIN EN 206-1 [N11] Beton – Teil 1: Festlegung, Eigenschaften, Herstellung und Konformität. Beuth Verlag, Berlin, 2001

DIN EN 932-3 [N12] Prüfverfahren für allgemeine Eigenschaften von Gesteinskörnungen – Teil 3: Durchführung und Terminologie einer vereinfachten petrographischen Beschreibung, Beuth Verlag, Berlin, 2003

DIN EN 1990 [N13] Eurocode: Grundlagen der Tragwerksplanung, Beuth Verlag, Berlin, 2010

DIN EN 1992-1-1 [N14]	Eurocode 2: Bemessung und Konstruktion von Stahlbeton- und Spannbetontragwerken – Teil 1-1: Allgemeine Bemessungsregeln und Regeln für den Hochbau. Beuth Verlag, Berlin, 2011.
DIN EN 12350-5 [N15]	Prüfung von Frischbeton – Teil 5: Ausbreitmaß. Beuth Verlag, Berlin, 2000
DIN EN 12350-6 [N16]	Prüfung von Frischbeton – Teil 6: Frischbetonrohdichte. Beuth Verlag, Berlin, 2000
DIN EN 12350-7 [N17]	Prüfung von Frischbeton – Teil 7: Luftgehalte – Druckverfahren. Beuth-Verlag, Berlin, 2000
DIN EN 12390-2 [N18]	Prüfung von Festbeton – Teil 2: Herstellung und Lagerung von Probekörpern für Festigkeitsprüfungen. Beuth Verlag, Berlin , 2001
DIN EN 12390-3 [N19]	Prüfung von Festbeton – Teil 3: Druckfestigkeit von Probekörpern. Beuth Verlag, Berlin, 2002
DIN EN 12390-5 [N20]	Prüfung von Festbeton – Teil 5: Biegezugfestigkeit von Probekörpern. Beuth Verlag, Berlin, 2001
DIN EN 12390-7 [N21]	Prüfung von Festbeton – Teil 7: Dichte von Festbeton. Beuth Verlag, Berlin, 2001
DIN ISO 9277 [N22]	Bestimmung der spezifischen Oberfläche von Feststoffen durch Gasadsorption nach dem BET-Verfahren (ISO 9277:1995), Beuth Verlag, Berlin, 2003
BAW-Merkblatt „Chlorideindringwiderstand“ [N23]	Merkblatt zum Chlorideindringwiderstand von Beton (BAW-Merkblatt „Chlorideindringwiderstand“). Bundesanstalt für Wasserbau, Karlsruhe/Hamburg/Ilmenau, 2004
DAfStb-Richtlinie SIB [N24]	DAfStb-Richtlinie für Schutz und Instandsetzung von Stahlbetonbauteilen (Instandsetzungs-Richtlinie). Deutscher Ausschuss für Stahlbeton (Hrsg.), Beuth Verlag, Berlin, 2001
DAfStb-Richtlinie SVB [N25]	DAfStb-Richtlinie Selbstverdichtender Beton (SVB Richtlinie). Deutscher Ausschuss für Stahlbeton (Hrsg.), Beuth Verlag, Berlin, 2003
DAfStb-Heft 422 [N26]	Prüfung von Beton. Empfehlungen und Hinweise als Ergänzung zu DIN 1048. Deutscher Ausschuss für Stahlbeton (Hrsg.), Beuth Verlag, Berlin, 1991
Model Code 2010 [N27]	Model Code 2010, Vol. 1, Part II: Design Input Data. Fédération internationale du béton (fib) (Hrsg.), Lausanne, 2010
TC 176-IDC [N28]	Final Recommendation of RILEM TC 176-IDC 'Internal Damage of Concrete due to frost action', Test methods of frost resistance of concrete: CIF-Test: Capillary suction, internal damage and freeze thaw test – Reference method and alternative methods A and B. Materials and Structures 37 (2004), S. 743-753

TC 117-FDC [N29] TC 117-FDC Recommendation – CDF-Test – test method for the freeze thaw and deicing resistance of concrete – Tests with sodium chloride (CDF). Materials and Structures 29 (1996), S. 523-528

Anhang 1
Anlagen zu den Grundlagen

A1.1 Aufbau und Struktur des Zementsteins

A1.1.1 Hydratationsgrad

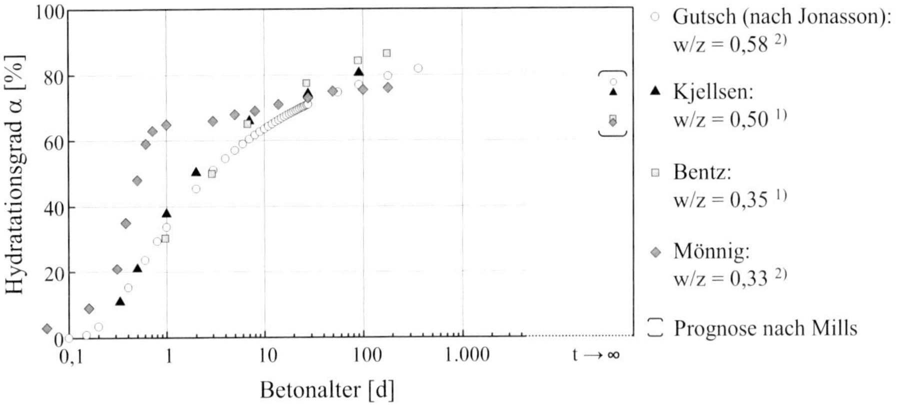

Abb. A1-1: Hydratationsgrad $\alpha(t)$ für verschiedene normal- und hochfeste Betone in Abhängigkeit vom Betonalter und Prognose des maximal erreichbaren Hydratationsgrads α_{max} (zum Diagramm:[1)] α_{chem},[2)] Computersimulation) [9, 51, 64, 68, 83]

A1.1.2 Durchlässigkeit des Porengefüges

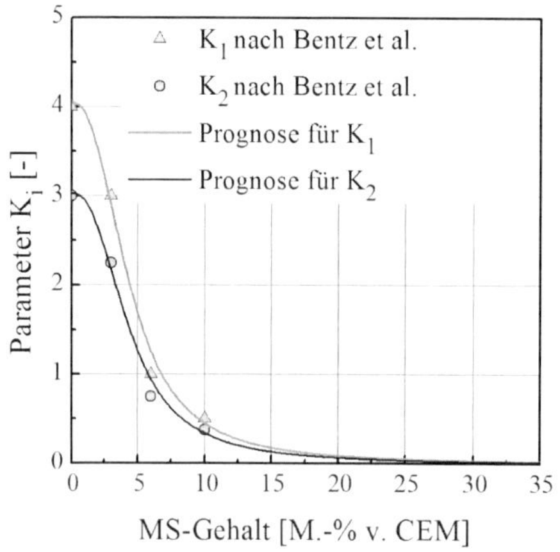

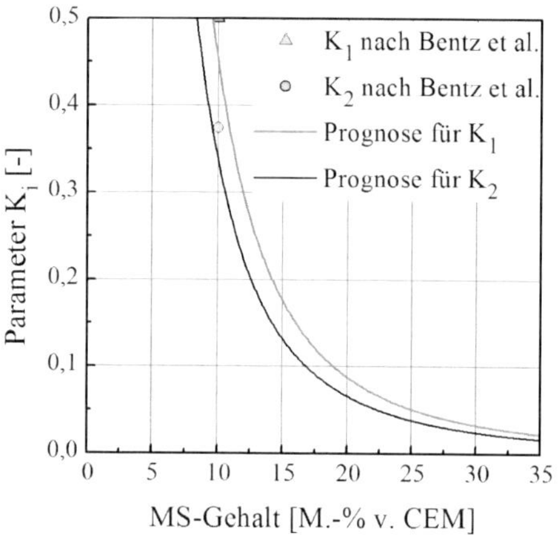

Abb. A1-2: Abhängigkeit der Parameter K_1 und K_2 vom Mikrosilikagehalt (links: Übersicht für $0{,}0 \leq K_i \leq 5{,}0$, rechts: Detail für $0{,}0 \leq K_i \leq 0{,}5$)

A1.2 Reaktiver Transport

A1.2.1 Wechselwirkung zwischen Chloridionen und Zementstein bzw. Bewehrungsstahl

Tab. A1-1: Abhängigkeit der Chloridbindekapazität von Zementstein von den maßgebenden Einflussfaktoren nach [91]

Zunahme von...	Einfluss auf die Chloridbindekapazität[1)]
C_3A-Gehalt des Zements	++
ZS-Gehalt	++
spezifischer Oberfläche des ZS	++
MS-Gehalt	++ –[2)]
pH-Wert des Betons	–
Karbonatisierung	– –
Temperatur	–

[1)] Zunahme: +, Abnahme: –

[2)] Rückgang der Bindekapazität durch Senkung des pH-Werts infolge MS-Zugabe bei gleichzeitiger Zunahme der Bindekapazität infolge der Zunahme der spezifischen Oberfläche des Zementsteins

Tab. A1-2: Abhängigkeit des kritischen korrosionsauslösenden Chloridgehalts (Cl_{krit}) von den maßgebenden Einflussfaktoren nach [16]

	Zunahme von...	Einfluss auf Cl_{krit}[1)]
Beton	pH-Wert	++
Beton	MS-Gehalt	+ –[2)]
Beton	Dichtigkeit der ITZ (Stahl/Beton)	+
Stahl	Cr-, Mo-, Ni-Gehalt	+
Stahl	Kaltverformungsgrad	+
Stahl	Oberfläche	–
Stahl	Oberflächenrauhigkeit	–

[1)] Zunahme: +, Abnahme: –

[2)] Rückgang von Cl_{krit} durch Senkung des pH-Werts infolge MS-Zugabe; allerdings nimmt auch die Dichtigkeit der ITZ zu

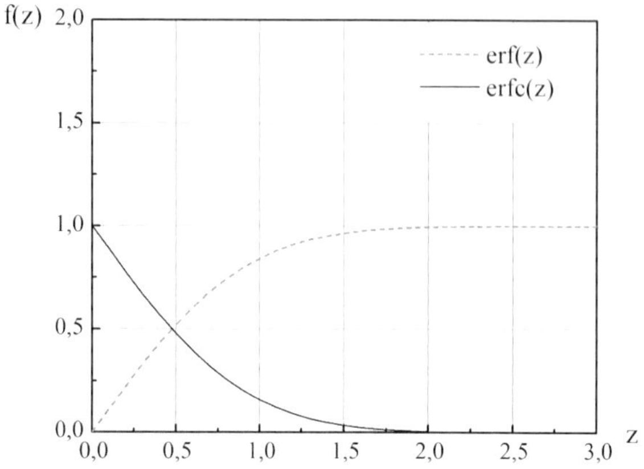

Abb. A1-3: Lösung der Fehlerfunktion erf(z) und der komplementären Fehlerfunktion (erfc(z)) für den positiven Wertebereich

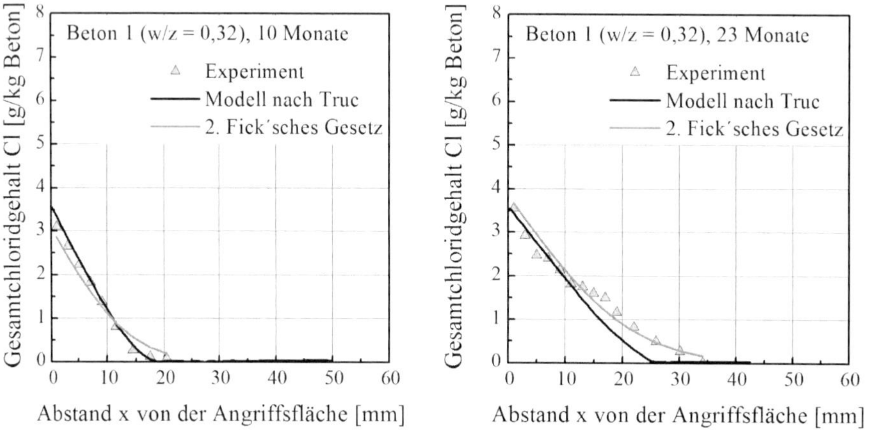

Abb. A1-4: Gegenüberstellung der von Truc [136] experimentell ermittelten Werte (Beton 1, w/z = 0,32) mit den prognostizierten Werten (Modell nach Truc, *Zweites Fick´sches Gesetz)*

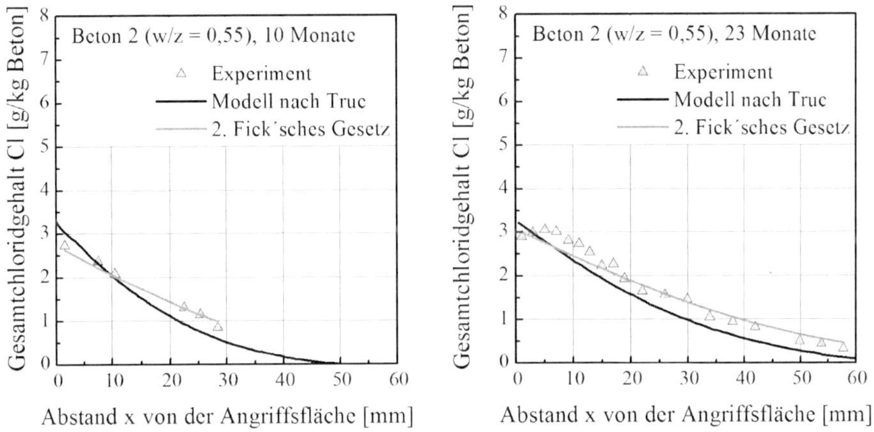

Abb. A1-5: Gegenüberstellung der von Truc [136] experimentell ermittelten Werte (Beton 2, w/z = 0,55) mit den prognostizierten Werten (Modell nach Truc, *Zweites Fick´sches Gesetz)*

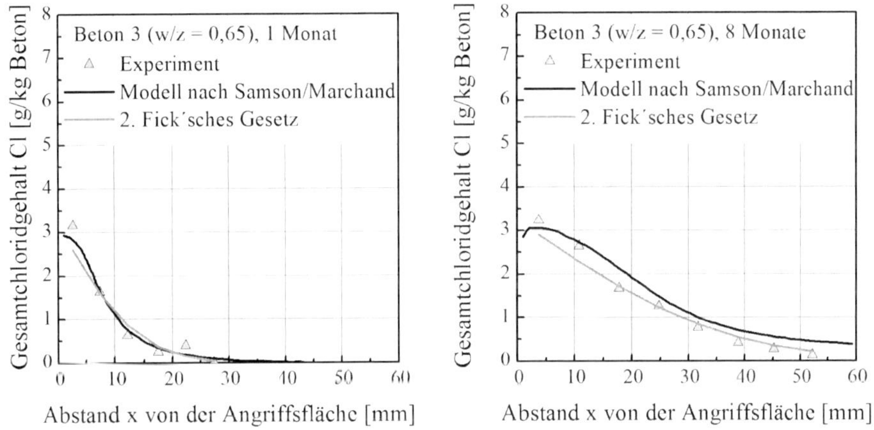

Abb. A1-6: Gegenüberstellung der von Samson und Marchand [111] experimentell ermittelten Werte (Beton 3, w/z = 0,65) mit den prognostizierten Werten (Modell nach Samson und Marchand, *Zweites Fick´sches Gesetz)*

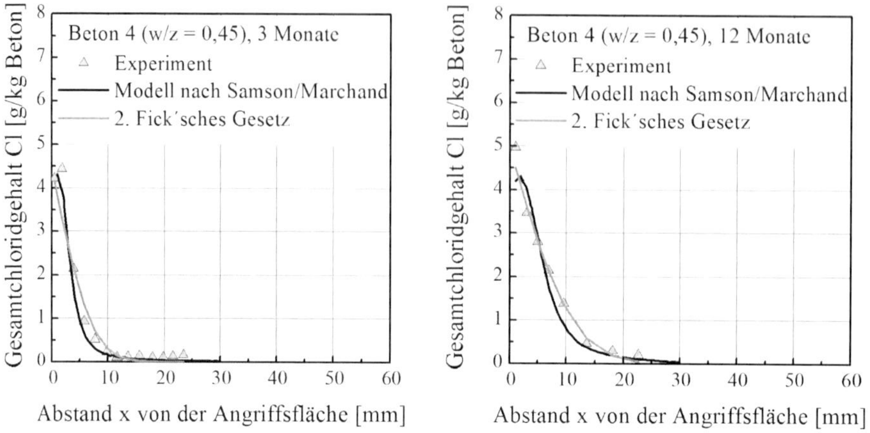

Abb. A1-7: Gegenüberstellung der von Samson und Marchand [111] experimentell ermittelten Werte (Beton 4, w/z = 0,45) mit den prognostizierten Werten (Modell nach Samson und Marchand, *Zweites Fick´sches Gesetz)*

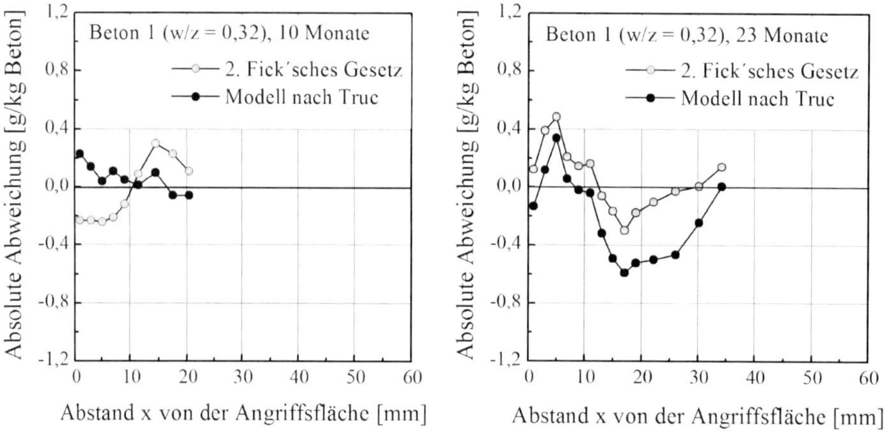

Abb. A1-8: Absolute Abweichungen zwischen Prognose und experimentell ermittelten Werten (Beton 1, w/z = 0,32) in Abhängigkeit vom Abstand zur Angriffsfläche

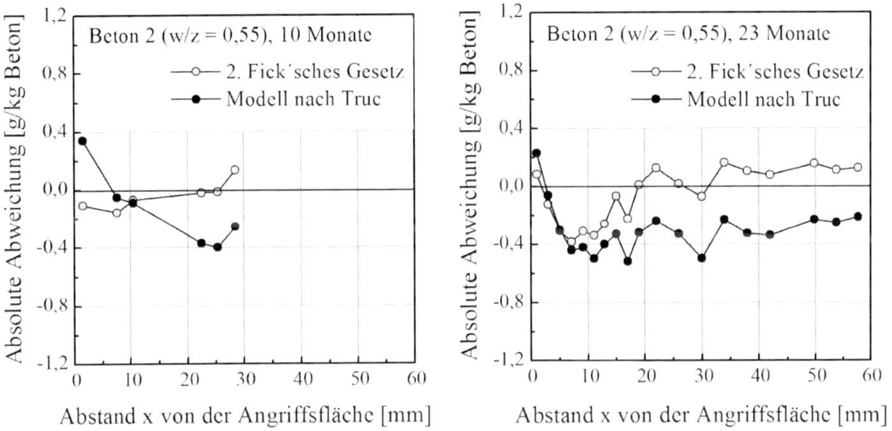

Abb. A1-9: Absolute Abweichungen zwischen Prognose und experimentell ermittelten Werten (Beton 2, w/z = 0,55) in Abhängigkeit vom Abstand zur Angriffsfläche

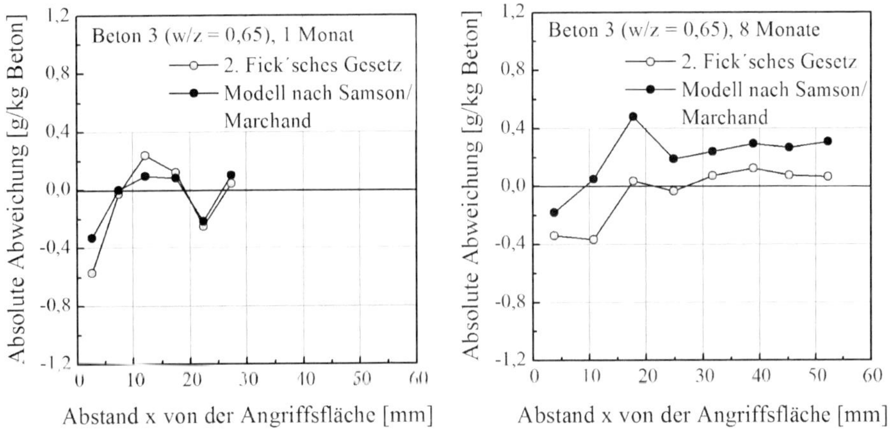

Abb. A1-10: Absolute Abweichungen zwischen Prognose und experimentell ermittelten Werten (Beton 3, w/z = 0,65) in Abhängigkeit vom Abstand zur Angriffsfläche

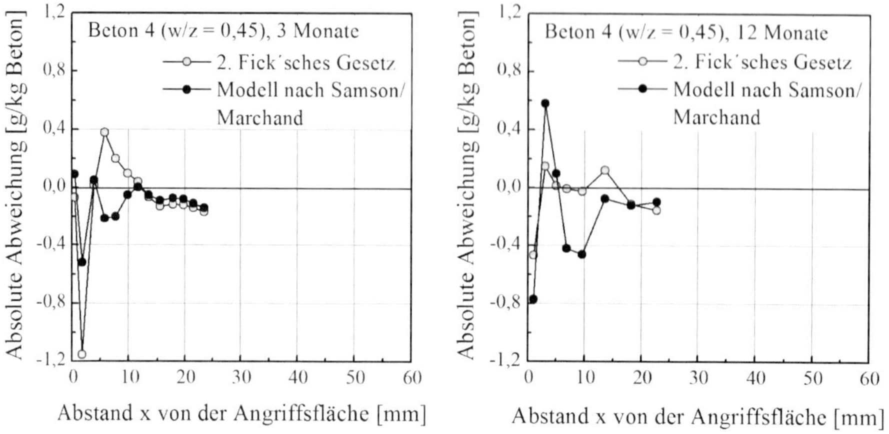

Abb. A1-11: Absolute Abweichungen zwischen Prognose und experimentell ermittelten Werten (Beton 4, w/z = 0,45) in Abhängigkeit vom Abstand zur Angriffsfläche

Tab. A1-3: Integrale I zur Beurteilung des Prognosemodells nach Truc (Werte in Klammern: maximale relative Verbesserung (I > 0) bzw. Verschlechterung (I < 0) der Prognose im Vergleich zum *Zweiten Fick'schen Gesetz*)

Beton	w/z [-]	Angriffs-dauer [Monate]	Gesamtintegral I_{gesamt} [g/kg · mm]		Integral der Unterschätzung I_u [g/kg · mm]
			Fick	Truc	Truc
1	0,32	10	0,19	0,07 (+63 %)	0,05 (+74 %)
		23	0,15	0,30 (-100 %)	0,33 (-200 %)
2	0,55	10	0,07	0,22 (-214 %)	0,19 (+42 %)
		23	0,14	0,32 (-129 %)	0,32 (-68 %)

Tab. A1-4: Integrale I zur Beurteilung des Prognosemodells nach Samson/Marchand (Werte in Klammern: maximale relative Verbesserung (I > 0) bzw. Verschlechterung (I < 0) der Prognose im Vergleich zum *Zweiten Fick'schen Gesetz*)

Beton	w/z [-]	Angriffs-dauer [Monate]	Gesamtintegral I_{gesamt} [g/kg · mm]		Integral der Unterschätzung I_u [g/kg · mm]
			Fick	Sam/March	Sam/March
3	0,65	1	0,12	0,10 (+17 %)	0,13 (+28 %)
		8	0,12	0,25 (-108 %)	0,09 (+53 %)
4	0,45	3	0,20	0,11 (+45 %)	0,18 (+18 %)
		12	0,08	0,22 (-175 %)	0,21 (-133 %)

Tab. A1-5: Integrale I zur Beurteilung des Prognosemodells nach Sugiyama et al. (Werte in Klammern: maximale relative Verbesserung (I > 0) bzw. Verschlechterung (I < 0) der Prognose im Vergleich zum *Zweiten Fick'schen Gesetz*)

Beton	w/z [-]	Angriffs-dauer [Monate]	Gesamtintegral I_{gesamt} [g/kg · mm]		Integral der Unterschätzung I_u [g/kg · mm]
			Fick	Sugiyama	Sugiyama
5	0,30	104	0,12	0,11 (+8 %)	0,12 (+79 %)
6	0,50	104	0,24	0,28 (-17 %)	0,37 (+5 %)

A1.2.2 Wechselwirkung zwischen Säuren und Zementstein

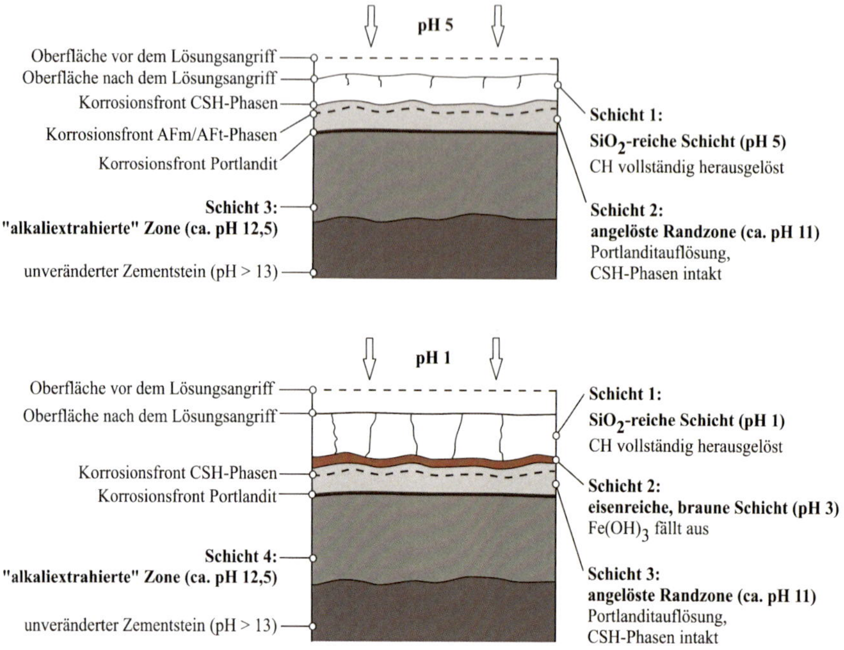

Abb. A1-12: Aufbau der Deckschicht infolge des Angriffs normalfester Betone durch salzsaure Wässer (oben: pH 5, unten: pH 1) nach [56]

Tab. A1-6: Gegenüberstellung nationaler Prüfverfahren zur Beurteilung des Widerstands von Mörteln bzw. Betonen bei chemischem Angriff

Urheber	Prüfmedium	Prüfdauer	Randbedingungen	Auswertung
Herold [55]	HCl H_2SO_4 HNO_3 pH 5, pH 3, pH 1	≥ 10 Wochen	Angriff: dynamisch, nicht abrasiv, eindimensional Lagerung während Versuch: Probe ständig überdeckt mit Prüfmedium	Schädigungstiefe (Berechnung anhand der ausgelaugten Ca-Menge, Mikroskopie) → Vergleich mit Referenzbeton
Franke et al. [36] „Sielbau-richtlinie"	H_2SO_4 pH 0 H_2SO_4 pH 1	2 Wochen 10 Wochen	Angriff: dynamisch, nicht abrasiv, allseitig Lagerung während Versuch: Probe ständig überdeckt mit Prüfmedium	Schädigungstiefe (Mikroskopie), Restdruckfestigkeit → Vergleich mit Grenzwerten
Breit [15]	HNO_3 CH_3COOH pH 3,5	3-9 Wochen	Angriff: dynamisch, nicht abrasiv oder abrasiv, allseitig Lagerung während Versuch: Probe ständig überdeckt mit Prüfmedium	Schädigungstiefe (Phenolphthalein), Masseverlust → Vergleich mit Referenzbeton
Petersen, Lohaus [74, 98] „LPI-Verfahren"	H_2SO_4 pH 3	4-12 Wochen	Angriff: dynamisch, nicht abrasiv oder abrasiv, allseitig Lagerung während Versuch: Probe rotiert auf Welle durch Säurebad, ggf. Abbürsten der Deckschicht oberhalb des Säurespiegels	Schädigungstiefe (Mikroskopie), Masseverlust → Vergleich mit Referenzbeton
Hüttl et al. [60]	H_2SO_4 pH 3,5, pH 2,5	12 Wochen	Angriff: dynamisch, nicht abrasiv oder abrasiv, allseitig Lagerung während Versuch: zweiseitiges Bespülen der Probe m. H. von Säuredüsen	Schädigungstiefe (Mikroskopie), Masseverlust → Vergleich mit Referenzbeton
Franke et al. [37]	H_2SO_4 pH 4, pH 3	24 Wochen	Angriff: dynamisch, teilweise abrasiv (Entfernen loser Teile nach Prüfende), allseitig Lagerung während Versuch: Probe ständig überdeckt mit Prüfmedium	Schädigungstiefe (Phenolphthalein, Berechnung anhand Protonenverbrauch) → Vergleich mit Referenzbeton

Anhang 2
Materialkennwerte

A2.1 Zusammensetzung der untersuchten Betone

Tab. A2-1: Mischungszusammensetzung der untersuchten ultrahochfesten Betone (ohne Berücksichtigung des Luftgehalts)

Material bzw. Kennwert	Einheit	RPC	UHPC	$UHPC_{o.F.}$
CEM I 52,5 R-HS/NA	[kg/m³]	774	582	597
Mikrosilika MS (pulvrig)	[kg/m³]	236	178	182
Feine Gesteinskörnung/Füller				
Quarzsand 0/1 mm	[kg/m³]	472	355	364
Quarzmehl A	[kg/m³]	434	326	335
Quarzmehl B	[kg/m³]	175	132	135
Grobe Gesteinskörnung				
2/5 mm[1]	[kg/m³]	-	357	366
5/8 mm[1]	[kg/m³]	-	357	366
Stahlfasern (2,5 Vol.-%) L = 8 mm, D = 0,175 mm	[kg/m³]	196	196	-
Fließmittel FM_1[2]	[kg/m³]	37	28	29
Zugabewasser	[kg/m³]	183	138	141
w/z	[-]	0,27	0,27	0,27
w/b[3]	[-]	0,21	0,21	0,21
V_{BL}[4]	Vol.-%	55	41	42
V_{GK}	Vol.-%	41	55	56

[1] GK_1: Basalt

[2] Wirkstoff: modifizierte Polycarboxylate, Feststoffgehalt 30,0 ± 1,5 M.-%

[3] b = Massensumme aus Zement und Mikrosilika (Anrechnungsfaktor = 1,0)

[4] V_{BL} = Volumensumme aus Zement, Mikrosilika, Zugabewasser und Fließmittel; $V_{BL} \approx V_{ZS}$

Tab. A2-2: Mischungszusammensetzung der untersuchten normal- und hochfesten Betone (ohne Berücksichtigung des Luftgehalts)

Material bzw. Kennwert	Einheit	NPC-1	NPC-2	HPC-1	HPC-2
CEM I 32,5	[kg/m³]	336	400	-	-
CEM I 42,5 R		-	-	480	470
Mikrosilika (pulvrig)		-	-	-	47
Mikrosilika (Suspension)[1]		-	-	96	-
Feine Gesteinskörnung					
0/2 mm		581	-	565	-
0/4 mm		-	938[3]	-	938[3]
Grobe Gesteinskörnung					
2/8 mm		690[2]	365[3][4]	565[2]	365[3][4]
8/16 mm		527[2]	434[3][4]	580[2]	434[3][4]
Fließmittel FM_2[5]		-	-	3,4	3,3
Zugabewasser		188	200	108	155
w/z	[-]	0,56	0,50	0,33	0,33
w/b[6]		0,56	0,50	0,30	0,30
V_{BL}[7]	Vol.-%	30	33	33	33
V_{GK}		68	66	65	66

[1] Feststoffgehalt 50 M.-%

[2] GK_2: heterogener, silikatischer Kies (carbonathaltig)

[3] säurebeständig

[4] GK_3: Quarzkies

[5] Wirkstoff: Polycarboxylatether, Feststoffgehalt 30,7 M.-%

[6] b = Massensumme aus Zement und Mikrosilika (Anrechnungsfaktor = 1,0)

[7] V_{BL} = Volumensumme aus Zement, Mikrosilika, Zugabewasser und Fließmittel; $V_{BL} \approx V_{ZS}$

A2.2 Rohdichten der verwendeten Materialien

Tab. A2-3: Rohdichten der verwendeten Materialien (Herstellerangaben)

Material	Rohdichte [kg/dm³]
CEM I 52,5 R-HS/NA	3,23
CEM I 42,5 R	3,11
CEM I 32,5	3,10
Mikrosilika (pulvrig)	2,36
Mikrosilika (Suspension)	1,38
Quarzmehl A	2,65
Quarzmehl B	2,65
Quarzsand 0/1 mm	2,65
Feine Gesteinskörnung	
0/2 mm	2,63
0/4 mm	2,65
Grobe Gesteinskörnung	
2/5 mm (GK_1)	2,98
5/8 mm (GK_1)	2,98
2/8 mm (GK_2)	2,60
8/16 mm (GK_2)	2,60
2/8 mm (GK_3)	2,65
8/16 mm (GK_3)	2,65
Fließmittel	
FM_1	1,09
FM_2	1,06

A2.3 Chemische Zusammensetzung der Zemente, Füller und Gesteinskörnungen

Tab. A2-4: Chemische Zusammensetzung (relevante Elementoxide) der verwendeten Zemente nach DIN EN 196-2 [N10] (glühverlustfrei in M.-%)

Bestandteile	CEM I 52,5 R-HS/NA	CEM I 42,5 R 2)	CEM I 32,5 2)	CEM I 42,5 R-HS/NA 2)3)
SiO_2	21,64 1)	22,68	20,50	21,0
CaO	64,50 1)	66,41	62,00	66,0
MgO	0,82 1)	1,02	2,59	1,2
Fe_2O_3	5,61 1)	1,33	3,14	4,8
Al_2O_3	3,82 1)	3,57	5,28	3,3
Na_2O	0,26 1)	0,24	0,25	0,11
K_2O	0,44 1)	0,49	1,60	0,61
SO_3	2,28 1)	3,22	3,09	2,6
C_3S	64,27 2)	61,82	47,79	k. A.
C_2S	15,07 2)	17,36	22,74	k. A.
C_3A	0,05 2)	7,11	8,68	k. A.
C_2F	1,07 2)	k. A.	k. A.	k. A.
C_4AF	15,68 2)	k. A.	9,56	k. A.
$C_2(A,F)$	k. A.	3,98	k. A.	k. A.
Glühverlust	1,60	1,63	1,77	k. A.

1) ermittelt am IMB

2) Herstellerangaben

3) verwendet im Rahmen der Beispielrechnung zur Quantifizierung des Korrosionswiderstands, siehe Anhang 4, Kapitel A4.4

Tab. A2-5: Chemische Zusammensetzung der verwendeten Füller und der feinen Gesteinskörnungen

	Quarzmehle A und B[1]	Quarzsand 0/1 mm[1]	Feine GK 0/2 mm	Feine GK 0/4 mm[1]
SiO_2	99,0	99,2	87,13	96,7
$CaO + MgO$	0,1	k. A.	2,93	0,03
Fe_2O_3	0,05	0,1	0,92	0,03
Al_2O_3	0,3	0,2	5,56	1,8
$Na_2O + K_2O$	0,2	k. A.	3,32	1,05
TiO_2	k. A.	k. A.	0,10	0,05
BaO	k. A.	k. A.	k. A.	0,04
Glühverlust	0,25	0,15	2,23	0,20

[1] Herstellerangaben

[2] ermittelt am IMB mittels wellenlängendispersiver Röntgenspektroskopie

Tab. A2-6: Chemische Zusammensetzung der verwendeten groben Gesteinskörnungen GK_1, GK_2 und GK_3

	GK_1[1] (Basalt)	GK_2[2] (Kies)	GK_3[1] (Quarzkies)
SiO_2	44,7	85,62	98,5
CaO	10,6	3,45	0,02
MgO	11,4	0,26	0,01
Fe_2O_3	4,64	1,27	0,03
Al_2O_3	12,4	5,77	0,6
TiO_2	2,09	0,11	0,03
Na_2O	2,93	0,93	0,02
K_2O	1,28	2,54	0,2
BaO	k. A.	k. A.	0,04
MnO	0,13	0,02	k. A.
FeO	6,48	k. A.	k. A.
P_2O_5	0,60	0,03	k. A.

[1] Herstellerangaben

[2] ermittelt am IMB mittels wellenlängendispersiver Röntgenspektroskopie

Tab. A2-7: Petrographische Zusammensetzung der verwendeten groben Gesteinskörnung GK_2 nach DIN EN 932-3 [N12]

Gesteinsart	Anteile in [M.-%]
Sandstein mit Carbonatanteil	21,9
Hornstein	12,7
Sandstein	30,7
Kalksandstein	6,0
Granit	13,7
Gneis	3,4
Quarzit	11,6

A2.4 Korn- bzw. Partikelgrößenverteilung der Gesteinskörnungen und Zemente

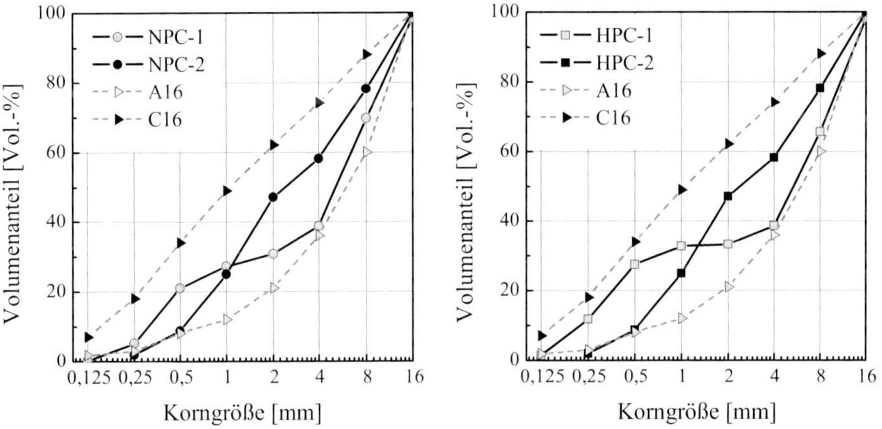

Abb. A2-1: Korngrößenverteilung der in den untersuchten Betonen NPC (normalfester Beton, links) und HPC (hochfester Beton, rechts) eingesetzten Gesteinskörnungen im Vergleich zu den Regelsieblinien A16 und C16 nach DIN 1045-2 [N1]

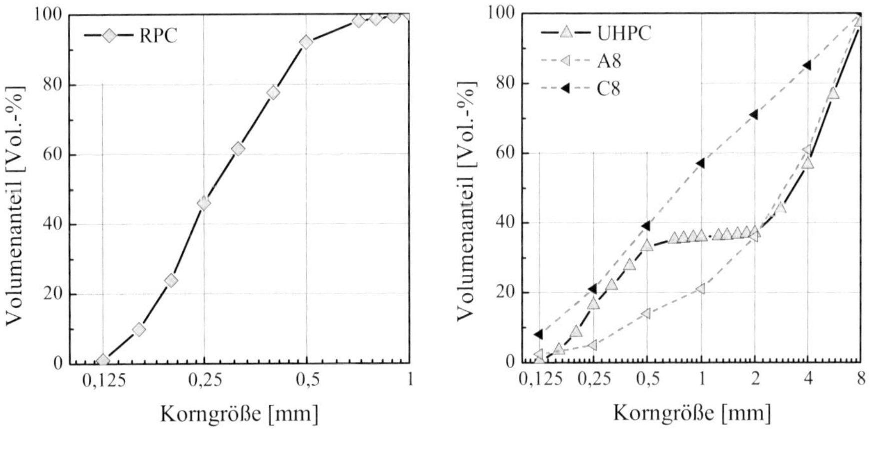

Abb. A2-2: Korngrößenverteilung der in den untersuchten ultrahochfesten Betonen eingesetzten Gesteinskörnungen (links: Feinkornbeton RPC, rechts: Grobkornbeton UHPC im Vergleich zu den Regelsieblinien A8 und C8 nach DIN 1045-2 [N1])

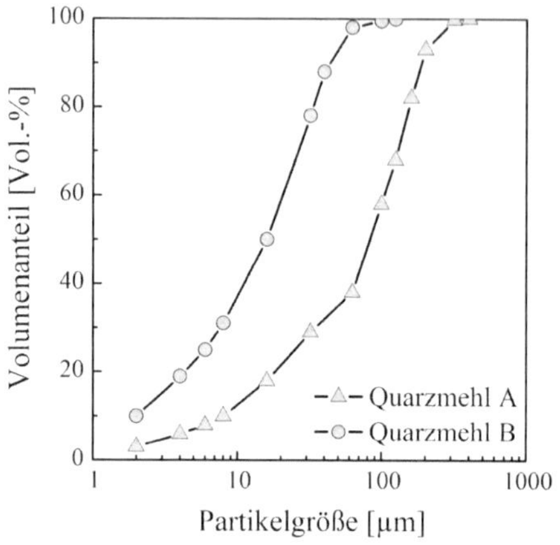

Abb. A2-3: Partikelgrößenverteilung der eingesetzten Quarzmehle A und B (nach Herstellerangaben)

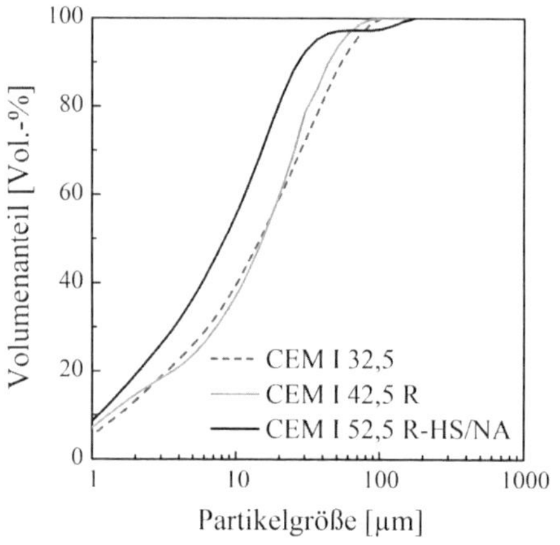

Abb. A2-4: Partikelgrößenverteilung der eingesetzten Zemente CEM I 32,5, CEM I 42,5 R und CEM I 52,5 R-HS/NA (nach Herstellerangaben)

A2.5 Porosität der groben Gesteinskörnungen

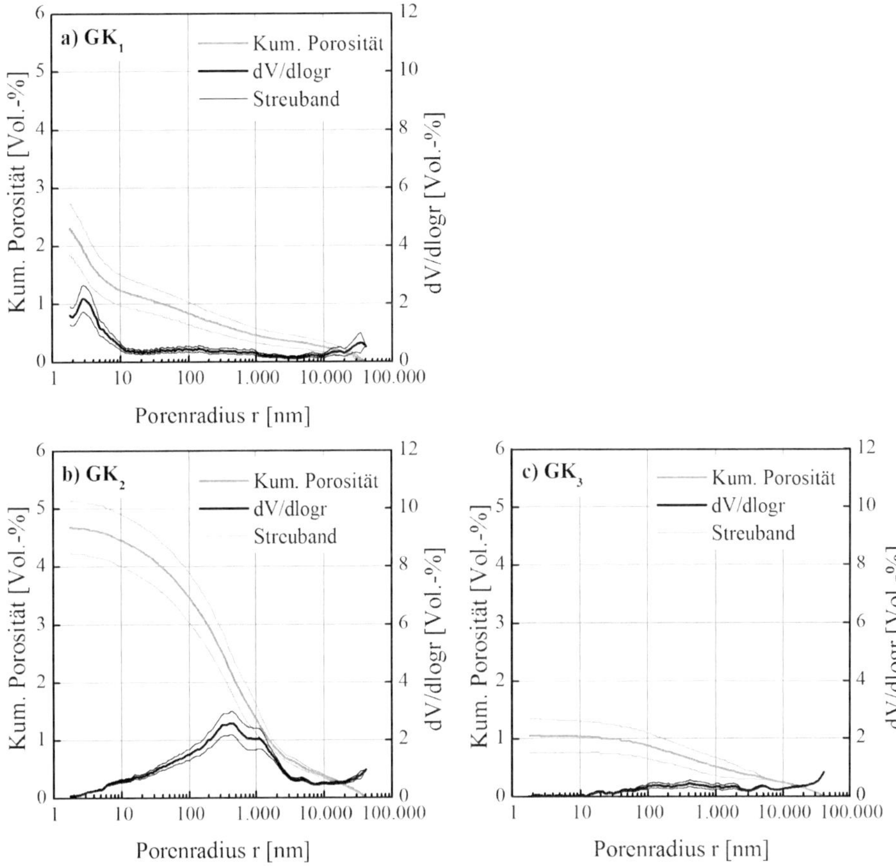

Abb. A2-5: Kumulative Porosität und Porenradienverteilung der verwendeten Gesteinskörnungen (GK_1: Basalt, GK_2: heterogener, silikatischer Kies, GK_3: Quarzkies)

Anhang 3
Anlagen zu den experimentellen Untersuchungen

A3.1 Mechanische Charakterisierung

Tab. A3-1: Festbetonkennwerte der untersuchten ultrahochfesten Betone

Kennwert [N/mm²][1)]	RPC	UHPC	$UHPC_{o. F.}$	$UHPC_{90\ °C}$
$f_{cm,cyl,28}$	154,5 (9,0; 4)	175,5 (3,5; 4)	152,20 (16,4; 3)	211,3 (7,3; 3)
$f_{cm,cube(100mm),28}$	162,3 (8,5;24)	184,7 (9,2; 45)	-	241,0 (1,8; 3)
$f_{ct,28}$[2)]	25,7 (2,1; 6)	23,0 (2,1; 6)	-	-
$E_{b,28}$[3)]	45.700 (600; 3)	52.500 (700; 3)	-	61.300 (900; 3)

[1)] in Klammern: (Standardabweichung; Anzahl der Einzelwerte)
[2)] Balken, 100/100/570 mm
[3)] Zylinder, d/h = 150/300 mm

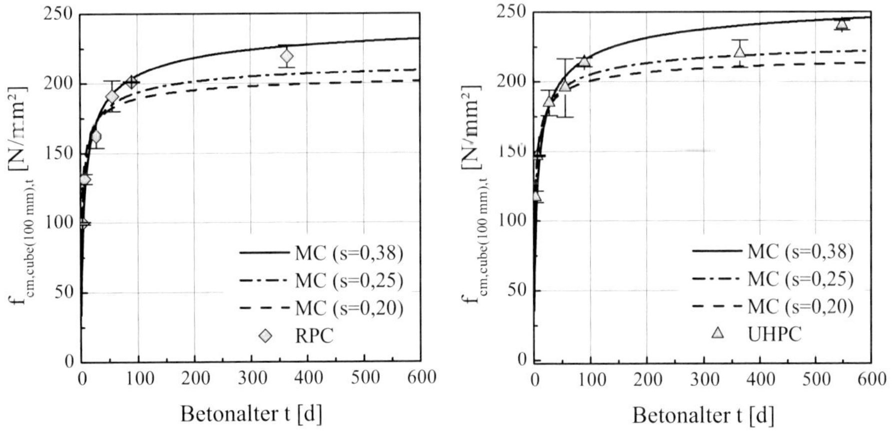

Abb. A3-1: Festigkeit der Betone RPC (links) und UHPC (rechts) in Abhängigkeit vom Betonalter t im Vergleich zur nach Model Code 2010 [N27] (MC) prognostizierten Festigkeitsentwicklung

A3.2 Gefügestruktur

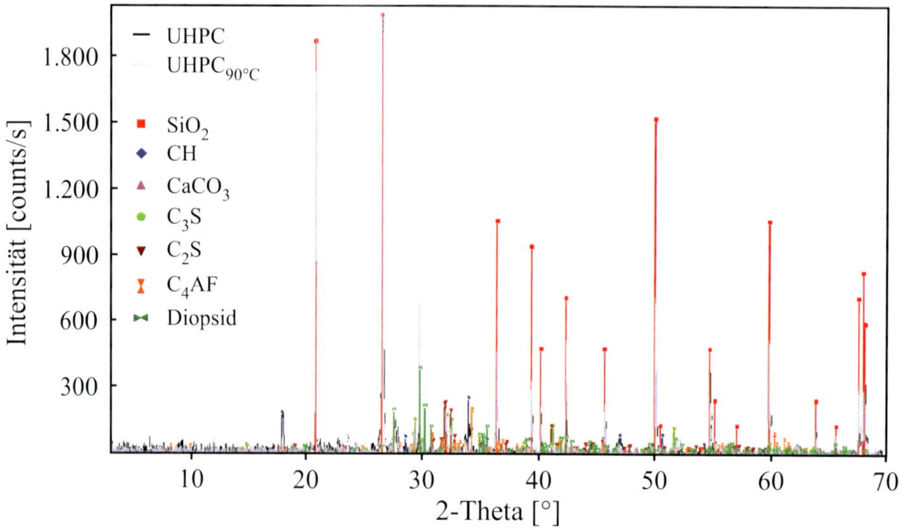

Abb. A3-2: Ergebnis der röntgenografischen Phasenanalyse der Betone UHPC und $UHPC_{90\,°C}$ (Mörtelmatrix)

Tab. A3-2: Zusammensetzung der Einwaage (8 g) für die Kalorimeterversuche

Ausgangsstoff bzw. Kennwert	NPC-1	HPC-1	RPC
Zement [g]	5,13[1)]	5,59[2)]	3,36[3)]
Mikrosilika [g]	-	1,11[4)]	1,03[5)]
Quarzmehl A [g]	-	-	0,76
Quarzmehl B [g]	-	-	1,89
Wasser [g]	2,87	1,26	0,80
Fließmittel [g]	-	0,04	0,16
w/z [-] w/b [-]	0,56 0,56	0,33 0,30	0,27 0,21

[1)] CEM I 32,5
[2)] CEM I 42,5 R
[3)] CEM I 52,5 R-HS/NA
[4)] Suspension, Feststoffgehalt 50 M.-%
[5)] Pulver

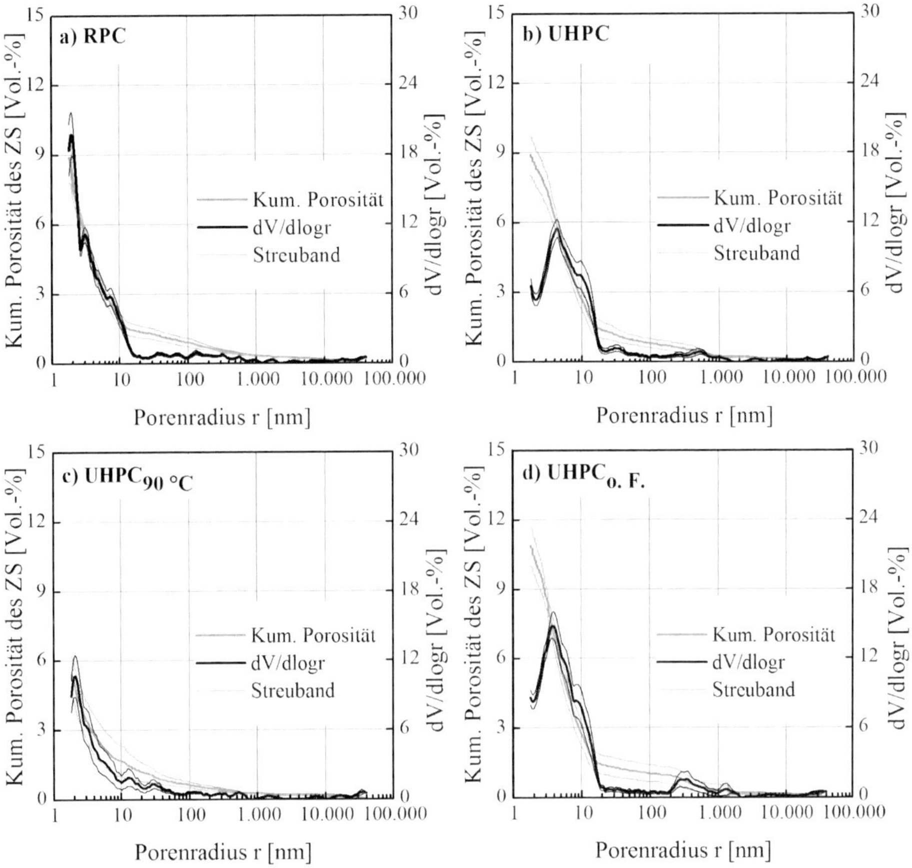

Abb. A3-3: Kumulative Porosität des Zementsteins (ZS) und Porenradienverteilung dV/dlogr in Abhängigkeit vom Porenradius r für die untersuchten ultrahochfesten Betone

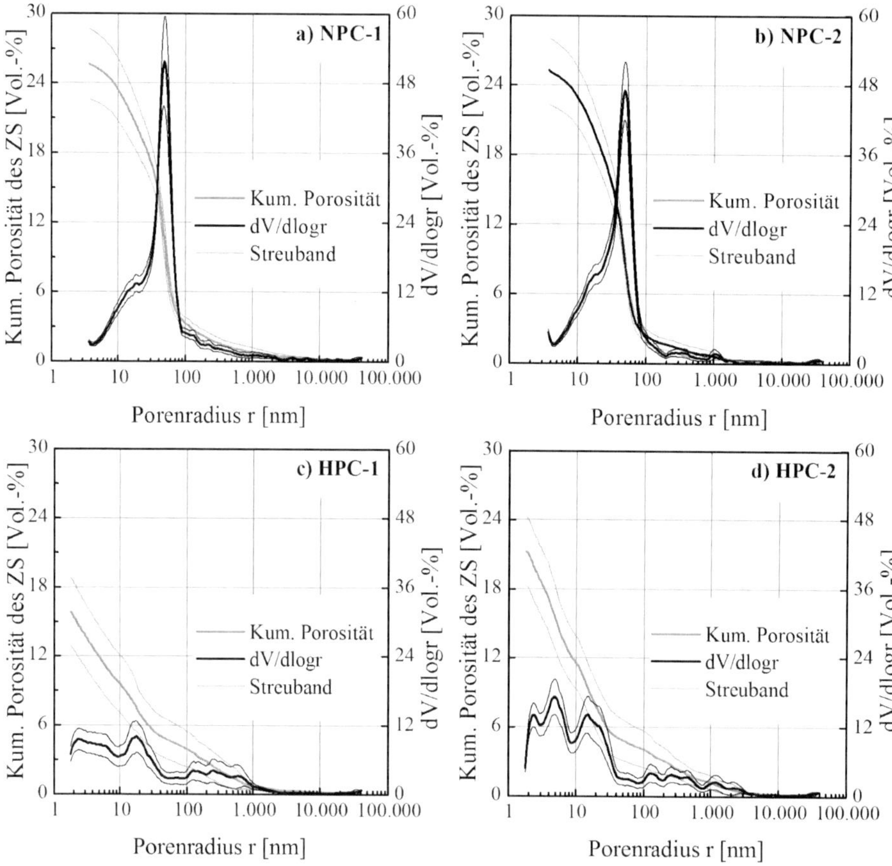

Abb. A3-4: Kumulative Porosität des Zementsteins (ZS) und Porenradienverteilung dV/dlogr in Abhängigkeit vom Porenradius r für die untersuchten normal- und hochfesten Betone

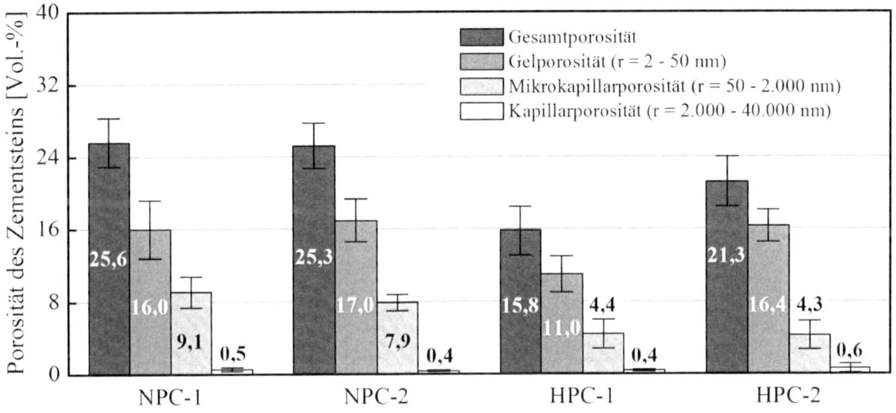

Abb. A3-5: Porosität des Zemtsteins der untersuchten normal- und hochfesten Betone in Abhängigkeit von den Porenklassen (Betonalter: 28 Tage)

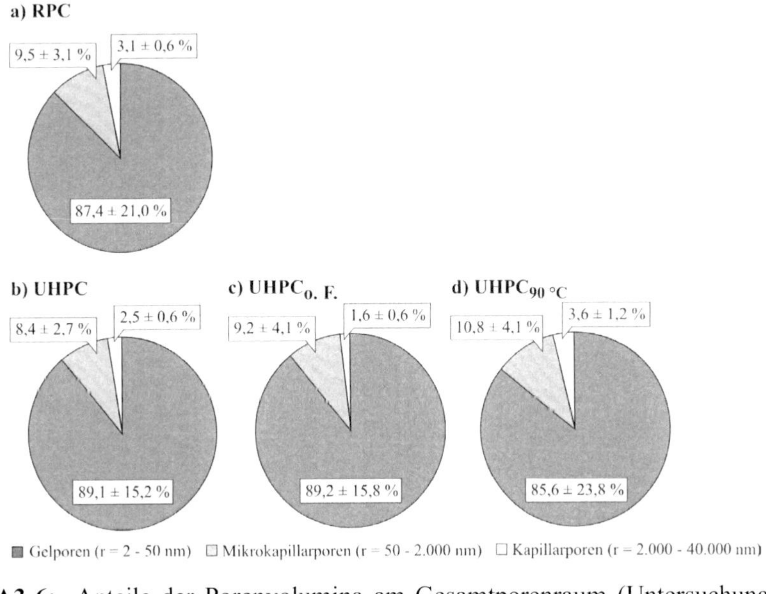

Abb. A3-6: Anteile der Porenvolumina am Gesamtporenraum (Untersuchungen zur Porosität der ultrahochfesten Betone)

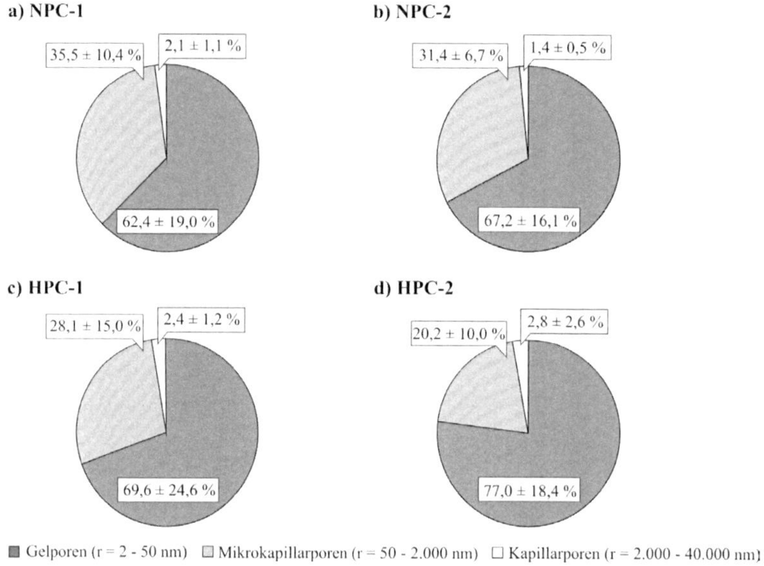

Abb. A3-7: Anteile der Porenvolumina am Gesamtporenraum (Untersuchungen zur Porosität der normal- und hochfesten Betone)

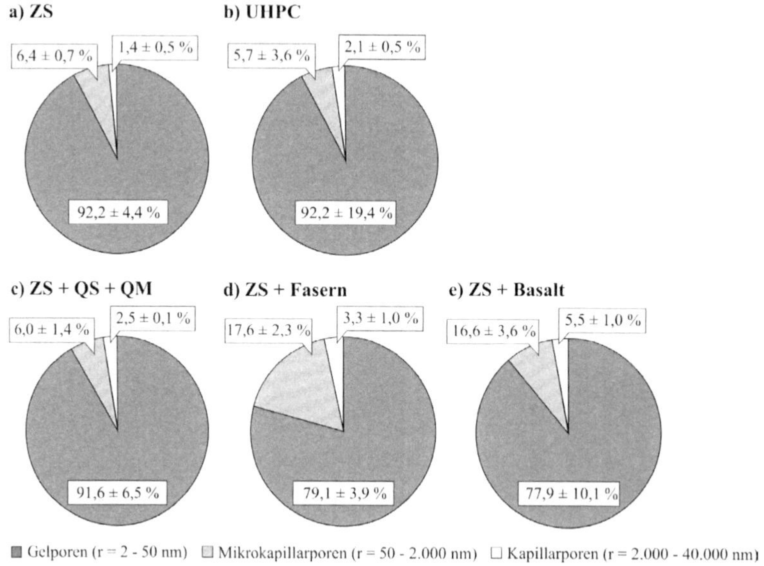

Abb. A3-8: Anteile der Porenvolumina am Gesamtporenraum (Untersuchungen zur Kontaktzonenporosität)

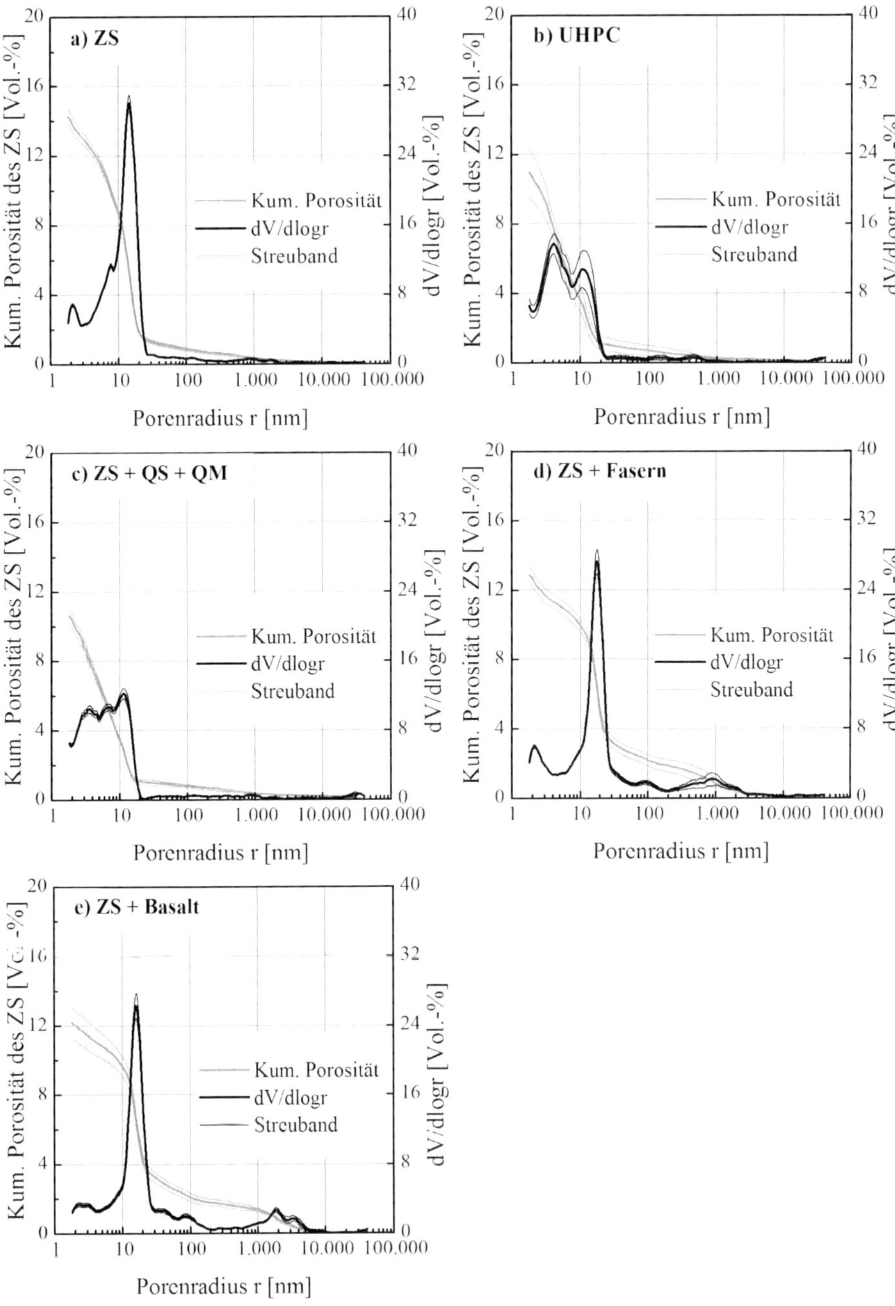

Abb. A3-9: Kumulative Porosität des Zementsteins (ZS) und Porenradienverteilung dV/dlogr in Abhängigkeit vom Porenradius r (Untersuchungen zur Kontaktzonenporosität)

A3.3 Transportkenngrößen

Tab. A3-3: Spezifischer Permeabilitätskoeffizient aus stationärer Messung (K_{stat}) und instationärer Messung (K_{instat})

Beton	K_{stat} [$\cdot 10^{-18}$ m^2] 1)	K_{instat} [$\cdot 10^{-18}$ m^2] 2)
RPC	22,70 (6,96; 15)	0,45 0,77
UHPC	4,70 (0,86; 15)	0,62 0,09
$UHPC_{o. F.}$	2,57 (0,47; 6)	0,04 0,01
$UHPC_{90\,°C}$	2,49 (0,23; 6)	0,14 0,12
HPC-2	22,75 (13,45; 3)	-
NPC-2	114,36 (15,32; 3)	-

1) in Klammern: (Standardabweichung; Anzahl der Einzelwerte)
2) jeweils 2 Einzelmessungen

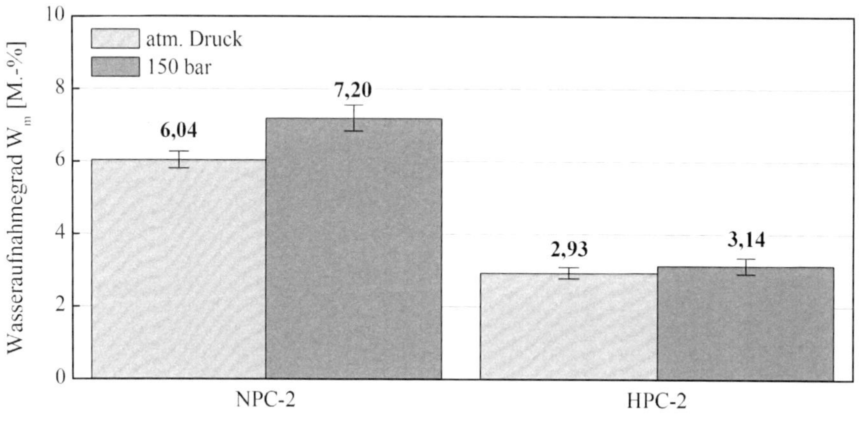

Abb. A3-10: Massebezogener Wasseraufnahmegrad W_m des normalfesten Betons NPC-2 und des hochfesten Betons HPC-2 bei atmosphärischem Druck und bei einem Druck von 150 bar

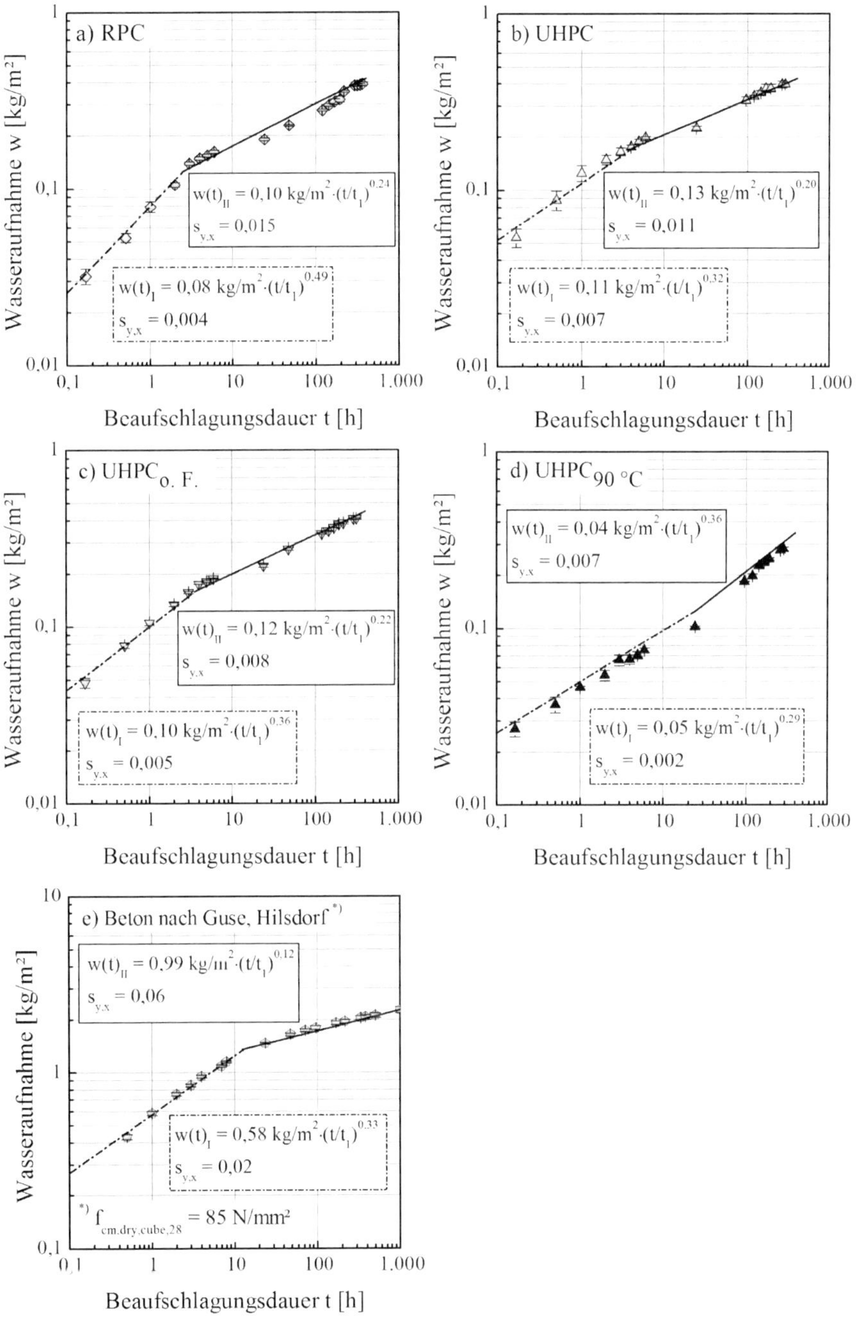

Abb. A3-11: Zeitlicher Verlauf der kapillaren Wasseraufnahme der ultrahochfesten Betone (a bis d) und eines hochfesten Betons (e, nach [50]) mit Regressionsgleichungen; t_1 = 1 h, $s_{y,x}$: Standardschätzfehler

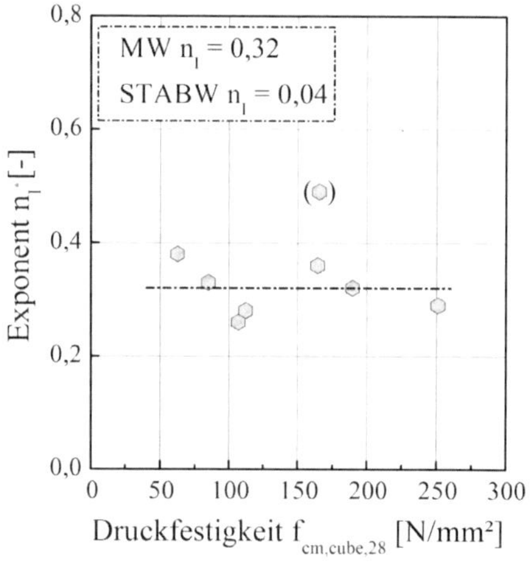

Abb. A3-12: Exponent n_I nach Gleichung (3-2) in Abhängigkeit von der Druckfestigkeit $f_{cm,cube,28}$

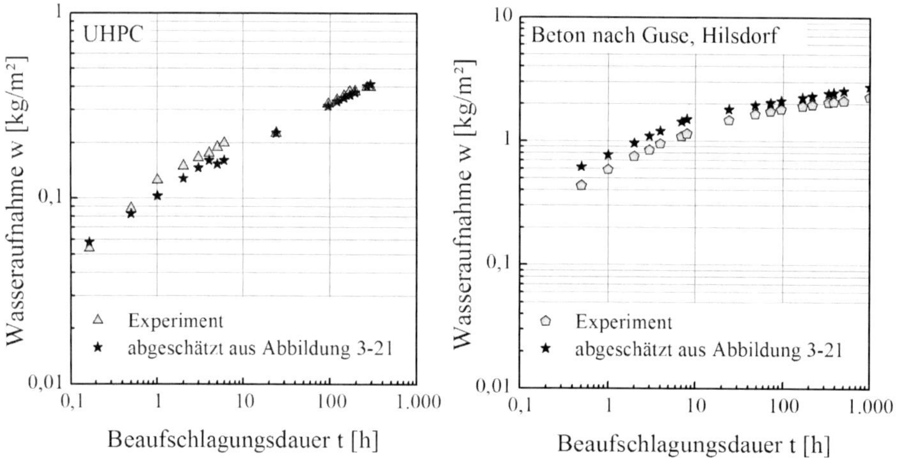

Abb. A3-13: Gegenüberstellung der experimentell ermittelten und der mithilfe von Abbildung 3-21 ermittelten Wasseraufnahme

A3.4 Dauerhaftigkeit

A3.4.1 Chlorideindringung

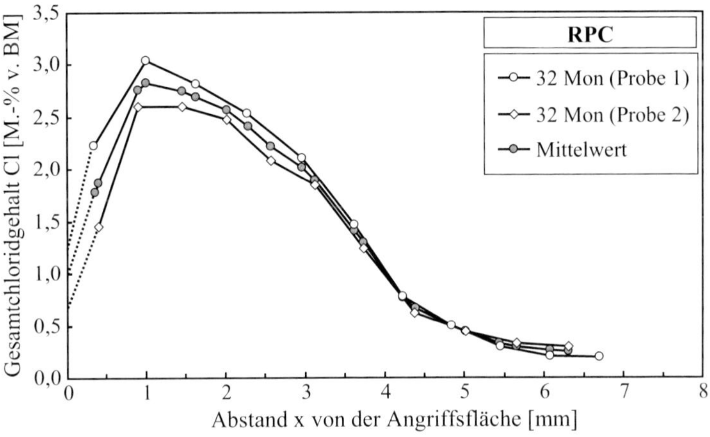

Abb. A3-14: Mittelung der Chloridprofile (exemplarisch: RPC, 2 Einzelexperimente)

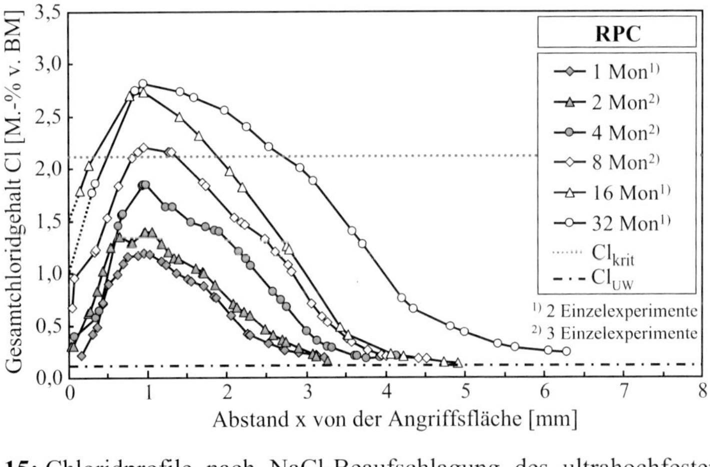

Abb. A3-15: Chloridprofile nach NaCl-Beaufschlagung des ultrahochfesten Betons RPC in Abhängigkeit von der Expositionsdauer (Cl_{krit}: kritischer korrosionsauslösender Chloridgehalt nach [25], Cl_{UW}: Chloriduntergrundwert)

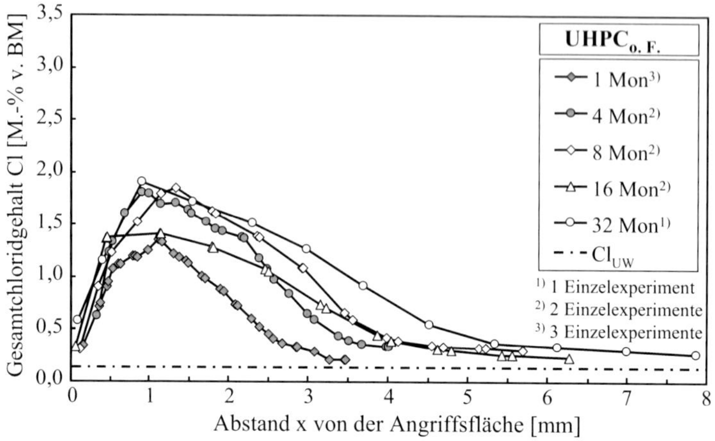

Abb. A3-16: Chloridprofile nach NaCl-Beaufschlagung des ultrahochfesten Betons $UHPC_{o.\,F.}$ in Abhängigkeit von der Expositionsdauer (Cl_{UW}: Chloriduntergrundwert)

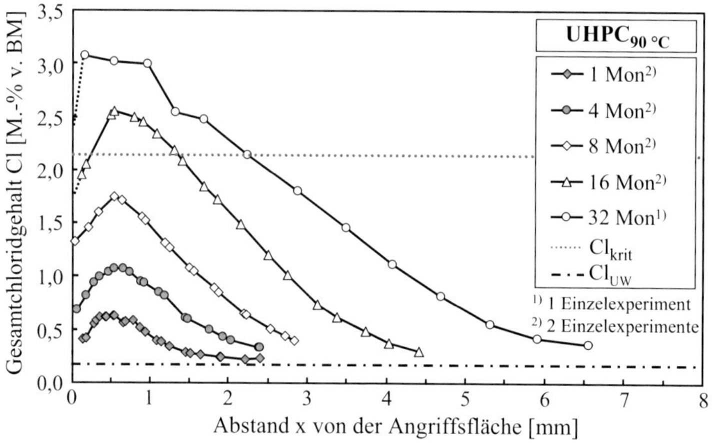

Abb. A3-17: Chloridprofile nach NaCl-Beaufschlagung des ultrahochfesten Betons $UHPC_{90\,°C}$ in Abhängigkeit von der Expositionsdauer (Cl_{krit}: kritischer korrosionsauslösender Chloridgehalt nach [25], Cl_{UW}: Chloriduntergrundwert)

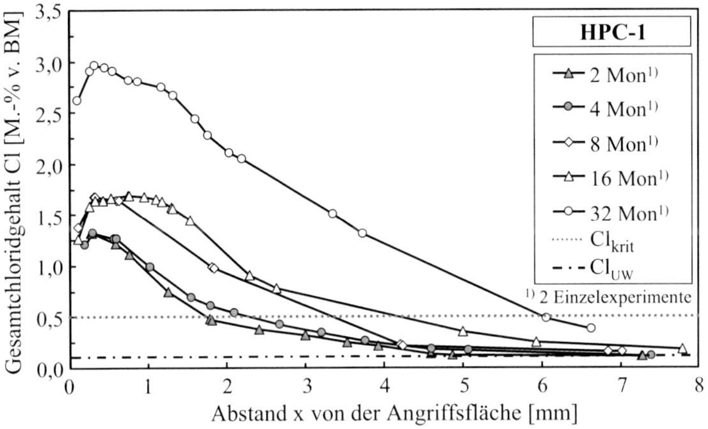

Abb. A3-18: Chloridprofile nach NaCl-Beaufschlagung des hochfesten Betons HPC-1 in Abhängigkeit von der Expositionsdauer (Cl_{krit}: kritischer korrosionsauslösender Chloridgehalt nach [16], Cl_{UW}: Chloriduntergrundwert)

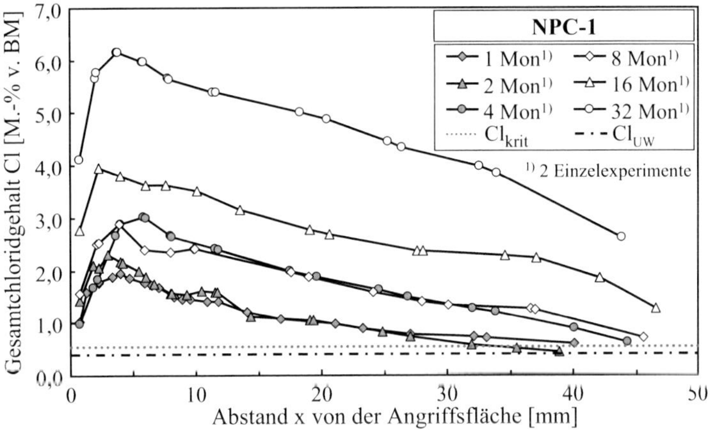

Abb. A3-19: Chloridprofile nach NaCl-Beaufschlagung des normalfesten Betons NPC-1 in Abhängigkeit von der Expositionsdauer (Cl_{krit}: kritischer korrosionsauslösender Chloridgehalt nach [16], Cl_{UW}: Chloriduntergrundwert)

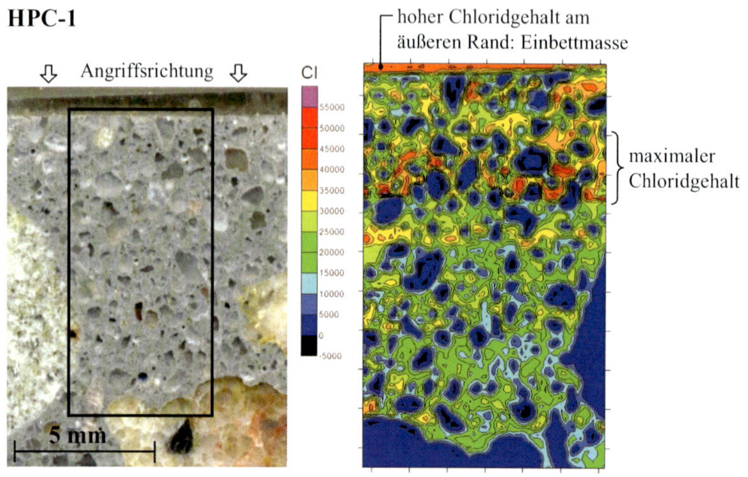

Abb. A3-20: µ-RFA-Mapping für Chlorid (rechts) mit Kennzeichnung des untersuchten Bereichs auf der Probe (links, HPC-1, Expositionsdauer 32 Monate; untersuchter Bereich: ca. 10 x 6,5 mm², Mapping spiegelverkehrt, Einbettmasse: Epoxidharz)

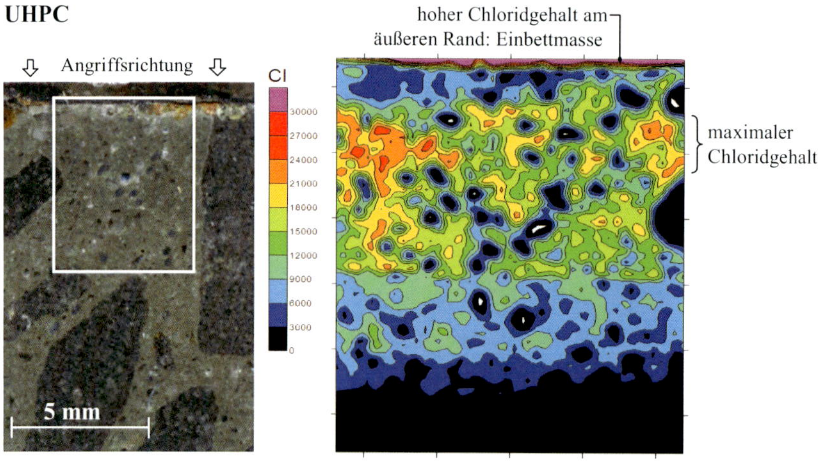

Abb. A3-21: µ-RFA-Mapping für Chlorid (rechts) mit Kennzeichnung des untersuchten Bereichs auf der Probe (links, UHPC, Expositionsdauer 32 Monate; untersuchter Bereich: ca. 6 x 5 mm², Mapping spiegelverkehrt, Einbettmasse: Epoxidharz)

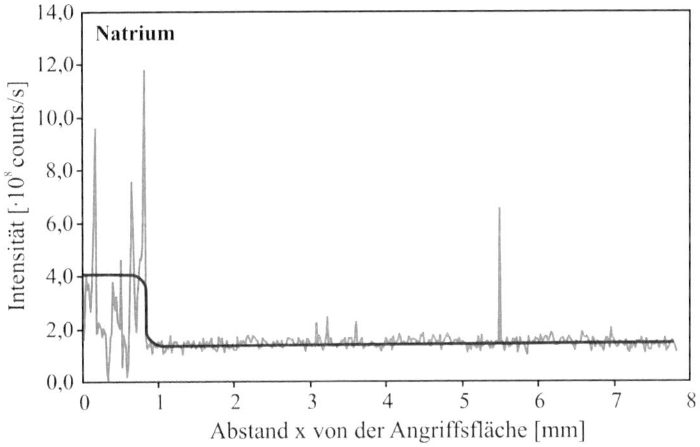

Abb. A3-22: Natriumverteilung in Abhängigkeit vom Abstand von der Angriffsfläche nach dem NaCl-Angriff (UHPC, Expositionsdauer 32 Monate, Linescan mittel EDS)

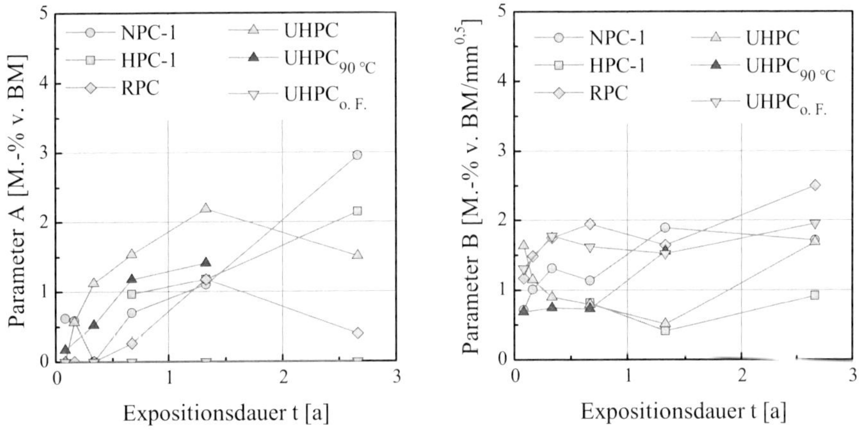

Abb. A3-23: Parameter A und B (siehe Gleichung (3-3)) in Abhängigkeit von der Expositionsdauer t der Probekörper

A3.4.2 Angriff durch mineralsaure Wässer

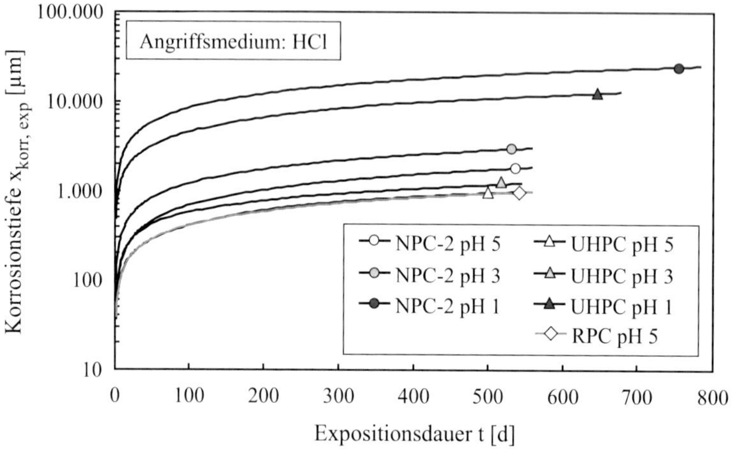

Abb. A3-24: Einfluss des pH-Werts auf die Entwicklung der Korrosionstiefe der ultrahochfesten Betone RPC und UHPC und des normalfesten Betons NPC-2 (untersucht im Rahmen von [55]) beim Angriff salzsaurer Wässer

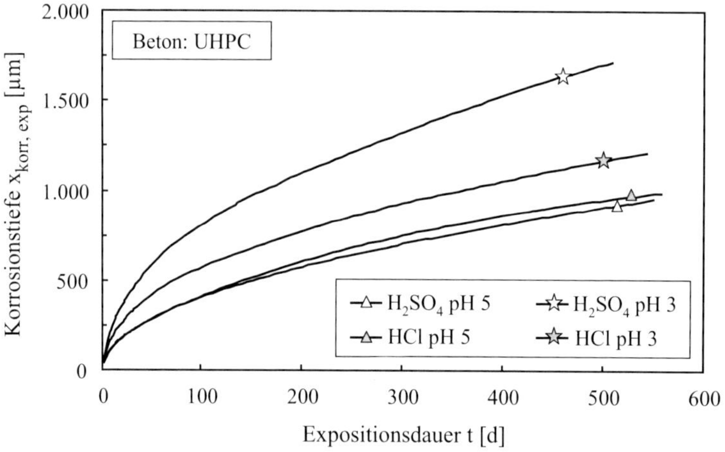

Abb. A3-25: Einfluss der Säureart auf die Entwicklung der Korrosionstiefe des ultrahochfesten Betons UHPC bei einer Angriffsintensität von pH 5 bzw. pH 3

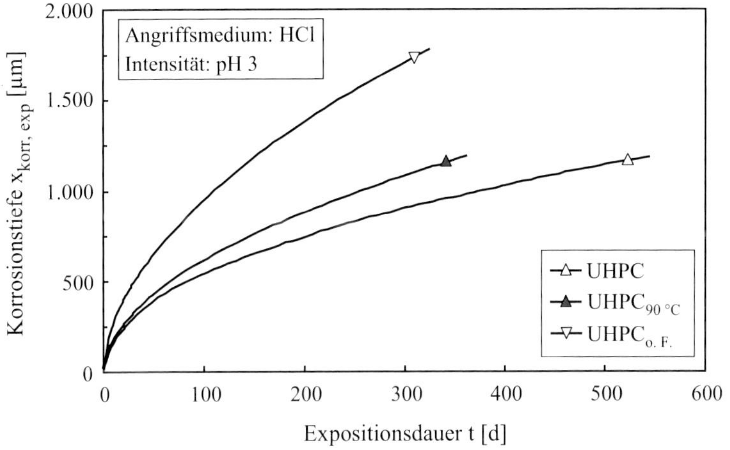

Abb. A3-26: Einfluss der Wärmebehandlung und der Stahlfaserbewehrung auf die Entwicklung der Korrosionstiefe des ultrahochfesten Betons UHPC beim Angriff salzsaurer Wässer (pH 3)

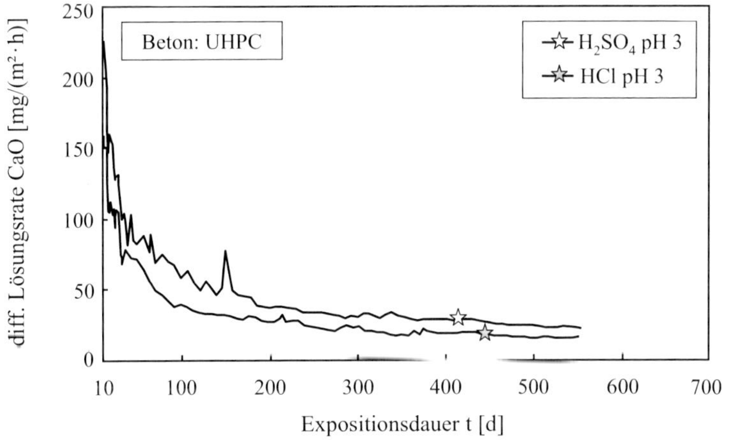

Abb. A3-27: Differentielle Lösungsrate beim Angriff des ultrahochfesten Betons UHPC durch H_2SO_4, pH 3 und HCl, pH 3

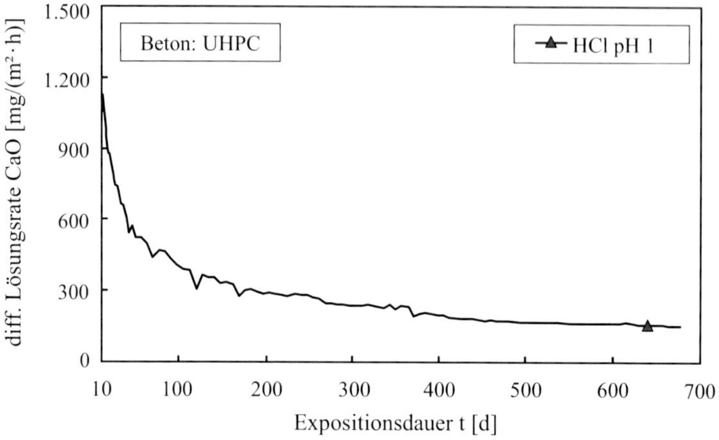

Abb. A3-28: Differentielle Lösungsrate beim Angriff des ultrahochfesten Betons UHPC durch HCl, pH 1

Abb. A3-29: Schnitt senkrecht zur Angriffsfläche ultrahochfester Betone nach 80-wöchigem Angriff mineralsaurer Wässer; gestrichelte Linie: ursprüngliche Angriffsfläche, Pfeile: Angriffsrichtung, gelb: Einbettmasse zur Stabilisierung; Auflichtmikroskopie

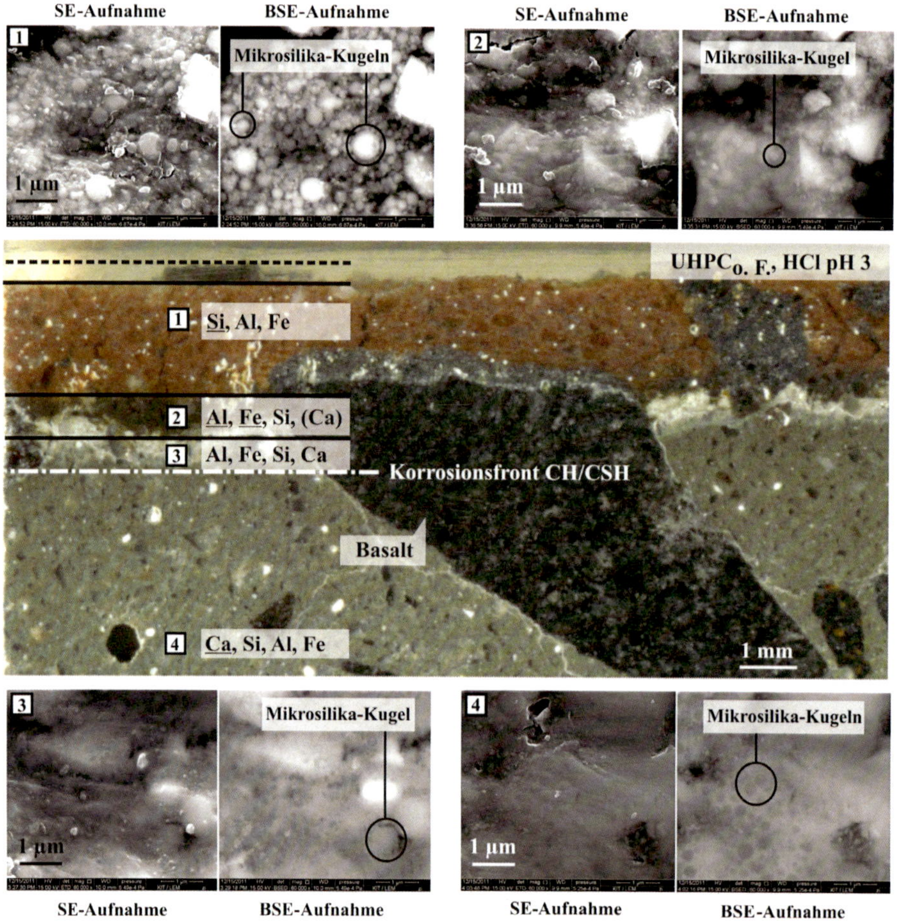

Abb. A3-30: Schichtaufbau des ultrahochfesten Grobkornbetons UHPC$_{o. F.}$ nach 143-wöchigem Angriff durch salzsaures Wasser (HCl, pH 3); REM-Aufnahmen: Detektion der Sekundärelektronen (SE) zur Erfassung der Topografie der Probe in den jeweiligen Schichten, Detektion der Rückstreuelektronen (BSE) zur Erfassung des Materialkontrasts

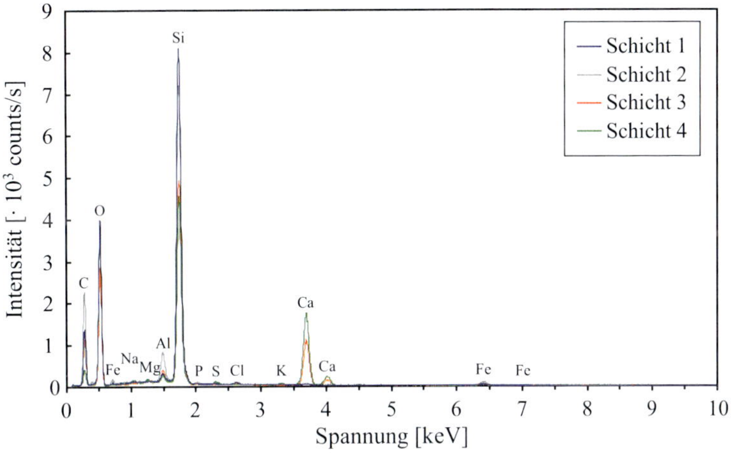

Abb. A3-31: EDS-Spektren der Schichten 1 bis 4
(Ordinatenbereich 0 bis 9,0 · 10^3 counts/s)

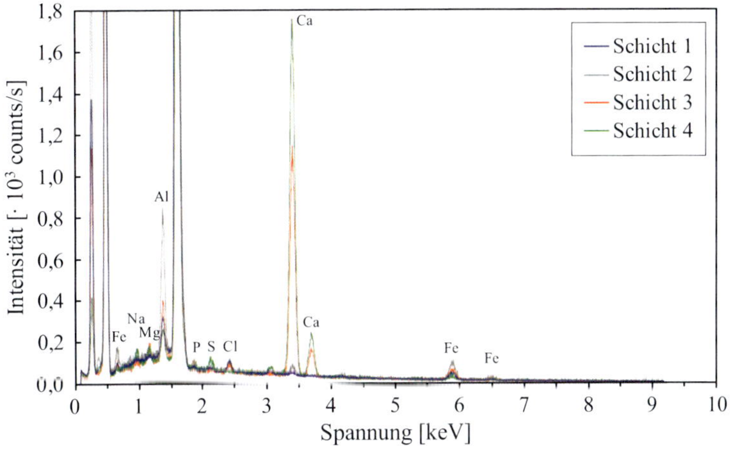

Abb. A3-32: EDS-Spektren der Schichten 1 bis 4
(Ordinatenbereich 0 bis 1,8 · 10^3 counts/s)

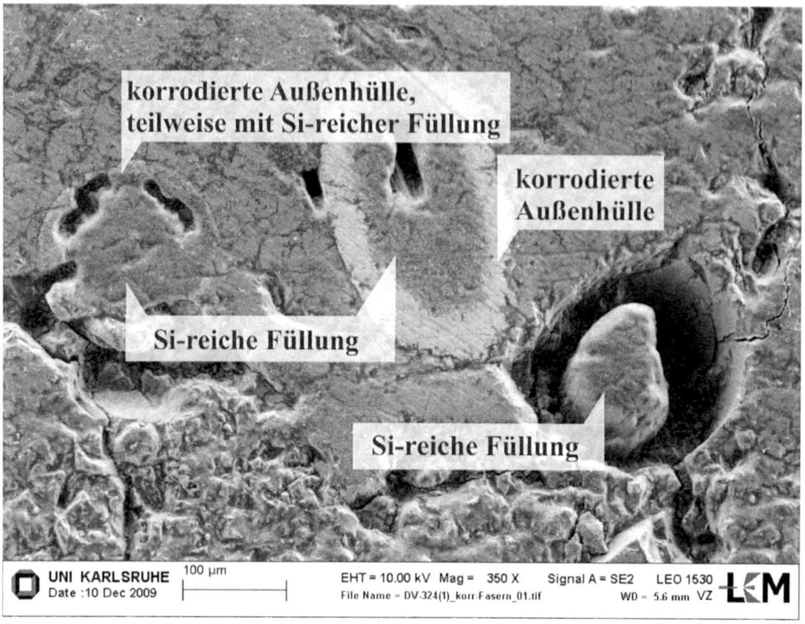

Abb. A3-33: Verschiedene Stadien der Faserkorrosion nach 116-wöchigem Angriff bei H_2SO_4, pH 3 (REM)

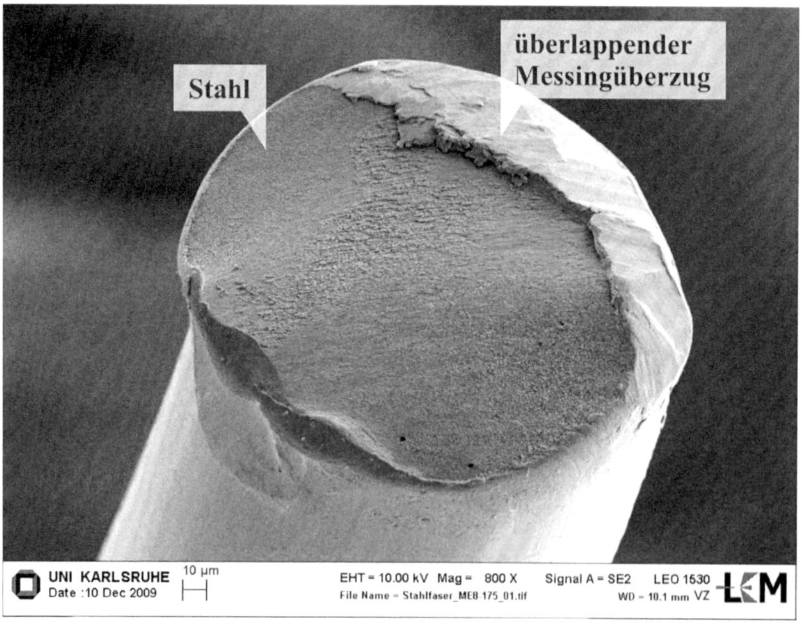

Abb. A3-34: REM-Aufnahme einer produktionsneuen Stahlfaser (Länge l = 8 mm, Durchmesser d = 0,175 mm)

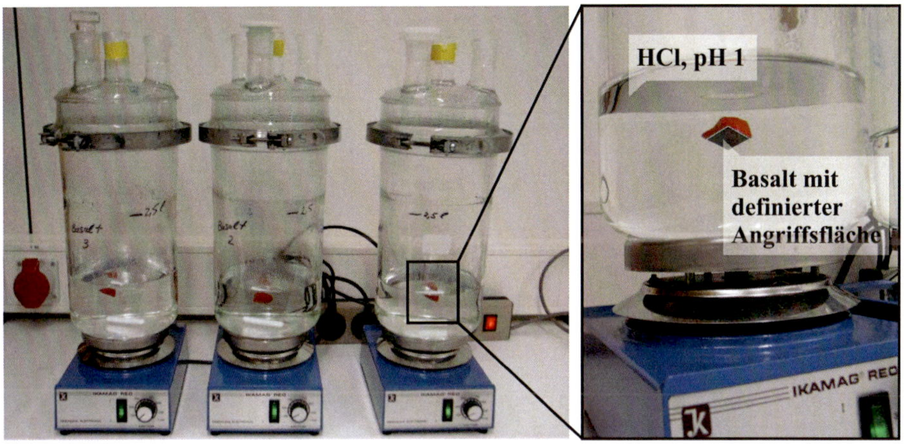

Abb. A3-35: Versuchsaufbau zur Untersuchung der flächenbezogenen CaO-Auslaugung von Basalt (Körnung 5/8 mm) beim Angriff von HCl, pH 1

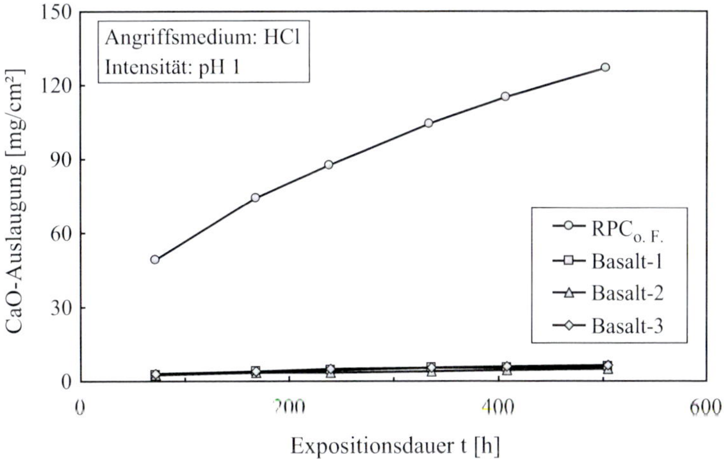

Abb. A3-36: Flächenbezogene CaO-Auslaugung des unbewehrten Feinkornbetons RPC ($RPC_{o.\,F.}$) und von Basalt

A3.4.3 Karbonatisierung

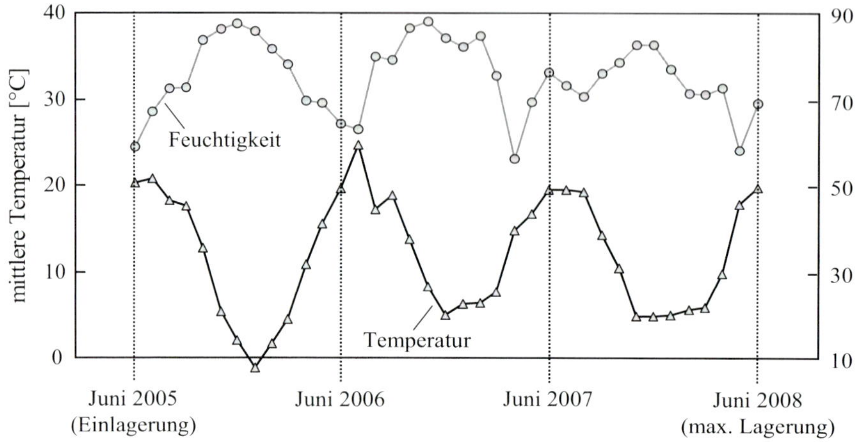

Abb. A3-37: Klimadaten für Karlsruhe im Zeitraum der Außenlagerung der Probekörper (Quelle: Deutscher Wetterdienst, Wetterstation 10727)

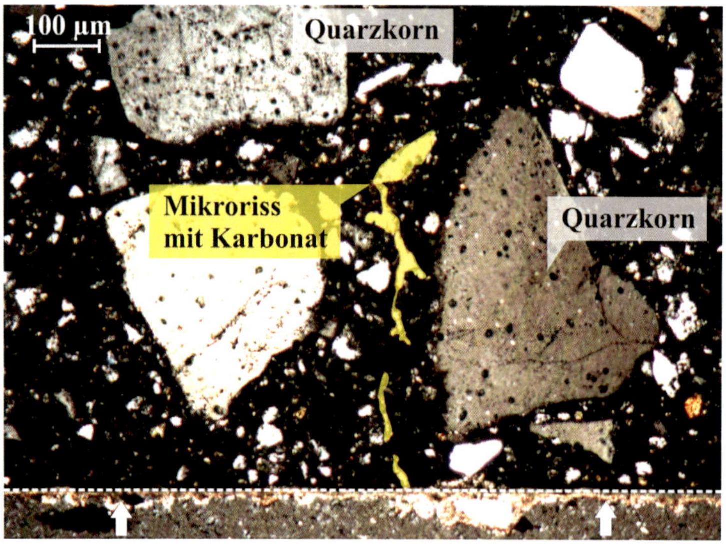

Abb. A3-38: Mit Karbonat gefüllter Mikroriss (nachcoloriert) im wärmebehandelten Beton UHPC$_{90\,°C}$ nach 3-jähriger Außenlagerung (gestrichelte Linie: Angriffsfläche, Pfeile: Angriffsrichtung); Durchlichtmikroskopie

Abb. A3-39: Karbonatisierter Randbereich des ultrahochfesten Feinkornbetons RPC nach 3-jähriger Lagerung bei 20 °C, 65 % r. F. (gestrichelte Linie: ursprüngliche Angriffsfläche, Pfeile: Angriffsrichtung); Durchlichtmikroskopie

A3.4.4 Kombinierte Beanspruchung

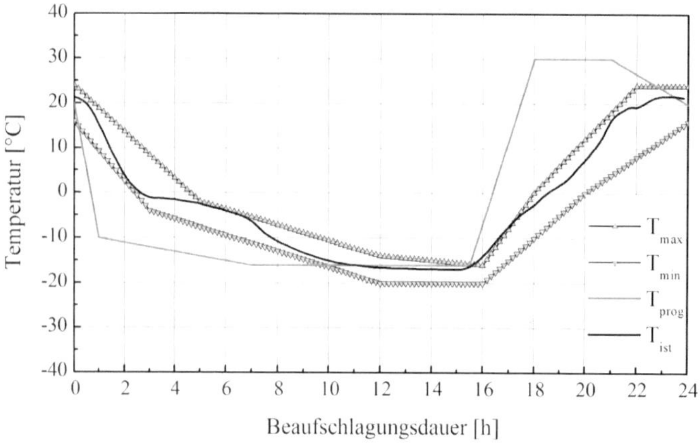

Abb. A3-40: Temperatur-Zeit-Kurve der befrosteten Balken (T_{max}, T_{min}: obere und untere Grenze der angestrebten Temperaturkurve, T_{prog}: programmierte Temperaturkurve, T_{ist}: tatsächlicher Temperaturverlauf in der Probe)

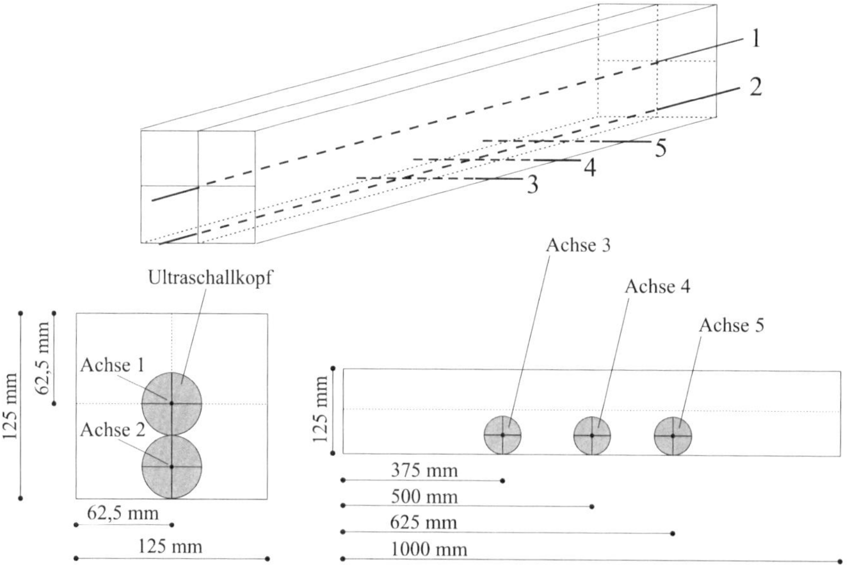

Abb. A3-41: Durchschallungsachsen der Balken zur Bestimmung des dynamischen E-Moduls (oben: Lage der Achsen im Balken, unten links: Vorderansicht der Balken, unten rechts: Seitenansicht der Balken)

Tab. A3-4: Dynamischer E-Modul der untersuchten Balken aus ultrahochfestem Beton vor der Befrostung (dyn. E_0) in den Durchschallungsachsen 1 bis 5

Balken		Dynamischer E-Modul dyn. E_0 vor der Befrostung [N/mm²] in den Achsen				
		1	2	3	4	5
Serie A: keine Vorschädigung (Delft)	A.1	73.100	74.300	72.100	72.100	70.800
	A.2	73.300	74.900	69.200	68.000	70.400
	A.3	77.400	78.100	74.500	74.500	73.900
	MW	74.600	75.800	72.000	71.500	71.700
Serie B: Vorschädigung durch Ermüdung (Delft)[1)]	B.1	76.400	75.900	71.300	71.300	72.600
	B.2	77.100	77.000	72.700	72.100	72.700
	B.3	72.000	73.300	67.600	67.600	68.800
	MW	75.200	75.400	70.500	70.300	71.400
Serie C: keine Vorschädigung (Karlsruhe)	C.1	65.800	66.900	63.900	62.400	62.400
	C.2	64.900	64.900	64.900	63.300	62.800
	C.3	64.300	65.600	64.000	63.000	63.000
	C.4	65.600	66.800	62.800	64.400	63.300
	C.5	64.700	67.100	64.000	64.000	64.600
	C.6	65.600	66.600	63.100	62.100	63.100
	MW	65.200	66.300	63.800	63.200	63.200

1) 2.000.000 Lastzyklen;
Oberlast 32,2 kN (50 % der Bruchlast); Unterlast 6,4 kN (10 % der Bruchlast)

Anhang 4
Erläuterungen und Beispiele

A4.1 Bestimmung des Hydratationsgrads mithilfe der Thermogravimetrie

Das Vorgehen bei der Bestimmung des Hydratationsgrads $\alpha(t_{eff} = 28\ d)$ im Betonalter von 28 Tagen unter Zugrundelegung der Ergebnisse der Thermogravimetrie ist nachfolgend für den ultrahochfesten Beton UHPC dargelegt.

A4.1.1 Menge an chemisch gebundenem Wasser bei vollständiger Hydratation

Für den Zement CEM I 52,5 R-HS/NA (chemische Zusammensetzung siehe Tabelle A2-4) ergibt sich nach [130] bei vollständiger Hydratation folgende Menge an chemisch gebundenem Wasser $\Delta m_{H_2O,\,max}$:

$$\Delta m_{H_2O,\,max} = \Delta m_{H_2O,\,C_3S} + \Delta m_{H_2O,\,C_2S} + \Delta m_{H_2O,\,C_3A} + \Delta m_{H_2O,\,C_4AF} \quad \textbf{(A4-1)}$$

mit

$$\Delta m_{H_2O,\,C_3S} = 0{,}276 \cdot C_3S = 0{,}177 \text{ g/g Zement}$$

$$\Delta m_{H_2O,\,C_2S} = 0{,}209 \cdot C_2S = 0{,}031 \text{ g/g Zement}$$

$$\Delta m_{H_2O,\,C_3A} = 0{,}667 \cdot (1{,}499\ C_3A - 1{,}686\ SO_3) + 1{,}733 \cdot (1{,}686\ SO_3 - 0{,}449\ C_4A)$$
$$= 0{,}041 \text{ g/g Zement}$$

$$\Delta m_{H_2O,\,C_4AF} = 0{,}370 \cdot C_4AF = 0{,}058 \text{ g/g Zement}$$

aus Gleichung (A4-1) folgt:

$$\Delta m_{H_2O,\,max} = 0{,}177 + 0{,}031 + 0{,}041 + 0{,}058 = 0{,}307 \text{ g/g Zement}$$

A4.1.2 Menge an chemisch gebundenem Wasser zum Zeitpunkt der Bestimmung des Hydratationsgrads

aus Abbildung 3-4: $\Delta m_{H_2O} = \Delta m_{780°C} - \Delta m_{105°C} = 4{,}38$ M.-%

Berücksichtigung des Calcitanteils aus der Karbonatisierung:

es gilt: $Ca(OH)_2 + CO_2 + H_2O \rightarrow CaCO_3 + 2H_2O$ **(A4-2)**

aus Abbildung 3-4: $\Delta m_{CaCO_3,\ karbo,\ UHPC} = \Delta m_{780°C} - \Delta m_{550°C} = 0{,}67$ M.-%

Annahmen nach [76]: $\Delta m_{CaCO_3,\ karbo,\ UHPC} = \Delta m_{H_2O,\ karbo} + \Delta m_{CO_2}$ und **(A4-3)**

$$\Delta m_{H_2O,\ karbo} = \frac{18}{44} \cdot \Delta m_{CO_2} \text{ (aus Stöchiometrie)}$$

daraus folgt: $\Delta m_{H_2O,\ karbo} = 0{,}19$ M.-% und $\Delta m_{CO_2} = 0{,}48$ M.-% **(A4-4)**

Berücksichtigung des organischen Anteils:

Fließmittelgehalt (Feststoff) pro 100 g Mörtelmatrix: 0,48 g = 0,48 M.-% = Δm_{organ}

Tatsächlicher Gehalt an chemisch gebundenem Wasser:

$$\Delta m_{H_2O,\ korr} = \Delta m_{H_2O} - \Delta m_{organ} - \Delta m_{CO_2} + \Delta m_{H_2O,\ karbo}$$

$$= 4{,}38 \text{ M.-\%} - 0{,}48 \text{ M.-\%} - 0{,}48 \text{ M.-\%} + 0{,}19 \text{ M.-\%} = 3{,}61 \text{ M.-\%}$$

Zementgehalt pro 100 g Mörtelmatrix: 33,50 g

Gehalt an chemisch gebundenem Wasser: $\Delta m_{H_2O,\ 28\ d} = \frac{3{,}61}{33{,}50} = 0{,}108$ g/g Zement

Annahme: Bei der puzzolanischen Reaktion wird lediglich das Wasser aus dem CH verbraucht (siehe auch [31, 78]), d. h. das Anmachwasser steht vollständig für die Zementhydratation zur Verfügung.

Hydratationsgrad α zum betrachteten Zeitpunkt (t_{eff} = 28 d):

$$\alpha(t_{eff} = 28\ d) = \frac{\Delta m_{H_2O,\ 28\ d}}{\Delta m_{H_2O,\ max}} = \frac{0{,}108}{0{,}307} = 35\ \%$$

A4.2 Beispiel zur Modifikation der klassischen Darstellungsform der Ergebnisse der Quecksilberdruckporosimetrie

Die Darstellung der Ergebnisse der Quecksilberdruckporosimetrie in klassischer Form – d. h. die Abhängigkeit zwischen Porenradius und intrudiertem Quecksilbervolumen pro Gramm der untersuchten Probe – ist wenig anschaulich. Daher wurde diese Darstellungsform im Rahmen der vorliegenden Arbeit modifiziert. Die Modifikation erlaubt die Darstellung des Porenradius in Abhängigkeit von der Porosität des Zementsteins. Das Vorgehen bei der Modifikation ist nachfolgend am Beispiel des Betons UHPC erläutert.

Aus der Versuchsdurchführung zur Quecksilberdruckporosimetrie an Bohrkernen aus UHPC, Probengeometrie d/h = 15/20 mm, maximaler Intrusionsdruck 4.120 bar, sind bekannt:

- Insgesamt intrudiertes Quecksilbervolumen/Total Intrusion Volume:

  $\mathbf{V_{Hg,\,max} = 0{,}0173\ ml/g}$

- Porenvolumen der untersuchten Probe/Porosity:

  $P_{UHPC} = 4{,}3725$ Vol.-% $\rightarrow$ $\mathbf{V_{P,\,UHPC} = 43{,}73\ dm^3/m^3}$

Darüber hinaus wurde im Vorfeld die Porosität der eingesetzten groben Gesteinskörnung bestimmt (hier: Basalt):

- Porosität des Basalts/Porosity:

  $\mathbf{P_{Basalt} = 2{,}3014}$ **Vol.-%**

Zunächst wird angenommen, dass das in den Beton eingedrungene Quecksilber ausschließlich in den Zementstein intrudiert wird. Aus der Betonzusammensetzung sowie aus den oben aufgeführten Untersuchungsergebnissen ergeben sich:

- Volumen des Betons abzüglich des Porenvolumens $V_{UHPC,\,ohne\,P}$:

  $V_{UHPC,\,ohne\,P} = 1.000\ dm^3 - V_{P,\,UHPC} = 1.000\ dm^3 - 43{,}73\ dm^3$

  $= 956{,}27\ dm^3/m^3$

  davon Basalt: $V_{Basalt} = 229{,}12\ dm^3/m^3$

  Bindemittelleim: $V_{BL} = 392{,}07\ dm^3/m^3$

  (V_{Basalt} und V_{BL} aus Betonzusammensetzung, vgl. Tabelle A2-1, Anhang 2)

- Volumen des Zementsteins inklusive Porenraum V_{ZS*}:

  $V_{ZS*} = V_{BL} + V_{P,\,UHPC} = 392{,}07\ dm^3 + 43{,}73\ dm^3 = 435{,}80\ dm^3/m^3$

Hieraus ergibt sich wiederum:

- Porosität des Zementsteins P_{ZS*}:
  $$P_{ZS*} = \frac{43,73}{435,80} \cdot 100 = 10,03 \text{ V.-\%}$$

Es ist jedoch davon auszugehen, dass das Quecksilber nicht nur in den porösen Zementstein, sondern anteilig auch in die Gesteinskörnung intrudiert wird. Die Porosität des Zementsteins muss daher um das Porenvolumen der Gesteinskörnung korrigiert werden:

- Porenvolumen des Basalts:
  $$V_{P,\,Basalt} = V_{Basalt} \cdot P_{Basalt} = 229,12 \text{ dm}^3 \cdot 2,3014 \text{ Vol.-\%} = 5,27 \text{ dm}^3$$
- tatsächliches Volumen des Zementsteins $V_{ZS*,\,tats}$:
  $$V_{ZS*,\,tats} = V_{BL} + V_{P,\,UHPC} - V_{P,\,Basalt}$$
  $$= 392,07 \text{ dm}^3 + 43,73 \text{ dm}^3 - 5,27 \text{ dm}^3 = 430,53 \text{ dm}^3$$
- tatsächliche Porosität des Zementsteins $P_{ZS*,\,tats}$:
  $$\mathbf{P_{ZS*,\,tats}} = \frac{43,73 - 5,27}{430,53} \cdot 100 \mathbf{= 8,9 \text{ Vol.-\%}}$$
  (vgl. Abbildung 3-14, Kapitel 3 sowie Abbildung A3-3 b, Anhang 3)

Das Volumen des intrudierten Quecksilbers $V_{Hg,\,max}$ wird nun der tatsächlichen Porosität des Zementsteins $P_{ZS*,\,tats}$ zugewiesen:

$$\mathbf{V_{Hg,\,max} \rightarrow P_{ZS*,\,tats}}$$

$$\mathbf{0,0173 \text{ ml/g} \rightarrow 8,9 \text{ Vol.-\%}}$$

Unter Zugrundelegung der Proportionalität zwischen dem intrudierten Quecksilbervolumen und der Porosität des Zementsteins wird analog für alle übrigen intrudierten Quecksilbervolumina verfahren, vgl. auch Tabelle A4-1. Da aufgrund der *Washburn-Gleichung* jedem intrudierten Quecksilbervolumen ein spezifischer Porenradius zugeordnet ist, ergibt sich aus dem Vorgehen auch der Zusammenhang zwischen Porenradius und der kumulativen Porosität des Zementsteins, wie er in Abbildung A4-1 (links) dargestellt ist.

Tab. A4-1: Zusammenhang zwischen kumulativ intrudiertem Quecksilbervolumen bzw. Porenradius und kumulativer Porosität des Zementsteins (exemplarisch für einige Porenradien)

Porenradius [nm]	Kumulativ intrudiertes Quecksilbervolumen [ml/g]	Kumulative Porosität des Zementsteins [Vol.-%]
1,5 (r_{min})	**0,0173**	**8,9**
12,6	0,00305	1,57
100,4	0,00152	0,78
2.267,8	0,00042	0,22
8.505,4	0,00025	0,13
33.510,9 (r_{max})	**0**	**0**

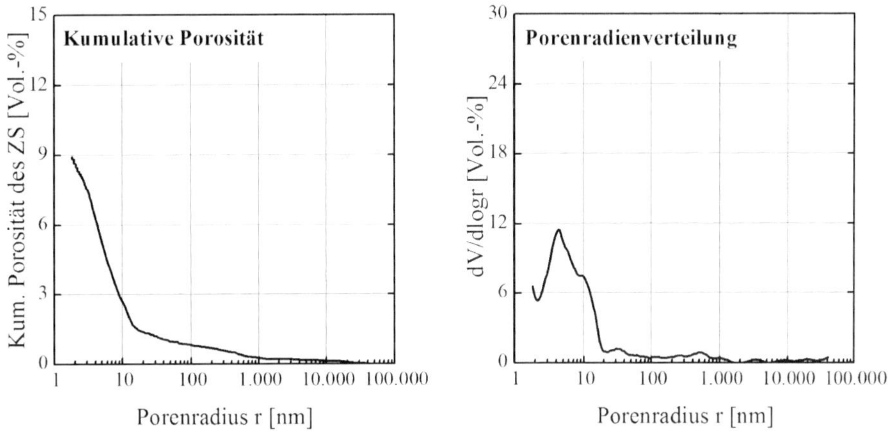

Abb. A4-1: Kumulative Porosität des Zementsteins ZS (links) und Porenradienverteilung dV/dlogr (rechts) in Abhängigkeit vom Porenradius r

Die zugehörige Porenradienverteilung dV/dlogr (Abbildung A4-1, rechts) folgt aus der ersten Ableitung der sich nach dem beschriebenen Verfahren ergebenden Kurve. Die Glättung der Ableitungskurve kann mithilfe der *Savitzky-Golay-Methode* unter Anwendung gängiger Analyseprogramme erfolgen.

A4.3 Erläuterungen zum Standardschätzfehler $s_{y,x}$

Das Bestimmtheitsmaß R^2 bzw. der Korrelationskoeffizient $r_{x,y}$ sind nur für lineare Regressionsmodelle eindeutig definiert. Bárdossy [7] rät daher explizit davon ab, diese Kennwerte bei einer nichtlinearen Anpassung als Maß für die Güte der Regression zu verwenden. Er empfiehlt stattdessen die Angabe des Standardschätzfehlers $s_{y,x}$ zur Beurteilung der Regressionsgüte, der nach Gleichung (A4-5) definiert ist [7]:

$$s_{y,x} = \sqrt{\frac{1}{n-2} \cdot \sum_{i=1}^{n} (y_i - y'_i)^2} \qquad \textbf{(A4-5)}$$

wobei y_i i-ter beobachteter Wert der abhängigen Variablen

y'_i i-ter berechneter Wert der abhängigen Variablen

n Anzahl der Datenpaare $(x_i \mid y_i)$

Nach Bárdossy ist der Standardschätzfehler „ein Maß der Streuung der abhängigen Größe y, wenn der Einfluss der erklärenden Variable x bereits herausgerechnet wurde. (...) Für eine perfekte Anpassung wird $s_{y,x} = 0$. (...) Für zwei voneinander unabhängige statistische Variablen nähert sich der Standardschätzfehler an die Standardabweichung von y an“ [7].

A4.4 Anwendung des Modells zur rechnerischen Abschätzung des Korrosionswiderstands in der Praxis

Anhand einer Beispielrechnung wird nachfolgend aufgezeigt, wie das Modell vom Anwender zur Beurteilung des Korrosionswiderstands $\omega_{korr,\,chem}$ eines Betons genutzt werden kann. Hierzu wird eine in der Literatur [86] beschriebene Betonrezeptur betrachtet.

A4.4.1 Charakterisierung des betrachteten Betons

Für den Bau der beiden Naturzugkühltürme des Braunkohlekraftwerks Neurath bei Grevenbroich (Nordrhein-Westfalen) durch die RWE Power AG wurde ein Hochleistungsbeton mit hoher chemischer Beständigkeit gefordert, um auf einen Oberflächenschutz der Kühlturmschalen verzichten zu können [86]. Die Zusammensetzung und die maßgebenden betontechnologischen Kennwerte des zum Bau der Kühltürme eingesetzten Betons „Neurath" sind den Tabellen A4-2 und A4-3 zu entnehmen.

Tab. A4-2: Zusammensetzung des für den Bau der Naturzugkühltürme Neurath eingesetzten Betons [86]

Material	Rohdichte	Einwaage Beton „Neurath"	
	$[kg/dm^3]$ 1)	$[kg/m^3]$	$[dm^3/m^3]$
CEM I 42,5 R-HS/NA	3,10	251	81
Flugasche FA	2,34	74	32
Mikrosilika MS (Suspension) 2)	1,40	52	37
Gesteinskörnung			
0,1/0,6 mm		50	19
0/2 mm	2,63	623	237
2/8 mm		294	112
8/16 mm		967	368
Fließmittel	1,10	8,1	7,4
Zugabewasser	1,00	123	123

1) Annahmen

2) Feststoffgehalt 50 M.-%; Rohdichte des Feststoffanteils ca. 2,4 kg/dm^3

Tab. A4-3: Betontechnologische Kennwerte des für den Bau der Naturzugkühltürme Neurath eingesetzten Betons [86]

Kennwert	Beton „Neurath“
w/z [-]	0,61
w/b[1] [-]	0,50
V_{ZS}[2] [dm³/dm³ Beton]	0,28
V_{GK} [Vol.-%]	74
$f_{cm,cube,28}$ [N/mm²]	84,1

[1] $b = M_{CEM} + 0{,}4\ M_{FA} + 1{,}0\ M_{MS}$

[2] $V_{ZS} \approx V_{BL}$ = Volumensumme aus Zement, Mikrosilika, Zugabewasser und Fließmittel

A4.4.2 Quantifizierung der Einflussgrößen

Zur Ermittlung des Korrosionswiderstands $\omega_{korr,\ chem}$ des Betons „Neurath“ erfolgte zunächst die Quantifizierung der Einflussgrößen.

Kapillarporosität V_{kap}

Aus Tabelle A4-3 ist zu entnehmen:

$$f_{cm,cube,28} = 84{,}1\ \text{N/mm}^2$$

$$V_{ZS} = 0{,}28\ \text{dm}^3/\text{dm}^3\ \text{Beton}$$

Es liegen keine Untersuchungsergebnisse zur Porosität vor, daher folgt für $f_{cm,cube,28} = 84{,}1$ N/mm² aus Abbildung 4-1, Kapitel 4:

$$V_{kap} = \frac{3.794}{84{,}1^{1{,}58}}\ \text{Vol.-\% v. ZS} = 3{,}5\ \text{Vol.-\% v. ZS bzw.}$$

$$V_{kap} = 3{,}5\ \text{Vol.-\%} \cdot 0{,}28\ \text{dm}^3/\text{dm}^3 = 0{,}01\ \text{dm}^3/\text{dm}^3$$

Relative Konnektivität κ_{rel}

Es liegen keine Untersuchungsergebnisse zur Permeation vor, daher folgt für $f_{cm,cube,28} = 84{,}1$ N/mm² aus Abbildung 4-2, Kapitel 4 ($K_{stat,\ NPC\text{-}2}$ aus Kapitel 4.2.2):

$$K_{stat} = \frac{888.882}{84{,}1^{2{,}36}} \cdot 10^{-18}\ \text{m}^2 = 25{,}5 \cdot 10^{-18}\ \text{m}^2\ \text{und somit}$$

$$\kappa_{rel} = \frac{K_{stat,\ Beton\ Neurath}}{K_{stat,\ NPC\text{-}2}} = \frac{25{,}5 \cdot 10^{-18}\ \text{m}^2}{114{,}36 \cdot 10^{-18}\ \text{m}^2} = 0{,}223$$

Tortuosität τ_{Beton}

Aus Abbildung 2-7 (Kapitel 2), Prognose nach Bentz et al. für 10 % MS v. CEM, folgt:

$$\tau_{ZS}(V_{kap} = 3{,}5 \text{ Vol.-\%}) = 18.735$$

Damit ergibt sich aus Abbildung 2-9 (Kapitel 2), Interpolation zwischen NPC und UHPC:

$$\tau_{Beton}(V_{GK} = 74 \text{ Vol.-\%}) = 4{,}6 \cdot \tau_{ZS} = 4{,}6 \cdot 18.735 = 86.181$$

Anteil des Gelporenraums am Gesamtporenraum v_{gel}

Es liegen keine Untersuchungsergebnisse zur Porosität vor, daher folgt für $f_{cm,cube,28} = 84{,}1$ N/mm² aus Abbildung 4-3, Kapitel 4:

$$v_{gel} = 0{,}29 \cdot 84{,}1^{0{,}21} = 0{,}74$$

Maximal erreichbarer Hydratationsgrad α_{max}

Nach Gleichung (2-3), Kapitel 2, gilt für w/z = 0,61:

$$\alpha_{max,\,Mills} = \frac{1{,}031 \cdot 0{,}61}{0{,}194 + 0{,}61} = 0{,}78$$

Zementsteingehalt V_{ZS}

Aus Tabelle A4-3 ist zu entnehmen:

$$V_{ZS} = 0{,}28 \text{ dm}^3/\text{dm}^3 \text{ Beton}$$

Berücksichtigung des Bindemitteleinflusses ε_{BM}

Eingesetzt wurden 251 kg Zement (CEM I 42,5 R-HS/NA) pro m³ Beton. Die chemische Zusammensetzung des Zements ist dem Anhang 2, Tabelle A2-4 zu entnehmen.

Als puzzolanische Zusatzstoffe kamen Mikrosilika (26 kg Feststoff pro m³ Beton) und Flugasche (74 kg pro m³ Beton) zum Einsatz. Zur chemischen Zusammensetzung dieser Materialien lagen keine Angaben vor. Daher wurden unter Zugrundelegung vergleichbarer, bekannter Materialien folgende Annahmen zu den chemischen Hauptbestandteilen getroffen:

Flugasche:	52 M.-% SiO_2
	26 M.-% Al_2O_3
	6 M.-% Fe_2O_3
	5 M.-% CaO
Mikrosilika:	98 M.-% SiO_2

Das Bindemittelvolumen V_{BM} (V_{BM} = Volumensumme aus Zement, Flugasche und Mikrosilika) beträgt ca. 0,124 dm³/dm³ Beton (siehe hierzu Tabelle A4-2).

Der erweiterte K-Wert K_{erw} bzw. der Einflussfaktor ε_{BM} ergeben sich entsprechend den Gleichungen (4-2) und (4-3), Kapitel 4, und sind nachfolgender Tabelle A4-4 zu entnehmen.

Tab. A4-4: Ermittlung des erweiterten K-Werts K_{erw}

Kennwert/ Beton	Al_2O_3 [kg/m³]	Fe_2O_3 [kg/m³]	SiO_2 [kg/m³]	CaO [kg/m³]	MgO [kg/m³]	K_{erw} [-]	V_{BM} [-]	ε_{BM} [-]
Beton „Neurath“	8,28[1)] + 19,24[2)]	12,05[1)] + 4,44[2)]	52,71[1)] + 38,48[2)] + 25,48[3)]	165,66[1)] + 3,7[2)]	3,01[1)]	0,93	0,124	7,5

Quelle der Elementoxide:
[1)] Zement
[2)] Flugasche
[3)] Mikrosilika

Berücksichtigung des Einflusses der Mikrorisse ε_{Riss} und der Stahlfasern ε_{Faser}

Es fand keine thermische Behandlung des Betons statt ($\varepsilon_{Riss,\,WB} = 1{,}0$). Mikrorisse können somit lediglich aus dem autogenen Schwinden resultieren, sofern weitere Quellen für die Mikrorissbildung (z. B. fehlerhafte Nachbehandlung, Erhärtung unter Erschütterung) ausgeschlossen werden können. Auf der sicheren Seite liegend wird entsprechend Kapitel 4.2.8.2 eine Minderung des Gefügewiderstands durch Mikrorisse infolge des autogenen Schwindens von 10 % angenommen ($\varepsilon_{Riss,\,AS} = 0{,}9$)

Da bei der Betonherstellung keine Stahlfasern eingesetzt wurden, muss deren Einfluss nicht berücksichtigt werden ($\varepsilon_{Faser} = 1{,}0$).

A4.4.3 Abschätzung des Gefügewiderstands $\omega_{Gefüge}$

Nach Gleichung (4-5), Kapitel 4, gilt:

$$\omega_{Gefüge} = \left[V_{kap} \cdot \kappa_{rel} + \frac{1}{\tau_{Beton}} + \frac{\alpha_{max}}{v_{gel}} + V_{ZS}\right]^{-1}$$

$$= \left[0{,}01 \cdot 0{,}223 + \frac{1}{86.181} + \frac{0{,}78}{0{,}74} + 0{,}28\right]^{-1} = 0{,}75$$

Damit liegt der Gefügewiderstand $\omega_{Gefüge}$ des Betons „Neurath“ höher als der Gefügewiderstand des im Rahmen der vorliegenden Arbeit untersuchten normalfesten Betons

NPC-2 ($\omega_{Gefüge} = 0{,}69$) und niedriger als derjenige des Betons HPC-2 ($\omega_{Gefüge} = 0{,}85$), vgl. Tabelle 4-9, Kapitel 4. Dies ist plausibel, da auch die Festigkeit des Betons „Neurath" sich zwischen den Betonen NPC-2 und HPC-2 bewegt.

A4.4.4 Abschätzung des Korrosionswiderstands $\omega_{korr,\,chem}$

Nach Gleichung (4-4), Kapitel 4, gilt:

$$\omega_{korr,\,chem} = \omega_{Gefüge} \cdot \varepsilon_{BM} \cdot \varepsilon_{Faser} \cdot \varepsilon_{Riss,\,WB} \cdot \varepsilon_{Riss,\,AS}$$
$$= 0{,}75 \cdot 7{,}5 \cdot 1{,}0 \cdot 1{,}0 \cdot 0{,}9 = 5{,}06$$

Der Korrosionswiderstand $\omega_{korr,\,chem}$ des Betons „Neurath" liegt somit deutlich höher als der Korrosionswiderstand des im Rahmen der vorliegenden Arbeit untersuchten normalfesten Betons NPC-2 ($\omega_{korr,\,chem} = 2{,}41$) bzw. hochfesten Betons HPC-2 ($\omega_{korr,\,chem} = 2{,}46$) und reicht mit einem Wert von 5,06 an den Widerstand der stahlfaserbewehrten ultrahochfesten Betone heran.

Maßgebend für den hohen Korrosionswiderstand des Betons „Neurath" ist die sehr hohe chemische Beständigkeit des Bindemittels ($\varepsilon_{BM} = 7{,}5$), die durch den hohen Flugaschegehalt und den damit verbundenen hohen Anteil an deckschichtbildenden Elementoxiden sichergestellt wird. Gleichzeitig ist das Bindemittelvolumen V_{BM} nur etwa halb so groß wie das in den untersuchten ultrahochfesten Betonen eingesetzte Bindemittelvolumen.

Eine weitere Steigerung des Korrosionswiderstands des Betons „Neurath" könnte durch den Einsatz einer Stahlfaserbewehrung erzielt werden, deren Korrosionsprodukte sich abdichtend auf der angegriffenen Betonoberfläche anlagern. Außerdem würde eine Reduktion des Wasserbindemittelwerts das Selbstabdichtungspotenzial des Betons erhöhen und das Kapillarporenvolumen reduzieren, was ebenfalls zu einer Erhöhung des Korrosionswiderstands beitragen würde.

Anhang 5
Lebenslauf

Persönliche Daten

Name	Jennifer Christine Scheydt
Geburtsdatum	8. November 1978
Geburtsort	Saarbrücken
Staatsangehörigkeit	deutsch

Tätigkeit im Hochschulbetrieb

05/2011 - 04/2012	Wissenschaftliche Mitarbeiterin an der Materialprüfungs- und Forschungsanstalt Karlsruhe, Karlsruher Institut für Technologie (KIT)
12/2004 - 04/2011	Wissenschaftliche Mitarbeiterin am Institut für Massivbau und Baustofftechnologie, Karlsruher Institut für Technologie (KIT)

Schul- und Hochschulausbildung

05/2013	Promotion an der Fakultät für Bauingenieur-, Geo- und Umweltwissenschaften des Karlsruher Instituts für Technologie (KIT)
10/1999 - 11/2004	Studium des Bauingenieurwesens an der Universität Karlsruhe (TH), Vertiefungsrichtung: Konstruktiver Ingenieurbau Abschluss: Diplom
04/1999 - 09/1999	Studium des Bauingenieurwesens an der Hochschule für Technik und Wirtschaft, Saarbrücken
08/1989 - 06/1998	Warndtgymnasium Völklingen Abschluss: Abitur
08/1985 - 06/1989	Grundschule St. Nikolaus, Saarland

Anhang 6
Publikationsliste

Publikationen in chronologischer Reihenfolge

Scheydt, J. C.: Dauerhaftigkeitskenngrößen von ultrahochfestem Beton. Universität Karlsruhe (TH), Institut für Massivbau und Baustofftechnologie, Diplomarbeit, 2004

Scheydt, J. C., Herold, G., Müller, H. S.: Systematische Entwicklung ultrahochfester Betone. In: Monographie der GDCh-Tagung Bauchemie, Berlin, 2005, S. 303-308

Scheydt, J. C., Herold, G., Müller, H. S.: Ultrahochfester Beton. In: 3. Symposium Baustoffe und Bauwerkserhaltung "Innovationen in der Betonbautechnik", Müller H. S. et al. (Hrsg.), Universitätsverlag Karlsruhe, 2006, S. 33-44

Scheydt, J. C., Herold, G., Müller, H. S.: Dauerhaftigkeit ultrahochfester Grob- und Feinkornbetone. In: 16. Internationale Baustofftagung (ibausil), Stark, J. (Hrsg.), F. A. Finger Institut, Weimar, 2006, Band 2, S. 51-60

Scheydt, J. C., Herold, G., Müller, H. S.: Dauerhaftigkeit ultrahochfester Grob- und Feinkornbetone. In: 16. Internationale Baustofftagung (ibausil), Stark, J. (Hrsg.), F. A. Finger Institut, CD-ROM: P 2.18.pdf, Weimar, 2006, S. 1-16

Müller, H. S., Scheydt, J. C., Herold, G.: Durability of Ultra High Strength Fibre Reinforced Concrete (UHSFRC) B 150 - B 200. Arbeitsbericht zum DFG Geschäftszeichen MU 1368/6-1, Institut für Massivbau und Baustofftechnologie, Universität Karlsruhe (TH), Karlsruhe, 2006

Herold, G., Scheydt, J. C., Müller, H. S.: Entwicklung und Dauerhaftigkeit ultrahochfester Betone. In: Betonwerk + Fertigteil-Technik 72 (2006), Nr. 10, S. 4-14

Scheydt, J. C.: Dauerhaftigkeit von ultrahochfestem Beton. In: 47. Forschungskolloquium des DAfStb, Deutscher Ausschuss für Stahlbeton (Hrsg.), Institut für Massivbau und Baustofftechnologie, Universität Karlsruhe (TH), Karlsruhe, 2006, S. 49-60

Müller, H. S., Scheydt, J. C., Burkart, I.: Frisch- und Festbetoneigenschaften ultrahochfester Betone. In: Fachtagung des Deutschen Ausschusses für Stahlbeton, Deutscher Ausschuss für Stahlbeton (Hrsg.), Bundesanstalt für Materialprüfung, Berlin, 2007, S. A30-A38

Müller, H. S., Haist, M., Scheydt, J. C., Burkart, I.: Neuartige Konstruktionsbetone – Eine Chance für Innovationen im Massivbau. In: Innovative Materialien und Tragwerke. Tagungsband zum 11. Dresdner Baustatikseminar. Institut für Statik und Dynamik der Tragwerke, TU Dresden, 2007, S. 197-222

Scheydt, J. C., Herold, G., Müller, H. S., Kuhnt, M.: Development and Application of UHPC Convenience Blends. In: Proceedings of the 2nd International Symposium on Ultra High Performance Concrete, Fehling, E., Schmidt, M., Stürwald, S. (Hrsg.), Kassel University Press, Kassel, 2008, S. 69-76

Scheydt, J. C., Herold, G., Müller, H. S.: Long Term Behaviour of Ultra High Performance Concrete under the Attack of Chlorides and Aggressive Waters. In: Proceedings of the 2nd International Symposium on Ultra High Performance Concrete, Fehling, E., Schmidt, M., Stürwald, S. (Hrsg.), Kassel University Press, Kassel, 2008, S. 231-238

Scheydt, J. C.: Durability of Ultra High Performance Concrete. In: Proceedings of the 7th fib PhD Symposium, Eligehausen, R., Gehlen, C. (Hrsg.), Institute of Construction Materials, University of Stuttgart, 2008, S. 27-28 (Summary) und 11-21 (CD-ROM).

Müller, H. S., Scheydt, J. C.: Dauerhaftigkeitspotenzial ultrahochfester Betone – Chancen für die Betonfertigteilindustrie. (The durability potential of ultra-high performance concretes – Opportunities for the precast concrete industry). In: Betonwerk + Fertigteil-Technik 75 (2009), Nr. 02, S. 17-19

Müller, H. S., Scheydt, J. C.: Durability of Ultra High Strength Fibre Reinforced Concrete (UHSFRC) B 150 - B 200. Abschlussbericht zum DFG Geschäftszeichen MU 1368/6-3, Karlsruher Institut für Technologie (KIT), Institut für Massivbau und Baustofftechnologie, 2010

Müller, H. S., Scheydt, J. C.: Entwicklung eines ultrahochfesten Betons und zugehörige Herstellverfahren für die Produktion im Betonfertigteilwerk. Teilprojekt: Entwicklung eines für den Betonfertigteilbau geeigneten UHPC. Abschlussbericht zum AiF Geschäftszeichen KF0494801SU7, Karlsruher Institut für Technologie (KIT), Institut für Massivbau und Baustofftechnologie, 2010

Scheydt, J. C., Graf, M., Borschnek, F., Müller, H. S.: Entwicklung eines ultrahochfesten Betons für den Einsatz im Betonfertigteilwerk. In: Betonwerk International (2011), Nr. 1, S. 58-65

Müller, H. S., Scheydt, J. C.: Dauerhaftigkeit und Nachhaltigkeit von ultrahochfestem Beton. Ergebnisse von Laboruntersuchungen In: beton (2011), Nr. 9, S. 336-343

Müller, H. S., Scheydt, J. C.: Entwicklung brandbeständiger ultrahochfester Betone für hochdynamische Beanspruchungen. Schlussbericht zum Forschungsvorhaben AISIS (Automatisierte Informationsgewinnung und Schutz kritischer Infrastruktur im Katastrophenfall), Förderkennzeichen 13N9609, Karlsruher Institut für Technologie (KIT), Institut für Massivbau und Baustofftechnologie, 2011

Scheydt, J. C., Müller, H. S.: Microstructure of Ultra High Performance Concrete (UHPC) and its Impact on Durability. In: Proceedings of the 3rd International Symposium on Ultra High Performance Concrete, Schmidt, M., Fehling, E., Glotzbach, C., Fröhlich, S., Piotrowski, S. (Hrsg.), Kassel University Press, Kassel, 2012, S. 349-356 *(prämiert mit dem „Best-Paper-Award" der Veranstaltung)*

Scheydt, J. C., Millon, O., Müller, H. S., Thoma, K.: Entwicklung eines brandbeständigen ultrahochfesten Betons für hochdynamische Beanspruchungen. In: Beton- und Stahlbetonbau 107 (2012), Nr. 5, S. 289-301

Schriftenreihe des

Instituts für Massivbau und Baustofftechnologie

Herausgeber Univ.-Prof. Dr.-Ing. Harald S. Müller
Univ.-Prof. Dr.-Ing. Lothar Stempniewski

Institut für Massivbau und Baustofftechnologie
Universität Karlsruhe (TH)
ISSN 0933-0461

Heft 1 **Manfred Curbach**
Festigkeitssteigerung von Beton bei hohen Belastungsgeschwindigkeiten. 1987

Heft 2 **Franz-Hermann Schlüter**
Dicke Stahlbetonplatten unter stoßartiger Belastung — Flugzeugabsturz. 1987

Heft 3 **Marlies Schieferstein**
Der Zugflansch von Stahlbetonplattenbalken unter Längsschub und Querbiegung bei kritischer Druckbeanspruchung von Beton. 1988

Heft 4 **Thomas Bier**
Karbonatisierung und Realkalisierung von Zementstein und Beton. 1988

Heft 5 **Wolfgang Brameshuber**
Bruchmechanische Eigenschaften von jungem Beton. 1988

Heft 6 **Bericht DFG-Forschungsschwerpunkt**
Durability of Non-Metallic Inanorganic Building Materials. 1988

Heft 7 **Manfred Feyerabend**
Der harte Querstoß auf Stützen aus Stahl und Stahlbeton.1988

Heft 8 **Klaus F. Schönlin**
Permeabilität als Kennwert der Dauerhaftigkeit von Beton. 1989

Heft 9 **Lothar Stempniewski**
Flüssigkeitsgefüllte Stahlbetonbehälter unter Erdbebeneinwirkung.1990

Heft 10 **Jörg Weidner**
Vergleich von Stoffgesetzen granularer Schüttgüter zur Silodruckermittlung. 1990

Heft 11 **Pingli Yi**
Explosionseinwirkungen auf Stahlbetonplatten. 1991

Schriftenreihe des

Instituts für Massivbau und Baustofftechnologie

Heft 12 **Rainer Kunterding**
Beanspruchung der Oberfläche von Stahlbetonsilos durch Schüttgüter. 1991

Heft 13 **Peter Haardt**
Zementgebundene und kunststoffvergütete Beschichtungen auf Beton. 1991

Heft 14 **Günter Rombach**
Schüttguteinwirkungen auf Silozellen — Exzentrische Entleerung. 1991

Heft 15 **Harald Garrecht**
Porenstrukturmodelle für den Feuchtehaushalt von Baustoffen mit und ohne Salzbefrachtung und rechnerische Anwendung auf Mauerwerk. 1992

Heft 16 **Violandi Vratsanou**
Das nichtlineare Verhalten unbewehrter Mauerwerksscheiben unter Erdbebenbeanspruchung — Hilfsmittel zur Bestimmung der q-Faktoren. 1992

Heft 17 **Carlos Rebelo**
Stochastische Modellierung menschenerzeugter Schwingungen. 1992

Heft 18 **Seminar 29./30. März 1993**
Erdbebenauslegung von Massivbauten unter Berücksichtigung des Eurocode 8. 1993

Heft 19 **Hubert Bachmann**
Die Massenträgheit in einem Pseudo-Stoffgesetz für Beton bei schneller Zugbeanspruchung. 1993

Heft 20 **DBV/AiF-Forschungsbericht H. Emrich**
Zum Tragverhalten von Stahlbetonbauteilen unter Querkraft- und Längszugbeanspruchung. 1993

Heft 21 **Robert Stolze**
Zum Tragverhalten von Stahlbetonplatten mit von den Bruchlinien abweichender Bewehrungsrichtung — Bruchlinien-Rotationskapazität. 1993

Heft 22 **Jie Huang**
Extern vorgespannte Segmentbrücken unter kombinierter Beanspruchung aus Biegung, Querkraft und Torsion. 1994

Heft 23 **Rolf Wörner**
Verstärkung von Stahlbetonbauteilen mit Spritzbeton. 1994

Schriftenreihe des

Instituts für Massivbau und Baustofftechnologie

Schriftenreihe des

Instituts für Massivbau und Baustofftechnologie

Heft 37 **Mostafa Mehrafza**
Entleerungsdrücke in Massefluss-Silos — Einflüsse der Geometrie und Randbedingungen. 2000

Heft 38 **Tarek Nasr**
Druckentlastung bei Staubexplosionen in Siloanlagen. 2000

Heft 39 **Jan Akkermann**
Rotationsverhalten von Stahlbeton-Rahmenecken. 2000

Heft 40 **Viktor Mechtcherine**
Bruchmechanische und fraktologische Untersuchungen zur Rißausbreitung in Beton. 2001

Heft 41 **Ulrich Häußler-Combe**
Elementfreie Galerkin-Verfahren — Grundlagen und Einsatzmöglichkeiten zur Berechnung von Stahlbetontragwerken. 2001

Heft 42 **Björn Schmidt-Hurtienne**
Ein dreiaxiales Schädigungsmodell für Beton unter Einschluß des Dehnrateneffekts bei Hochgeschwindigkeitsbelastung. 2001

Heft 43 **Nazir Abdou**
Ein stochastisches nichtlineares Berechnungsverfahren für Stahlbeton mit finiten Elementen. 2002

Heft 44 **Andreas Plokitza**
Ein Verfahren zur numerischen Simulation von Betonstrukturen beim Abbruch durch Sprengen. 2002

Heft 45 **Timon Rabczuk**
Numerische Untersuchungen zum Fragmentierungsverhalten von Beton mit Hilfe der SPH-Methode. 2002

Heft 46 **Norbert J. Krutzik**
Zu Anwendungsgrenzen von FE-Modellen bei der Simulation von Erschütterungen in Kernkraftbauwerken bei Stoßbelastungen. 2002

Heft 47 **Thorsten Timm**
Beschuß von flüssigkeitsgefüllten Stahlbehältern. 2002

Heft 48 **Slobodan Kasic**
Tragverhalten von Segmentbauteilen mit interner und externer Vorspannung ohne Verbund. 2002

Schriftenreihe des

Instituts für Massivbau und Baustofftechnologie

Heft 49 **Christoph Kessler-Kramer**
Zugtragverhalten von Beton unter Ermüdungsbeanspruchung. 2002

Heft 50 **Nico Herrmann**
Experimentelle Verifizierung von Prognosen zur Sprengtechnik. 2002

Heft 51 **Michael Baur**
Elastomerlager und nichtlineare Standorteffekte
bei Erdbebeneinwirkung. 2003

Heft 52 **Seminar 02. Juli 2004**
DIN 1045-1; Aus der Praxis für die Praxis. 2004

Heft 53 **Abdelkhalek Saber Omar Mohamed**
Behaviour of Retrofitted Masonry Shear Walls Subjected
to Cyclic Loading. 2004

Heft 54 **Werner Hörenbaum**
Verwitterungsmechanismen und Dauerhaftigkeit
von Sandsteinsichtmauenwerk. 2005

Heft 55 **Seminar Februar 2006**
DIN 4149 — Aus der Praxis für die Praxis. 2006

Heft 56 **Sam Foos**
Unbewehrte Betonfahrbahnplatten unter witterungsbedingten
Beanspruchungen. 2006

Heft 57 **Ramzi Maliha**
Untersuchungen zur Rissbildung in Fahrbahndecken aus Beton. 2006

Heft 58 **Andreas Fäcke**
Numerische Simulation des Schädigungsverhaltens von
Brückenpfeilern aus Stahlbeton unter Erdbebenlasten. 2006

Heft 59 **Juliane Möller**
Rotationsverhalten von verbundlos vorgespannten Segmenttragwerken. 2006

Heft 60 **Martin Larcher**
Numerische Simulation des Betonverhaltens unter Stoßwellen mit
Hilfe des Elementfreien Galerkin-Verfahrens. 2007

Heft 61 **Christoph Niklasch**
Numerische Untersuchungen zum Leckageverhalten von
gerissenen Stahlbetonwänden. 2007

Schriftenreihe des

Instituts für Massivbau und Baustofftechnologie

Heft 62 **Halim Khbeis**
Experimentelle und numerische Untersuchungen von Topflagern. 2007

Heft 63 **Sascha Schnepf**
Vereinfachte numerische Simulation des Tragverhaltens ebener mauerwerksausgefachter Stahlbetonrahmen unter zyklischer Belastung. 2007

Heft 64 **Christian Wallner**
Erdbebengerechtes Verstärken von Mauerwerk durch Faserverbundwerkstoffe — experimentelle und numerische Untersuchungen. 2008

Heft 65 **Niklas Puttendörfer**
Ein Beitrag zum Gleitverhalten und zur Sattelausbildung externer Spannglieder. 2008

»»»»»»»»» **Bezug der Hefte 1—65 und 67**
Institut für Massivbau und Baustofftechnologie
Karlsruher Institut für Technologie (KIT)
Gotthard-Franz-Str. 3, 76131 Karlsruhe
www.betoninstitut.de

Bezug ab Heft 66
KIT Scientific Publishing
Straße am Forum 2, 76131 Karlsruhe
www.ksp.kit.edu

»»»»»»»»» **Fortführung der Reihe ab Heft 66 unter neuem Namen**

KARLSRUHER REIHE
Massivbau
Baustofftechnologie
Materialprüfung

erschienen bei KIT Scientific Publishing (ISSN 1869-912X)

KARLSRUHER REIHE

Massivbau – Baustofftechnologie – Materialprüfung

Herausgeber Univ.-Prof. Dr.-Ing. Harald S. Müller
Univ.-Prof. Dr.-Ing. Lothar Stempniewski

Institut für Massivbau und Baustofftechnologie
Materialprüfungs- und Forschungsanstalt, MPA Karlsruhe

Karlsruher Institut für Technologie (KIT)
KIT Scientific Publishing
ISSN 1869-912X

Heft 66 **Michael Haist**
Zur Rheologie und den physikalischen Wechselwirkungen bei Zementsuspensionen. 2009
ISBN 978-3-86644-475-1

Heft 67 **Stephan Steiner**
Beton unter Kontaktdetonation - neue experimentelle Methoden. 2009
(noch erschienen in der Schriftenreihe des Instituts für Massivbau und Baustofftechnologie, ISSN 0933-0461)

Heft 68 **Christian Münich**
Hybride Multidirektionaltextilien zur Erdbebenverstärkung von Mauerwerk — Experimente und numerische Untersuchungen mittels eines erweiterten Makromodells. 2011
ISBN 978-3-86644-734-9

Heft 69 **Viktória Malárics**
Ermittlung der Betonzugfestigkeit aus dem Spaltzugversuch an zylindrischen Betonproben. 2011
ISBN 978-3-86644-735-6

Heft 70 **Daniela Ruch**
Bestimmung der Last-Zeit-Funktion beim Aufprall flüssigkeitsgefüllter Stoßkörper. 2011
ISBN 978-3-86644-736-3

Heft 71 **Marc Beitzel**
Frischbetondruck unter Berücksichtigung der rheologischen Eigenschaften. 2012
ISBN 978-3-86644-783-7

KARLSRUHER REIHE

Massivbau – Baustofftechnologie – Materialprüfung

Heft 72 **Michael Stegemann**
Großversuche zum Leckageverhalten von gerissenen Stahlbetonwänden. 2012
ISBN 978-3-86644-860-5

Heft 73 **Isabel Anders**
Stoffgesetz zur Beschreibung des Kriech- und Relaxationsverhaltens junger normal- und hochfester Betone. 2013
ISBN 978-3-7315-0043-8

Heft 74 **Jennifer C. Scheydt**
Mechanismen der Korrosion bei ultrahochfestem Beton. 2013
ISBN 978-3-7315-0113-8

Kolibri 360 GmbH
Ferdinand-Jühlke-Straße 7
99095 Erfurt, Deutschland
produktsicherheit@kolibri360.de